装备交互式电子技术手册技术及应用丛书

装备 IETM 编码体系

IETM Code System for Equipment

主　编　徐宗昌

副主编　雷育生

U0334161

国防工业出版社

·北京·

内 容 简 介

本书是《装备交互式电子技术手册技术及应用丛书》的第七分册,依据 ASD/AIA/ATA S1000D《基于公共源数据库的技术出版物国际规范》(4.1 版),系统全面地诠释了当前 IETM 技术标准中的编码技术和编码体系。本书在简要介绍 IETM 的基本概念与技术原理、信息分类和编码的一般原理与方法、IETM 编码的原理与作用、IETM 编码体系中各信息对象的代码的结构与特征的基础上,详细地阐述了 IETM 公共源数据库中数据模块、插图及多媒体、出版物模块以及数据管理列表、评注等信息对象的代码结构、编码原则与编码规则,同时在附录中用大量的篇幅给出了数据模块代码中的系统层次码(SNS)、信息码、学习码中的人绩效率技术码和训练码的定义。

本书可作为军事部门与国防工业部门,以及民用装备企业从事装备 IETM 研究、应用的工程技术人员与管理人员指导工作的参考书;也可以作为高等院校相关专业教师、研究生、本科生使用的教材或参考书。

图书在版编目(CIP)数据

装备 IETM 编码体系/徐宗昌主编. —北京:国防工业出版社,2015.2
ISBN 978 - 7 - 118 - 10076 - 1

Ⅰ.①装...　Ⅱ.①徐...　Ⅲ.①武器装备 - 电子技术 - 编码技术　Ⅳ.①TJ0

中国版本图书馆 CIP 数据核字(2015)第 053452 号

※

国防工业出版社出版发行

(北京市海淀区紫竹院南路 23 号　邮政编码 100048)
北京嘉恒彩色印刷有限责任公司
新华书店经售

*

开本 710×1000　1/16　印张 22　字数 399 千字
2015 年 2 月第 1 版第 1 次印刷　印数 1—4000 册　定价 52.00 元

(本书如有印装错误,我社负责调换)

国防书店:(010)88540777　　　发行邮购:(010)88540776
发行传真:(010)88540755　　　发行业务:(010)88540717

"装备交互式电子技术手册技术及应用丛书"编委会

主　任　徐宗昌

副主任　朱兴动　倪明仿　雷育生

委　员　(按姓氏笔画排序)

王 正	王 铮	王强军	申 莹	朱兴动
安 钊	孙寒冰	李 勇	李 博	杨炳恒
吴秀鹏	何 平	宋建华	张 磊	张文俊
张光明	张耀辉	周 健	倪明仿	徐宗昌
高万春	黄 葵	黄书峰	曹冒君	雷 震
雷育生				

《装备 IETM 编码体系》编写组

主　编　徐宗昌

副主编　雷育生

编写人员　徐宗昌　雷育生　张永强　李　勇
　　　　　郭　建　胡春阳　孙寒冰

序 一

当前,我们正面临一场迄今为止人类历史上最深刻、最广泛的新军事变革——信息化时代的军事体系变革。在这场新军事变革中,以信息技术为核心的高新技术飞速发展推动武器装备向数字化、智能化、精确化与一体化发展,促使传统的机械化战争向信息化战争迅速转变。信息化战争条件下,高技术装备特别是信息化装备必将成为战场的主要力量,战争和装备的复杂性使装备保障任务加重、难度增大,精确、敏捷、高效的装备保障成为提高战斗力的倍增器,是发挥装备作战效能,乃至成为影响战争胜负的关键因素。因此,如何采用最新的技术、方法与手段提高装备保障能力,成为当前世界各国军事部门和军工企业普遍关注的问题。

交互式电子技术手册(Interactive Electronic Technical Manual,IETM)是在科学技术发展的推动和信息化战争军事需求的牵引下产生与发展起来的一项重要的装备保障信息化新技术、新方法和新手段。国内外装备保障实践已经充分证明,应用 IETM 能够极大提高装备维修保障、装备人员训练和用户技术资料管理的效率与效益。因此,我军大力发展与应用 IETM,对于推进有中国特色的新军事变革,提高部队基于信息系统体系的作战能力与保障能力,实现建设信息化军队、打赢信息化战争的战略目标,具有十分重要的意义。

徐宗昌教授,是国内装备综合保障领域的知名专家,也是我在学术上非常赏识的一位挚友,长期潜心于装备保障性工程和持续采办与寿命周期保障(CALS)教学与研究工作,具有很深的学术造诣和丰富的实践经验。为满足全军 IETM 推广应用工作的需要,已年过七旬的徐宗昌教授亲自带领与组织装甲兵工程学院和海军航空工程学院青岛分院的一批年轻专业人员,经过多年的共同研究、艰苦努力,编写了这套"装备交互式电子技术手册技术及应用丛书"。徐宗昌教授及其团队的这种学术精神深深感染了我,正所谓"宝剑锋自磨砺出,梅花香自苦寒来"! 本"丛书"科学借鉴了国外先进理念与技术,系统总结了我国装备 IETM 发展应用的研究成果与实践经验,理论论述系统深入、工程与管理实践基础扎实、重难点问题解决方案明晰、体系结构合理、内容丰富、可读性好、实用性强。本"丛书"作为国内第一套关于 IETM 的系列化理论专著,极大地丰富和完善了装备保障信息化理论体系,在 IETM 工程应用领域具有重要的理论先导作用,必将为促进我国 IETM 的推广应用、提高我军装备保障信息化水平做出新的重要贡献。

　　鉴于此,为徐宗昌教授严谨细致的学术精神欣然作序,为装备保障信息化的新发展、新成果欣然作序,更为我军信息化建设的方兴未艾欣然作序,衷心祝愿 IETM 这朵装备保障信息化花园之奇葩,璀璨开放,愈开愈绚丽多姿!

中国工程院院士 徐滨士

2011 年 5 月

序　二

20 世纪 70 年代以来,随着现代信息技术的迅猛发展,在世界范围内掀起了一场信息化浪潮,引发了一场空前的产业革命与社会变革,使人类摆脱了长期以来对信息资源开发利用的迟缓、分散的传统方式,以数字化、自动化、网络化、集成化方式驱动着世界经济与社会的飞速发展,人类社会进入了信息时代。同时,信息技术在军事领域的广泛应用引发了世界新军事变革,并逐渐形成了以信息为主导的战争形态——信息化战争。在这场新军事变革的发展过程中,美国国防部于 1985 年 9 月率先推行以技术资料无纸化为切入点和以建立装备采办与寿命周期保障的集成数据环境为目标的"持续采办与寿命周期保障"(CALS)战略。CALS 战略作为一项信息化基础工程,不仅对世界各国武器装备全寿命信息管理产生了深远的影响,而且引领全球以电子商务为中心的各产业的信息化革命。

交互式电子技术手册(IETM)与综合武器系统数据库、承包商集成技术信息服务等技术一起是 CALS 的一项重要支撑技术,它是 1989 年美国成立三军IETM 工作组后迅速发展起来的一项数字化关键技术。由于 IETM 不仅在克服传统纸质技术资料费用高、体积与重量大、编制出版周期长、更新及时性差、使用不方便、易污染、防火性差及容易产生冗余数据等诸多弊端,而且在提高装备使用、维修和人员训练的效率与效益方面所表现出巨大的优越性,而受到世界信息产业和各国军事部门的青睐。目前,IETM 已在许多国家军队的武器装备和民用飞机、船舶、专用车辆等大型复杂民用装备上得到了广泛的应用,并取得了巨大的经济、社会与军事效益。

徐宗昌教授自 20 世纪 90 年代以来就开始了 CALS 的研究并积极倡导在我国推行 CALS 工作。近年来,他主编了 IETM 系列国家标准,并致力于我国 IETM的推广应用工作。这次编著本"装备交互式电子技术手册技术及应用丛书"是他与他的研究团队长期从事 CALS 和 IETM 研究的成果和实践经验的总结。本"丛书"系统地论述了 IETM 的理论、方法与技术,其结构严谨、思路新颖、内容翔实、实用性强,是一套具有很高的学术价值与应用价值并有重大创新的学术专著。我相信这套"丛书"的出版一定会受到我国从事 IETM 研制、研究的广大工程技术人员和学生们的热烈欢迎。这套"丛书"的出版,对于我国 IETM 的发展起到重要推动作用,对于推进我国、我军的信息化建设,特别是提高我军信息化条件下的战斗力具有十分重要的意义。

中国工程院院士

2011 年 5 月

序　三

　　交互式电子技术手册(Interactive Electronic Technical Manual, IETM)是 20 世纪 80 年代后期,在现代信息技术发展的推动与信息化战争的军事需求牵引下产生与发展起来的一项重要的装备保障信息化的新技术。IETM 是一种按标准的数字格式编制,采用文字、图形、表格、音频和视频等形式,以人机交互方式提供装备基本原理、使用操作和维修等内容的技术出版物。由于它成功地克服了传统纸质技术手册所存在诸多弊端和显著地提高了装备维修、人员训练及技术资料管理的效益与效率,而受到世界各国军事部门的高度重视与密切关注,并且得到了极其广泛的应用。

　　近年来,为了提高部队基于信息系统体系的作战能力与保障能力,做好打赢未来信息化战争的准备,我军各总部机关、各军兵种装备部门和各国防工业部门非常重视 IETM 的研究与应用,我军的不少类型的装备已开始研制 IETM 并投入使用,一个发展应用 IETM 的热潮正在我国掀起。为满足我国研究发展 IETM 和人才培养的需要,我们编写了这套"装备交互式电子技术手册技术及应用丛书"。为了坚持引进、消化、吸收再创新的技术路线,我国以引进欧洲 ASD/AIA/ATA S1000D"基于公共源数据库的技术出版物国际规范"的技术为主,编写并发布了 GB/T 24463 和 GJB 6600 IETM 系列标准。由于考虑到我国 IETM 应用尚处于起步阶段,上述我国 IETM 标准是在工程实践经验不足的情况下编制的,有待于今后在 IETM 应用实践中不断修订完善。因此,本系列丛书所依据的 IETM 标准是将我国的 GB/T 24463、GJB 6600 IETM 系列标准和欧洲 S1000D 国际规范的技术综合集成,并统称为"IETM 技术标准"作为编写这套"丛书"的 IETM 标准的基础。

　　这套"丛书"系统地引进、借鉴了国外先进的理论与相关技术和认真总结我国已取得的研究成果与工程实践经验的基础上,从工程技术和工程管理两个方面深入浅出地论述 IETM 的基本知识、基础理论、技术标准、技术原理、制作方法,以及 IETM 项目的研制工程与管理等诸多问题,具有系统性与实用性,能很好地帮助从事装备 IETM 的研究、推广应用的工程技术人员和工程管理人员,了解、熟悉与掌握 IETM 的理论、方法与技术。由于 IETM 是一项通用的装备保障信息化的新技术、新方法和新手段，"丛书"所阐述的 IETM 理论、方法与技术，对军事装备和民用装备均具有普遍的适用性。

"装备交互式电子技术手册技术及应用丛书"是一套理论与工程实践并重的专业技术著作，它不仅可作为从事装备 IETM 研究与推广应用的工程技术人员和工程管理人员指导工作的参考书或培训教程，亦可为相关武器装备专业的本科生、研究生提供一套实用的教材或教学参考书。我们相信这套"丛书"的出版，将对我国装备 IETM 的深入发展和广泛应用起到重要的推动作用和促进作用。

中国工程院徐滨士院士、张尧学院士对本"丛书"的编著与出版非常关心，给予了悉心的指导，分别为本"丛书"作序，在此表示衷心的感谢。

"丛书"由装甲兵工程学院和海军航空工程学院青岛分院朱兴动教授的 IETM 研究团队合作编著。朱兴动教授在 IETM 研究方面成果丰硕，具有深厚的学术造诣与丰富的实践经验，对他及他的团队参加"丛书"的编著深表感谢。

由于作者水平有限，本"丛书"错误与不妥之处在所难免，恳请读者批评指正。

徐宗昌

2011 年 5 月

前　言

　　《装备 IETM 编码体系》是"装备交互式电子技术及应用丛书"的第七分册。我国发布的 GB/T 24463—2009 和 GJB 6600—2009 的 IETM 标准是以欧洲 ASD/AIA/ATA S1000D《基于公共源数据库的技术出版物国际规范》(简称 S1000D)为基础编制的。S1000D 为达成数据重用、重构与技术信息高度共享的目的,对数据进行标准化、结构化与模块化处理,并采用公共源数据库(Common Source DataBase,CSDB)存储与管理信息对象。为此,CSDB 采用数据库或信息系统对信息资源通常的分类与编码的标识方法,用编码将存储于其中的信息对象进行代码化,形成唯一的标识。因此,S1000D 不仅对用于产生 IETM 的数据模块(Data Module,DM)、插图及多媒体、出版物模块(Publicaion Module,PM)等源数据信息对象进行编码,同时也对数据管理列表(Data Management List,DML)、评注(Comment)等用于数据管理的其他信息对象进行编码,从而形成装备 IETM 的编码体系。为了帮助 IETM 研究、应用的工程技术人员与管理人员更好地理解 IETM 的编码原理和编码规则,我们依据 S1000D 4.1 版编写了本书,以满足 IETM 推广应用的需要。

　　本书分为 3 章和 6 个附录。第 1 章绪论,在简要介绍 IETM 的基本概念、技术标准与技术特征的基础上,阐述 IETM 的信息共享机制与编码的作用和信息编码的基本概念、一般原理与方法,以及 IETM 的编码体系及其主要特征。第 2 章数据模块编码,在简要介绍数据模块的概念以及其编码原理和代码的组成结构的基础上,详细地阐述数据模块编码的硬件/系统标识、信息类型标识、学习类型标识 3 个部分的代码结构、编码原则和编码规则,最后给出数据模块编码的示例。第 3 章信息控制编码和出版物模块编码,详细地介绍插图及多媒体对象的信息控制码、出版物模块代码,以及数据管理列表、评注及 BREX 数据模块代码的编码原理及编码规则。附录 A 通用技术信息 SNS 代码定义,给出了由 S1000D 技术文档资料规范工作组(TPSMG)定期维护的通用技术信息的系统层次码(SNS)定义;附录 B 受维护的专用技术信息 SNS 代码定义,给出了受

TPSMG 定期维护的 6 类装备专用技术信息 SNS 代码定义;附录 C 其他专用技术信息 SNS 代码定义示例,给出了 S1000D 3.0 版中 5 类项目专用技术信息 SNS 代码定义的示例;附录 D 信息码定义,给出了信息码主码定义、信息码简短定义与信息码完整定义;附录 E 学习码中的人绩效率技术码定义,给出了学习码中的人绩效率技术码的简短定义与完整定义;附录 F 学习码中的训练码定义,给出了学习码中的训练内容码的简短定义与完整定义。

本书由徐宗昌任主编,雷育生任副主编,本书编写组成员参加编写。本书使用对象主要为从事装备 IETM 研究、应用的工程技术人员与管理人员。本书亦可作为高等院校相关专业的教师、研究生、本科生使用的教材或教学参考书。

本书在编写过程中得到了南京国睿信维软件有限公司的支持与帮助,在此表示感谢。

由于对 IETM 技术标准的理解掌握和 IETM 实践经验的不足,本书的缺点、错误在所难免,希望读者提出宝贵意见和改进建议。

作 者
2014 年 10 月

目　录

第 1 章　绪　论

交互式电子技术手册(Interactive Electronic Technical Manual,IETM)信息管理的核心目标之一就是建立集成数据环境,实现数据的重用与技术信息的共享。为此,当前国际主流的 IETM 技术标准 ASD/AIA/ATA S1000D《基于公共源数据库的技术出版物国际规范》对技术信息进行结构化、模块化处理,采用公共源数据库(Common Source DataBase,CSDB)储存与管理 IETM 的信息对象。为了有效地管理与使用信息对象,需要采用信息编码的方法对信息对象进行分类与标识。因此,信息的分类与编码成为 IETM 建立集成数据环境的必要条件与基础。在CSDB 中对各种信息对象都规定了具体的编码规则与方法。本书将系统、全面地介绍 S1000D 中各种信息对象编码所构成的编码体系。

本章在简要介绍 IETM 的基本概念、技术标准与技术特征的基础上,阐述IETM 的信息共享机制与编码的作用和信息编码的基本概念、一般原理与方法,以及 IETM 的编码体系及其主要特征。

1.1　IETM 与编码

在论述 IETM 编码体系之前,首先简要介绍什么是 IETM 及其产生与发展,以及有哪些技术标准与主要技术特性,然后进一步说明 IETM 的信息共享机制是怎样形成的,其与 IETM 技术信息的编码有什么关系,最后论述 IETM 信息编码的重要作用。

1.1.1　IETM 概述

1. IETM 的基本概念

1) IETM 的定义与内涵

IETM 是一种按标准的数字格式编制,采用文字、图形、表格、音频和视频等形式,以人机交互方式提供装备基本原理、使用操作和维修等内容的技术出版物[1]。由上述定义,可以进一步理解 IETM 的以下内涵:

(1) IETM 是一种按标准的数字格式编制的数字化技术手册(技术出版物),使其能够在台式计算机、笔记本电脑、掌上电脑、穿戴式计算机、嵌入式计

算机以及在网络上以 Web 形式应用;

（2）IETM 主要是为用户提供装备基本原理、使用操作和维修等内容的技术信息;

（3）IETM 采用文字、图形、表格、音频和视频等多种动态、直观、生动、易于用户学习与理解的信息表现形式;

（4）IETM 的最大特点是以人机交互方式提供装备技术信息,其强大的交互功能和网络访问功能能实时、准确地响应用户的请求,并引导用户进行学习与操作。

2) IETM 的产生与发展

IETM 是在现代信息技术发展的推动与信息化战争的军事需求牵引下产生与发展起来的一项重要的装备保障信息化的新技术、新手段与新方法。IETM 于 20 世纪 80 年代中后期,由美国国防部作为持续采办与寿命周期保障（Continuous Acquisition and Life - cycle Support, CALS）战略计划的重要组成部分最先提出的,目的是为解决由于装备复杂程度增大而在装备寿命周期过程中,产生庞大的纸质技术资料所带来的费用高、体积与重量大、编辑与更新不及时、使用不方便、易污染、防火性差等诸多弊端,以及不能满足信息化装备与信息化战争的军事需求。现代信息技术和现代装备维修技术的迅猛发展给 IETM 技术的发展注入了新的发展动力,由最初的电子技术手册（Electronic Technical Manual, ETM）,如美军 IETM 分类方法中的第 1 级电子索引页面图像、第 2 级电子滚动式文件、第 3 级线性结构 IETM（此 3 类属欧洲 S1000D 分类的线性 IETP）,发展为交互性强的 IETM,如第 4 级层次结构 IETM、第 5 级综合数据库 IETM（此两类属欧洲 S1000D 分类中的非线性 IETP）。随着 IETM 技术不断地发展,其功能愈益强大,已成为具有辅助维修、辅助训练与辅助用户技术资料管理功能和有数据库支持的、智能化的装备保障综合信息系统。

IETM 克服了传统纸质技术手册诸多弊端,在提高装备维修、人员培训和技术资料管理的效率与效益方面显示出巨大优越性。据国外统计,与纸质资料相比,使用 IETM 可以使查找技术信息的时间缩短 50%;故障排除的正确率可提高 35%,效率可提高 30% ~ 60%;故障隔离失误率减少 50%,效率提高 20% ~ 50%;培训时间缩短 25% ~ 50%;技术资料重量平均减少到 1/148,体积减少到 1/53,生产率提高 70%,复制费用减少 70%。由于 CALS 对武器系统的采办方式和全系统、全寿命管理产生了革命性的变革,美国国防部将其列为武器系统采办的核心战略,规定从 1997 财政年度起所有的采办项目都要实施 CALS。从 1997 年起美军主要现役装备和全部新研装备均配备了 IETM,并在海湾战争以来的几场高技术战争的装备保障中发挥了重要的作用。IETM 的发展引起了世界各国军事部门的密切关注,IETM 已在世界许多国家的军事与民用装备上得到了广泛的应用。

2. IETM 的技术标准与技术特性

1)IETM 的技术标准[2]

国外 IETM 技术标准主要有美军 IETM 标准体系与欧洲 IETM 标准体系。

美军的 IETM 技术标准从 1992 年开始陆续发布并修订,目前主要有 MIL - DTL - 87268C(2007 年)、MIL - DTL - 86269C(2007 年)与 MIL - HDBK - 511 (2000 年)。该系列标准的特点是简单易用,但更新速度较慢、技术相对老化。因此,除老装备仍使用外,新装备已很少使用。

欧洲的 IETM 规范从 1989 年开始发布 1.0 版,目前是由欧洲宇航与防务工业协会(ASD)、美国航空工业协会(AIA)和美国航空运输协会(ATA)共同制定与维护的 ASD/AIA/ATA S1000D《基于公共源数据库的技术出版物国际规范》(简称为 S1000D)。S1000D 的显著特点为:一是随技术发展版本更新速度很快,几乎每两年更新改版一次,目前比较成熟的为 S1000D 的 3.0 版(2007 年)与4.1版(2012 年);二是采用先进的公共源数据库(CSDB)技术和数据模块化技术,能最大限度地实现数据的重用与技术信息的共享;三是适用范围广,全面覆盖各类军用装备与民用装备,既可以通过 Web 浏览器交互阅读,又可以输出线性出版物;四是具有广泛的组织支持和完善的维护制度,目前世界上有 40 多个国家参加 S1000D 规范组织,其技术基础坚实,发展计划合理。因此,S1000D 受到世界各国的青睐,成为当前国际上最推崇的主流 IETM 技术标准。目前,国外许多装备都采用 S1000D 开发 IETM。2001 年起,美国国防部也开始推行使用 S1000D规范,F - 117A 飞机、"全球鹰"无人机、F - 18 飞机发动机、F - 35 战斗机、陆军未来作战系统等均采用 S1000D 标准;在民用航空领域,波音 787 飞机也执行 S1000D 规范。

我国 IETM 的研究与发展起步相对较晚,我国 IETM 系列的国家标准 GB/T 24463 和国家军用标准 GJB 6600 于 2009 年相继发布实施。该两大系列标准除吸收美军标准先进部分外,其内核均以 S1000D 为基础编制。由于采用 S1000D 3.0 以前的老版本,加之缺乏实践经验,该两大系列标准有待在 IETM推广应用的实践中修订完善。值得指出的是,我国 IETM 技术标准是与 S1000D 国际规范接轨与兼容的,因此,本书以 S1000D 4.1 版本[3]来阐述 IETM 编码体系完全适用于我国 IETM 的发展与应用。

2)IETM 的技术特性[4]

装备技术手册的发展从传统的纸质手册开始,经历了电子技术手册(ETM)的电子化阶段,目前已进入具有层次结构的与由数据库支持的非线性交互式电子技术手册(IETM)的发展阶段。IETM 已脱离了一般技术资料和技术资料电子化的范畴,特别是 IETM 技术标准与综合(后勤)保障系列标准集成以后,其已经发展成为装备保障综合信息系统,具有信息系统几乎所有特性。IETM 的主要特性表现为互操作性和交互性。

(1) IETM 的互操作性,是指授权的 IETM 终端用户能通过通用 Web 浏览器访问任何 IETM 系统,实现通信、信息共享、协调操作的能力。IETM 互操作性是在信息化条件下诸军兵种联合作战中保证各 IETM 之间以及各信息系统之间达成互联、互通与互操作的技术基础。

(2) IETM 的交互性,是指 IETM 做到人(IETM 使用者)与计算机(IETM 系统)之间以人机对话方式获取信息与知识的能力,是区别于 ETM 的一种固有设计特性和表征 IETM 的主导性技术特征,是使用 IETM 能极大地提高装备维修和人员训练的效率与效益的关键之所在。良好的 IETM 交互性要求 IETM 用户显示界面与功能设计不仅需要符合人的反应、感知的生理与心理特性,更要符合人在形象思维与逻辑思维方面所表现出的认知特性。通过采用人机对话的非线性交互方式,使 IETM 阅读过程能够跟随人的思维活动过程,做到了"想看哪里就看哪里",非常便捷、轻松地实现人机配合的最佳状态。

目前,IETM 技术标准主要通过以下 3 种方式实现 IETM 的交互性:

● 通过数据引用,实现数据模块(Data Module,DM)内部、数据模块之间和出版物模块(Publication Module,PM)之间的数据交互过程。

● 利用过程(PROCESS)数据模块对程序类、故障类、描述类的数据模块及步骤进行排序,实现对操作过程、维修过程与故障查找程序等程序流信息的交互过程。

● IETM 系统集成,如装备测试/诊断系统、装备训练系统、装备维修管理信息系统、维修器材管理信息系统、远程维修支援系统、装备技术状态管理系统等外部信息系统,实现更加复杂、层次更高、范围更大、功能更加强大的装备保障技术信息的交互过程。

1.1.2 IETM 的信息共享机制与编码的作用

现阶段计算机的基本运算还是数字处理模式,在信息处理系统中,要处理众多不同的、大量的信息对象,没有一套合理、严格、科学的编码系统作保障,要保证数据的正确与快速处理是难以想象的。虽然,近年来自然语言处理等智能技术的发展,使用自然语言的方法已有了很大的改进,但是,就目前的发展水平而言,仍远远不如使用简单、明确的编码系统准确、高效。因此,IETM 系统作为装备保障综合信息系统也是信息处理系统,为了实现 IETM 系统中数据的重用与技术信息的高度共享,必须发挥信息编码在建立信息共享机制方面的重要作用。

1. IETM 的信息共享机制

CALS 数据"一次生成,多次使用"(create once ,use many times)的理念,在 IETM 上的具体体现是实现数据的可重用与技术信息的可重构。为此,IETM 技术标准采用了公共源数据库(CSDB)技术和数据的结构化、模块化及编码技术,建立了信息共享机制,保证了 IETM 的数据可重用与信息可重构。在形成这种信息共享机制过程中,信息编码是一个不可或缺的重要条件。下面介绍形成 IETM 的信息共享机制原理的要点[2]。

1)采用中性可扩展标记语言 XML 对 IETM 数据进行结构化处理

IETM 的数据大体可分为结构化数据和非结构化数据两类。结构化数据是指能用二进制数字或统一的结构表示的数据,如 IETM 中描述装备基本原理、操作使用与维修保障等文字、表格数据。非结构化数据是指无法用二进制数字或统一的结构表示的数据,如 IETM 中的插图、音频、视频等无法分层的信息,只能用某种数据格式构成一个整体文件。IETM 中最大量是结构化数据,采用中性可扩展标记语言 XML 对 IETM 数据进行结构化处理,将其形成数据模块。对于出版物模块,也采用结构化处理,由于出版物模块的内容是采取引用数据模块、出版物模块或现成的出版物构成的,因此,可以认为是半结构化的数据。采用 XML 对数据进行结构化处理是 IETM 数据模块化的基础。

2)IETM 数据的模块化处理奠定数据可重用性的基础

模块化是装备硬件研制和软件开发普遍使用的一种标准化方法。对 IETM 数据进行模块化处理,形成数据模块、插图及多媒体对象(类模块)和出版物模块 3 种生成 IETM 的源数据,奠定了数据的可重用性的基础。

(1)数据模块,是最基础、数量最多的 IETM 源数据,是 CSDB 中最为核心的信息对象,具有统一结构的最小的、独立的信息单元,其内容包括文本、图表及其他各种数据类型。从逻辑上说,一个数据模块是一个自我包含、自我描述、不可分割、具有原子性的数据单元;从物理上说,一个数据模块就是一个 ASCII 码文档,以特定的文档格式进行组织,对装备保障的技术信息进行描述与组织。IETM 技术标准规定了数据模块的基本结构,包括标识与状态部分和内容部分。数据模块的标识和状态部分的元数据,主要用于对数据模块进行标识定位,实时反馈数据模块的维护状态信息,特别方便检索、跟踪管理与重用。其标识部分由多种元素组成,其中数据模块代码(DMC)是最重要的元素,其编码的唯一性是实现多次调用的可重用性关键。因此,数据模块结构化与模块化的过程,实际上就是利用 XML 的结构化的特点,将技术信息按需要的粒度划分并赋予 XML Schema 标记,构造成有层次结构、可重用的独立数据模块。这样在重复使用时,不仅可以节省存储空间和维护费用,还可以保证数据的一致性,提高数据管理能力。

（2）插图及多媒体,也是生成 IETM 的重要源数据和 CSDB 中的重要信息对象。由于其内容结构上不能分解,是一种非结构化形式的数据,可作为文件的格式的独立数据单元。在 IETM 中同样采用模块化处理方法,将插图及多媒体单元作为"类模块"表达为两个部分:一是插图及多媒体文件的本身内容部分;二是用信息控制码（Information Control Number,ICN）作为文件名的唯一标识。利用信息控制码可在数据模块中通过链接引用很方便地得到重复使用。

（3）出版物模块,是 CSDB 中的重要信息对象,也可认为是生成 IETM 的重要源数据。在 IETM 中也与数据模块类似用 XML 语言描述的经过结构化、模块化处理,形成半结构化数据。这是由于其内容部分包括引用一个或多个 DM、PM 及现有出版物,所以一般也不算作基础数据。PM 的标识与状态部分也由多个元素组成,出版物模块代码（PMC）是其中最重要的元素,其编码的唯一性是实现可重用性的关键。

3）面向用户需求的 IETM 技术信息可重构性

制作 IETM 时,按用户提出的 IETM 的种类与名称、内容及信息的表现形式等要求进行客户化定制。完成制作后向用户发布的 IETM 是按照用户的需求由一个或多个出版物模块构成。由于生成的 IETM 是经过结构化、模块化处理,具有可重用性的数据模块、插图及多媒体与出版物模块等源数据,从而奠定了 IETM 技术信息可重构性的基础。IETM 技术信息重构或称重组过程是将数据模块作为最小独立数据单元,按某种通用格式组合成更大（更高层次）数据单元——出版物模块,再由多个出版物模块组合成一个 IETM,从而保证了各独立数据单元（模块）在更高层数据范围内的可重用性和对技术信息的可重构性。从标准化方法的角度,这个过程也称组合化。

4）由公共源数据库储存与管理 IETM 的信息对象[5]

公共源数据库是 IETM 信息的存储地和管理工具,它集合了生成 IETM 所需的所有6种信息对象,除包括上述构成 IETM 源数据所需的数据模块、插图及多媒体、出版物模块数3种信息对象外,还包括用于对 CSDB 中信息的组织与管理、传输与交换、发布与更新所需的数据管理列表（Data Management List,DML）、评注（Comments）、数据分发说明（Data Dispatch Note,DDN）等其他信息对象。其中,数据管理列表（包括数据管理需求列表（DMRL）与 CSDB 状态列表）用于对独立项目 CSDB 内容的计划、管理与控制的描述;评注是用于 IETM 的创作单位、责任单位及用户之间交换意见的媒介;数据分发说明是为在发送方与接收方的 CSDB 之间进行数据交换提供标准与程序。所有这些信息对象都是被标识的、可交换的信息单元,它们都以相应的格式进行编码(DDN 是用文件命名规则进行编码)与信息分类,通过唯一的信息代码,使得技术信息不仅可以方便、快速地从 CSDB 中检出、添加、删减或修改,既满足用户多样化的需求,又保证了数据来源的唯一性。因此,CSDB 作为 IETM 数据管理中心,有力地支持了 IETM 创作过程对技术信息的交换、重用、重构与共享,以及 IETM 使用过程对技术信息的查询与检索。

2. IETM 中信息编码的作用

如上所述,IETM 已发展成为一个由数据库支持的装备保障综合信息系统。在 IETM 公共源数据库中存储了产品定义数据与产品保障数据,能为用户提供装备基本原理、使用操作和维修保障等内容的全部技术信息。对于一个大型复杂的装备,CSDB 中可能存储与管理几万个数据模块和几千个插图及多媒体对象,还有存储与管理众多的出版物模块及其他信息对象。对如此庞大与种类繁多的信息对象,而在 IETM 创作与使用过程中又需要频繁地对其进行编辑、识别、检入检出、存储、调用、查询与检索,没有一套科学有效的信息编码体系对各个信息对象进行分类与编码标识,其困难将难以想象。正因为 IETM 采用一套完善的编码体系,使得各类信息对象在 CSDB 的管理下,做到信息过程中流动自如、定位准确、查询快捷、调用方便,有效地简化了信息处理过程,提高了信息管理效率。IETM 中信息编码的作用简单归纳如下:

1) 准确地标识信息对象

在 IETM 公共源数据库中存储与管理的所有各种信息对象,应用 IETM 编码能够准确地标识出每一种类及每一个信息对象。面对数量巨大、种类繁多的数据数据模块、插图及多媒体对象,如果没有完善的 IETM 编码体系,对这些信息对象的描述、存储、检索,特别是查找与调用某一特定的信息对象将会变得十分复杂与困难。正确地应用信息编码,不仅省去了 IETM 对信息对象的重复描述,减少冗余数据,有效地避免因重复描述导致的二义性,而且能够快速、精确地访问或调用特定的信息对象,保证了数据的完整性与一致性。

2) 有效地实现信息共享

建立 IETM 的编码体系,规范每一种 IETM 信息对象的编码:一是做到如上所述,通过 CSDB 的有效管理形成 IETM 内部的信息共享机制,实现数据的可重用与技术信息的可重构;二是遵循统一的编码规则和相同的数据结构能够更方便地做到授权的 IETM 终端用户通过通用 Web 浏览器访问任何 IETM 系统,实现通信、信息共享、协调操作的能力;三是应用信息编码是不同信息系统之间互联、互通、互操作,达成信息交换与信息共享的重要条件,即 IETM 系统在与装备训练系统、装备维修管理信息系统、维修器材管理信息系统等外部信息系统集成时,由于遵循规定的编码规则可以很方便地实现 IETM 与所链接的外部系统数据的传输、交换与互相操作,实现更大范围和更高层次的 IETM 的交互性与互操作性。由此可知,IETM 应用信息编码能有效实现信息共享和营造集成数据环境。

3) 提高了 IETM 创作效率

IETM 是借助 IETM 编辑系统(或称创作平台)进行创作编辑的,而编辑系统是遵循 IETM 技术标准进行开发的,因此,技术标准的 IETM 编码体系在 IETM 的创作过程中发挥了重要作用。由于 IETM 编辑系统具有多用户分布式并行创作编辑的功能,在创作编辑一个大型复杂装备 IETM 时,必须发挥这种创作编辑功能。例如一个单位在创作编辑某个系统或分系统的 IETM 时,根据数据管理列表(DML)对数据模块、出版物模块、插图及多媒体等 IETM 源数据的规划,将这些数据单元分配给各创作人员并行地协同创作编辑;又如一个由众多系统或成品构成的复杂大型装备,可能需要根据数据管理列表的规划,由众多研究所或成品厂采用分布式协同创作编辑的方法合作参与制作 IETM,各个单位按照分工各自创作编辑所负责部分的数据模块或出版物模块,最后由装备总体单位进行数据集成后统一发布 IETM。在这些情况下,IETM 信息编码的作用:一是在上述多个创作人员并行地协同创作的情况下,经常出现多次调用小的数据单元生成一个更大的数据单元,经常对数据单元进行一致性检验,这样需要频繁地对源数据单元进行检入/检出,因此,在 IETM 的创作管理过程中,工作流管理、审签流程管理以及源数据的状态管理及版本管理等都离不开 IETM 信息对象用编码来标识;二是在上述由众多研究所或成品厂采用分布式协同及合作创作 IETM 的情况下,信息编码除了参与单位在创作各自负责的源数据的管理过程中发挥作用外,各个创作单位还必须按照规定的编码规则形成数据分发说明包,才能向总体单位进行有效的数据传输与数据交换,以及总体单位对接收的数据进行一致性检验。由此可见,IETM 编码体系对 IETM 的创作进行有效的管理和对于提高 IETM 的创作质量与效率、减少出错率发挥着重要作用。

4) 提升了信息化水平

应用 IETM 的编码体系规范了对 IETM 技术数据的代码化描述,方便了计算机识别,简化了信息调用传输的数据量,优化了检索计算过程,加快了信息处理的响应速度,并且规范了对信息对象的集中式管理,充分发挥一次修改、多处兑现的信息维护处理的优势。同时,在扩展 IETM 系统与器材管理系统集成功能时,特别是与供应链及物流系统链接时,IETM 各种信息对象的编码可以通过无线电射频识别(RFID)或条形码、二维码等对外接口提供服务,方便了 IETM 的操作使用和拓展了 IETM 的人机接口处理能力,有利于提升装备保障的信息化水平。

1.2 信息编码的基本原理

在信息化时代,信息的标准化工作越来越重要,没有标准化就没有信息化,信息分类编码标准是信息标准中最基础的标准。信息分类就是根据信息内容的属性或特征,将信息按一定的原则和方法进行区分与归类,并建立起一定的分类和排序顺序,以便管理与使用信息。信息编码就是在信息分类的基础上,将信息对象(编码对偶)赋予有一定规律性的、易于计算机和人识别与处理的符号[6]。由于信息编码在建立 IETM 技术信息共享机制方面发挥了重要的作用,因此,下面系统地论述信息编码的一般原理、技术与方法,对于掌握 IETM 技术标准中的编码规则、理解编码格式、熟悉编码体系具有重要意义。

1.2.1 信息编码概述[7]

1. 信息编码的概念

信息编码是对系统中的信息对象,如装备产品、零件、数据类型、操作处理方式等赋予的标识符号。信息编码形式上是由数字、字母和连接符等符号组成的符号串,它们与事物对象或事物分类的类目对应,是以符号标识方式代表某事物或某类事物。事实上,信息编码不只是用符号这一种形式来代表事物,还包括图形、颜色、缩简的文字等。例如,采用电阻色环码是一种以不同颜色的色环来区别不同电阻阻值的表示方法;去商店买东西,商品上往往有可以用条形码阅读器识别的条形码等。

信息编码工作就是将信息对象或概念赋予一定规律性的易于人或机器识别和处理的符号、颜色、缩简的文字的过程,它是人们统一认识、交换信息的一种手段。例如,显示在计算机屏幕上的每一项内容都是编码的结果,用计算机编码正文文字,每一个英文字母、数字、汉字都是用编码来表示的。英文字母和数字等的表示按如下标准,一个符号占用一个字节(8 个二进制位):

0~31:控制字符;

32:空格;

33~47:加号、减号、乘号、括号、百分号、标点符号等;

48~57:0~9 的数字;

58~64:标点符号、等号、大于号、小于号等;

65~90:A~Z 的大写字母;

91~96:中括号等;

97~122:a~z 的小写字母;

9

123～127：大括号等。

汉字用两个字节表示：每个字节的数值都大于 160。如"中国人"这 3 个字的字节值为：中：214 208；国：185 250；人：200 203。

2. 信息编码的作用

信息是对客观事物的描述，而信息编码是描述客观事物的有效方法之一。信息分类与标识的编码，能够最大限度地避免对信息对象的命名、描述、分类和编码不一致所造成的误解与歧义，减少诸如一码多物，一物多码，对同一信息对象的分类与描述的不同，以及同一信息内容具有不同代码等混乱现象。其作用可归纳如下：

（1）编码是识别信息对象的有效手段。在向人们传递信息时，通常要对信息对象的特征进行描述，为了准确地定位到目标信息对象需要足够细致的描述。为了简化描述过程、提高信息传输及处理的速度与效率，通过赋予信息对象一定规律性的易于人或机器识别与处理的标识，如符号、图形、颜色、缩简的文字等，就可以实现对信息系统中各信息对象的一致性识别。

（2）规范化的编码保证了信息表述的唯一性、可靠性与可比性。由于信息编码能够最大限度地避免对信息的命名、描述、分类和编码的不一致所造成的误解和歧义，做到使事物（或概念）名称和术语含义统一化与规范化，并确立与事物（或概念）之间的一一对应关系，所以，能保证对信息表述的唯一性、可靠性与可比性。

（3）编码的标准化是信息互联、互通的基础。规范的、标准的信息代码可以作为信息交换与资源共享的统一语言。其使用不仅为信息系统间的资源共享创造必要的条件，各类信息系统由于遵循统一的编码标准，从而使其相互间的互联、互通、互操作成可能，提高计算机进行信息处理的能力与速度，促进系统间信息交换和数据共享及信息系统的自动化程度。在 S1000D 国际规范中对存储于公共源数据库中的信息对象，如数据模块（DM）、出版物模块（PM），进行结构化、模块化处理并用编码进行标识，就是一种典型的标准化方法，是信息互联、互通、互操作并达成信息资源共享的基础。顺便指出，信息化工作总是力图制定统一标准，如各种数据格式、数据交换等标准，来达到这个目的。而目前，IT 领域研究的热点"大数据"问题，是研究如何解决从各种标准不统一的形形色色海量数据中，特别是存在的许多非结构化数据中挖掘所需数据的规律。这是一种承认客观现实，不得已而为之的工作，并非标准化工作的本意，其难度可想而知。

（4）信息编码是信息系统实施的基础。随着科学技术发展，各种各样的信息越积累越多，对海量信息的管理和利用变得越来越困难。为了对付"信息爆炸"的挑战,人们借助计算机技术,通过建立各种信息系统来管理与利用信息。信息系统建设的基础性工作之一就是对信息对象进行分类与标识,将具有某种共同特征的信息归并在一起,与不具共性的信息区分开来,然后设定某种符号体系进行编码,使电子计算机能够识别与处理,为信息系统实施创造了基础条件。

3. 常用编码术语

本书讨论的信息编码的相关术语(引自 GB/T 10113—2003《信息分类与编码通用术语》)如下:

(1) 代码(Code),指表示特定事物(或概念)的一个或一组字符。

(2) 编码(Coding),指给事物(或概念)赋予代码的过程。

(3) 无含义代码(Nonl – significant Code),指对编码对象只起标识作用,而无任何其他附加含义的代码。

(4) 有含义代码(Significant Code),指除对编码对象起标识作用外,还具有其他特定含义的代码。

(5) 顺序码(Sequential Code),指由阿拉伯数字或拉丁字母的先后顺序来标识编码对象的代码。

(6) 层次码(Layer Code),指以编码对象的从属层次关系为排列顺序组成的代码。

(7) 特征组合码(Characteristic Block Code),由表示事物属性概念特征的基本要素的代码次序组合而成的代码。

(8) 复合码(Compound Code),由若干个完整的、独立的代码组合而成的代码。

(9) 代码结构(Code Structure),指代码符号排列的逻辑顺序。

(10) 代码长度(Code Length),指一个代码中所包含的有效字符的个数。

1.2.2 信息对象的编码类型

信息对象的编码,从其目的、功能和码值等不同角度可以分为不同的类型。

1. 按编码目的划分

根据编码的目的,可以将信息对象的编码分为标识码与特征码,其中特征码又可分为分类码、结构码与状态码。

1) 标识码

为了区别标识一类事物对象(集合体)的特征码,将用来唯一标识一个特定信息对象的代码称为标识码。

代码与事物对象的关系可以有一对一和一对多的关系。例如,身份证号码与人是一对一的关系,商品条码(EAN 码)与商品物理个体为一对多的关系。标识码与所标识的信息对象之间必然为一一对应的关系。当代码与事物对象存在一对一的关系时,代码就唯一代表一个事物对象,即为标识码。例如,大学生一进入学校,就有一个唯一标识号,即学号。

在上述代码与事物对象的一对多关系中,商品条码标识的是一类商品特征,当需要代码标识这种类型商品的特定个体时,必须采用外加顺序码等方式进一步予以区分,在这种情况下,标识码 = 特征码 + 顺序码。

在 S1000D 国际规范中,数据模块代码(DMC)、出版物模块代码(PMC)就是唯一标识数据模块、出版物模块的标识码。

2)特征码

当一个代码对应于多个事物对象时,可以认为代码对应于一个事物的集合,这个集合是由具有相同或相似特征的事物组成的。对事物特征进行的编码称为特征码。特征码有以下几种类型:

(1)分类码。代码所表示的集合是由一类事物组成的,代码用于代表分类类目,将这类代表分类类目或代表一类事物的代码称为分类码或分类特征码,如数据模块代码(DMC)中的信息码(IC)。

(2)结构码。结构码是用符号(数字或字母)来表示事物对象之间的结构关系,表示一个事物对象或一类事物对象在结构中的位置。如表示产品装配关系的隶属编号,在工作分解结构中体现分解关系的项目编号等。将用来表示事物对象之间结构关系的代码称为结构关系代码,简称结构码。在 S1000D 国际规范中数据模块代码中的系统层次码(SNS)就是表示装备结构层次的结构码。由于树形结构直观地表示了结构层次高低(大小)的隶属关系,所以结构码的编码一般采用树形结构码,代表事物所在的节点在树形结构中所处的位置。

(3)状态码。在对事物进行管理时,常常需要用编码的形式来记录事物所处的状态。例如,在管理零部件的技术文档时,需要对其所处的技术状态特征,如取消、预发放、审核、批准、发放等信息,进行编码。将表示事物所处的状态的代码称为状态码。在 S1000D 国际规范中,数据模块代码中的位置码(ILC)标识了在维修任务开始前对象(指所需维修零部件)应处于何处或本信息适用于何种场合,表示位置状态信息代码就属于状态码。

2. 按编码功能划分

代码按其功能可以分为有含义代码和无含义代码。常见的无含义代码有无序码和有序码。常见的有含义代码有系列顺序码、数值化字母顺序码、层次码、特征组合码和复合码。

1）无含义代码

无含义代码就是无实际含义的代码。该种代码只作为编码对象的唯一标识,只起代替编码对象名称的作用,而不提供有关编码对象的其他任何信息。有序码和无序码是两种常用的无含义代码。

（1）有序码。又称顺序码,是一种最简单、最常用的代码。该种代码是将顺序的自然数或字母赋予编码对象。例如,在 GB/T 2261.1—2003《人的性别代码》中,1 为男性,2 为女性。通常,非系统化的编码对象常采用该种代码。有序码代码简短,使用方便,易于管理,易于添加。对编码对象的顺序无任何特殊规定与要求;但代码本身不给出任何有关编码对象的其他信息。

（2）无序码。是将无序的自然数或字母赋予编码对象。该种代码无任何编写规律,是靠机器的随机程序编写的。无序码具有一定的保密性,编码工作小,一般由计算机产生;但不容易记忆,有人说无序码是"别人看不懂,自己也看不懂",要想知道无序码所代表的编码对象,需要查相应的编码对照表。

2）有含义代码

有含义代码就是具有某种实际含义的代码。该种代码不仅作为编码对象或对象特征的唯一标识,起代替编码对象名称的作用,还能提供编码对象的有关信息(如分类、排序、逻辑意义等)。常用的有含义代码有系列顺序码、数值化字母顺序码、层次码、特征组合码、复合码。

（1）系列顺序码。是一种特殊的顺序码。该种代码是指将顺序码分为若干段,(系列)并与编码对象的分段一一相对应,给每段对象赋予一顺序码。一般对分类深度不大的分类对象进行编码时,常采用这种代码。例如,GB/T 4657—2009《中央党政机关、人民团体及其他机构代码》就采用了 3 位数字的系列顺序码:

101～199 全国人大、全国政协、最高检、最高法;

201～299 中共中央直属机关及事业单位;

701～799 民主党派机关、全国性人民团体。

系列顺序码能表示编码对象一定的属性或特征,但空码较多时,不便于机器处理,不适用于复杂的分类体系。

（2）数值化字母顺序码。是按编码对象名称的字母排列顺序编写的代码。该种代码将所有的编码对象按其名称的字母排列顺序排列,然后分别赋予不断增加的数字码。

数值化字母顺序码编码对象容易归类(不存在可多处列类的现象),容易维护,并可以起到代码索引(按字母顺序编写)的作用,便于检索。但在制定编码规范时,需要一次性地给新编码对象留出足够空位。有时为了保证新增加的编码对象的排列次序,而原有空位又不多时,需要重新编码,因此相对地讲,该种代码使用寿命较短,同时各类目密集的程度不均匀。

由于这种代码是基于字母顺序规律的原则,将语言文字相近的编码对象聚集在一起,因此只要再按编码对象的其他特征进行细分类就更加完善了。这种代码结构适用于根据人名、机关、企业、事业单位名称来检索信息。

(3)层次码。以编码对象的从属、层次关系为排列顺序的一种代码。层次码常用于线分类体系,对装备零部件产品来讲,该排列顺序可以按工艺、材料、用途等属性来排列。编码时,将代码分成若干层级,并与编码对象的分类层级相对应,代码自左至右表示的层级由高至低,代码的左端为最高位层级代码,右端为最低位层级代码,每个层级的代码可以采用顺序码或系列顺序码。例如,GB 4754—2002《国民经济行业分类和代码》就是采用 3 层 4 位数字的层次码。

图书分类编码采用的十进制码与层次码的编码原理基本相同,但在十进制编码结构中采用了小数点符号。在小数点符号后根据需要可以任意扩充数字位。

层次码能明确地表明分类对象的类别,有严格的隶属关系,代码结构简单,容量大,便于机器汇总。但层次码结构弹性较差,当层次较多时,代码位数较长。

(4)特征组合码。是将分类对象按其属性或特征分成若干个"面",每个"面"内的各个类目按其规律分别进行编码。"面"与"面"之间的代码没有层次关系,也没有隶属关系。使用时,根据需要选用各"面"中的代码,并按预先确定的"面"的顺序将代码组合,以表示类目。特征组合码常用于面分类体系。

例如,对机制螺钉可以选用材料、螺钉直径、螺钉头形状及螺钉表面处理状况 4 个"面",每个"面"内又分为若干个类目,并分别编码。

特征组合码结构具有一定的柔性,适于机器处理。但代码容量利用率低,不便于求和、汇总。

(5)复合码。是一种应用较广的有含义代码。通常是由两个或两个以上完整的、独立的代码组成的。例如,分类部分和标识部分组成的复合码是将编码对象的代码分成分类部分和标识部分两段。分类部分表示编码对象的分类属性或特征的层次、隶属关系。标识部分起着编码对象注册号(即登记号)的作用,常采用顺序码或系列顺序码。

例如,美国等北约国家的军用物资编目系统,即北约物资编目就是采用 13位的数字复合码。其中,标识部分是由表示美国等北约国家编码局的两位数字的代码和 7 位物品识别编号组成的。这是由于北约国家编码局所编的物品识别编号可能与美国物资编码局的重复,因此美国物资编目标识码必须由美国或"北约"国家编码局代码和物品识别编号两部分组成 9 位数字码联合使用,只有这样才能保持其完整性,真正做到一物一码,起到唯一标识的作用。分类部分由4 位数字组成,表示联邦物品分类的类别。

复合码代码结构具有很大的柔性,易于扩大代码容量和调整编码对象的所属类别。同时,代码的标识部分可以用于不同的信息系统,因而便于若干个系统之间的信息交换,但代码长度较长。

IETM 数据模块代码中的学习类型标识的码段由学习码和学习事件码两个码组组成,是一个典型的复合码。其由 4 位字母与数字混合组成,其中,第 1 位字母"H"或"T"分别代表人绩效技术码或训练内容码;第 4 位用字母"A、B、C、D、E"中一个字母分别代表 5 类学习事件码的一类。

3. 按编码码值划分

根据代码取值,一般分为数字型代码、字母型代码和数字与字母混合型代码。

1)数字型代码

数字型代码是指用一个或若干个阿拉伯数字表示编码对象的代码,简称数字码。数字型代码的特点是结构简单,使用方便,排序容易,并且易于国内、外推广。但是,对编码对象的特征描述不直观。数字型代码是目前各国广泛采用的一种代码形式。

2)字母型代码

字母型代码是指用一个或多个字母表示编码对象的代码,简称字母码。字母型代码的特点是其比用同样位数的数字型代码容量大得多。例如,用一位英文字母型代码可以表示 26 个(A~Z)类目,一位数字型代码最多只可以表示 10个(0~9)类目,两位英文字母型代码最多可以表示 $676(26^2)$ 个类目,而两位数字型代码最多可以表示 $100(10^2)$ 个类目。同时,字母型代码有时还可以提供便于人们识别的信息。如铁道部制定的火车站站名字母缩写码"HB"表示哈尔滨,"BJ"表示北京。

字母型代码便于记忆,人们有使用习惯,但不便于机器处理信息,特别是当编码对象数目较多或添加、更改频繁以及编码对象名称较长时,常常会出现重复和冲突的现象。因此,这种字母型代码用于编码对象较少的情况。

3)数字与字母混合型代码

数字与字母混合型代码是由数字字母组成的代码,或数字、字母、专用符组成的代码,简称为字母数字码或数字字母码。数字与字母混合型代码的特点是基本兼有了数字型代码、字母型代码的优点,结构严密,具有良好的直观性,同时又有使用上的习惯。但是,由于代码组成形式复杂也带来了一定的缺点,即计算机输入不方便,录入效率低,错误率增大,不便于机器处理。

在实际编码过程中,为了改善代码直观性,当代码较长时,也可以根据需要在代码中间添加分隔符,如","、"-"等符号。

数字型代码、字母型代码,数字与字母混合型代码各有所长,通常是根据使用者的需要、信息量的多少、信息交换的频度、计算机的容量、使用者的习惯等多种因素综合考虑选用的。但从信息处理效率以及信息交换来考虑,数字型代码较受青睐。

由多个码段组成的 IETM 数据模块代码,根据码段的需要,上述 3 型代码都有使用。

1.2.3 信息编码的编制

1. 编码编制的一般过程

编码在系统内部必须保证唯一性,同时必须具备体系的完整性、可扩充性和编码的适用性。因此编制编码是一项系统、严密、科学的分析处理工作,应由各领域内专业人员结合信息系统的管理需求进行拟制。编码制定的一般过程如下:

(1)确立编码应用范围,建立编码体系,确定编码原则。

(2)数据整理与分析。对系统内所有数据进行分类整理,分析各类型数据的组成结构、数据量范围和系统内数据的边界。

(3)制定编码方案与编码结构。编码工作的关键是建立代码编制的原则与编码方案,将各类数据的编码结构建立起来。

(4)编制编码。具体编码包括两种情形:一种是组织有关领域、部门或单位,根据制定的编码方案,对每种编码对象进行具体的逐一编码,形成编码体系,供使用者遵循;另一种编码情形是,编码数据使用者根据编码规则,现场生成信息编码,通过验证、注册,投入使用。

(5)测试与颁布。编码体系建立后,必须进行严格的测试才能投入应用。测试过程需检验编码体系的完整性、可扩充性和系统适用性,通过测试的编码体系通常以标准规范的形式发布、推广,在体系内部具有约束力。

2. 编码工作的特点

信息编码工作属于基础性工作,一般情况下会涉及多学科、多业务领域,且伴随着大量的数据整理、编码、代码转换等耗费时间的工作以及推行的难度,而且一旦开展其影响面广且深远,总结起来其具备以下几个特征:

(1)信息编码本质上属于高层次的规范,必须在全领域全行业层次上进行更广泛的协调和统一,防止行业内的各自为政,自成体系。如果各家分别制定自己的标准,只能形成适用于自己应用的编码数据,不可能真正实现互联、互通和数据交换。因此,应积极采用现有的国家标准、行业标准,在行业层次上规划和实施信息编码工作。

信息编码方法的确定主要依赖于学科、专业技术、信息组织方式、管理流程等因素。由于重点是针对行业的主业务数据制定编码,行业内部的差别不是特别突出,所以行业编码工作具有技术规范的特点,行业内部广泛的采用可避免编码工作的重复劳动。

(2)信息编码涉及设计技术、制造技术、管理技术、计算机、网络技术、微电子、自动化技术、综合保障等多个学科和专业,范围很广。这些学科和专业相互交叉、相互渗透,关系紧密。而一个编码方法往往需要计算机技术人员、工程技术人员和标准化人员共同研究确定。其不仅要反映信息组织与管理的模式,而且要求具有科学性与实用性。所以说信息编码需要进行综合协调,需要各有关单位、部门及专业人员大力协同。

(3)信息编码的工作量大。从信息系统建设的角度来看,企业建立和实施的每一个信息系统都有信息编码问题。信息编码涉及各种信息,覆盖产品全寿命周期,编码工作量大。

从产品研制的角度来看,信息编码标准化涉及原材料、元器件、标准件、零部件等各种制造物资,涉及从市场调查(军工产品的立项论证)到产品的设计、制造、装配、试验、定型、使用直至报废的全过程,前端延伸到供应商,后端延伸到用户,所以信息编码编制具有全过程、全方位的显著特点。

(4)信息编码的实施工作难度大。在信息化建设中,各单位已经使用了一些信息编码标准,要实现信息编码的统一,需要做大量的工作。所以,统一信息编码标准、统一实施可能会有阻力与难度。

(5)信息编码工作不只是为了解决唯一标识问题。从概念上讲,信息编码工作不只是为了解决一物一码的问题,还应当包括对事物的分类及代码化。

分类是指根据事物的特征,将信息按一定的原则和方法进行区分和归类,并建立一定的分类系统和排列顺序,以便管理和使用。由于分类角度、分类类目等因素不同,对同一个事物集合的分类方法也会有所不同。分类方法具有多样性的特点,使得一个事物对象有多个分类特征,保证了对事物的刻画更加全面和精确。编码是指将事物或概念赋予一定规律性的易于人或机器识别和处理的符号、图形、颜色、缩简的文字等。在未来几年,条码技术将越来越多运行在管理活动中,条码是编码的一种表现形式。

从作用上讲,除了解决唯一标识问题外,分类编码还用于统一和规范事物或概念的名称或术语、识别事物或概念、产品和物资的统计、相似事物的查找等。

(6)信息分类和编码往往有多种可行的方案。在对具体事物对象进行分类与编码时,在保证科学性的基础上,往往有多种可选方法,有些方法已经形成了不同的标准,在企业已经使用。这些方法各有其优缺点,很难判断哪一种方法是最佳方法。在这样的情况下,追求统一成为主要目的,应当尽快确定一种方法,立为标杆,形成行业标准或联合企业标准。

3. 信息编码的标准化

随着信息化工作的不断深入,行业内各单位之间的信息交换越来越频繁,对信息系统间信息共享的要求越来越迫切。信息分类与编码的标准化是系统之间进行信息交换和资源共享的基础,也是各行业实现信息化的前提和基础工作。

当前不少大型信息应用系统标准化程度不高,给网络的互联带来了困难,尤其是在软件的设计上对一些需统一的公共数据项各编一套代码,系统之间互不兼容,增加了信息交换的难度,无法实现信息资源共享。有的行业或单位对信息化意识和利用信息的能力认识不清,在应用系统建设上只从自身的利益出发,拒绝与其他行业或单位合作,搞封闭式的信息系统,在一定程度上也影响了信息化建设的顺利发展。比如在国防和军队相关标准体系中,很难找到一套结构完备的、大家普遍接受并采纳使用的装备零部件分类与编码体系,这对 IETM 技术的推广应用带来很大的障碍。

信息编码标准化在信息化建设中具有基础性、决定性作用。系统地说,主要表现在以下几个方面:

(1) 实现信息的共享和系统之间的互操作。实现信息共享和系统之间互操作的前提和基础是各信息系统之间传输和交换的信息具有一致性,即各方在使用一个代码或术语时,所指的是同一信息内容。这种一致性建立在各信息系统对信息对象的名称、描述、分类和代码共同约定的基础上。信息分类与代码标准作为信息交换和资源共享的统一语言,它的使用不仅为信息系统间资源共享创造必要的条件,而且还使各类信息系统的互联、互通、互操作成为可能。

(2) 减少重复和浪费,降低开发成本。标准化的重要作用就是对重复发生的事物,尽量减少或消除不必要的劳动耗费,并使以往的劳动成果重复利用以节省费用。通过直接采用相应的信息分类与编码标准可以节省编制代码目录的费用;通过实施信息分类与编码标准,可以统一协调各职能部门的信息采集工作,使之既符合系统整体的要求,又满足单位的要求,可以节省对信息的重复采集、加工、存储的投入。

(3) 改善数据的准确性与相容性,降低冗余度。通过信息分类与编码标准化,最大限度地消除因对信息的命名、描述、分类和代码不一致所造成的错误和分歧;减少一名多物、一物多名,对同一名称的分类和描述的不同以及同一信息内容具有不同代码等现象;做到事物或概念的名称和术语统一化、规范化;确立代码与事物或概念之间的一一对应关系,以改善数据的准确性和相容性,消除定义的冗余和不一致现象。

(4) 提高信息处理的速度。信息编码标准化首先有利于简化信息的采集工作,由于有统一的信息采集语言,综合信息便可以直接取自相应的信息系统,系统内所需的通用信息可以由主管部门采集,提供给相关的部门和单位使用,使原始信息保持一致,这样既充分利用了各部门各类分散的信息,又简化了信息的采集过程;其次,信息编码标准化是信息格式标准化的前提,通过统一信息的表示法,可以减少数据变换、转移所需的时间;通过信息编码标准化,对信息的命名、描述、分类与代码达到统一,有利于建立通用的数据字典,优化数据的组织结构,提高信息的有序化程度,从而提高信息的存储效率和信息处理的速度。

1.2.4 信息编码与信息分类

在计算机还没有被广泛应用时,人们往往利用信息分类来简化信息编码的难度和工作量,以高速运算、大容量存储与数据处理的计算机技术为基础的信息技术,为以信息处理系统为代表的现代化信息管理提供了技术基础。为了保障信息处理系统正确运行,必须对系统中需要处理的各类信息对象进行规范化地描述和标识。越来越广泛的信息交换、互联互通和信息资源共享需求促使人们越来越重视信息分类编码工作。信息对象的分类和编码是对信息描述和标识的典型处理方式。

信息分类与编码工作就是对一些常用的、重要的信息对象进行分类和代码化。信息的分类与编码是否科学和合理直接关系到信息处理、检索和传输的自动化水平与效率,影响并决定了信息的交流与共享等性能。

1. 信息对象分类编码的要求

规范信息对象的分类编码必须达到两项要求:一是信息对象的命名、定义必须唯一。在一定范围内,所有信息对象都应有明确的命名与定义,并且保证唯一性。在一个信息系统内,绝对不允许一个数据项定义不清或有多种解释和命名。二是代码标识必须规范、成体系。一类信息对象在同一个系统内应采用统一的标识体系,并在其寿命周期内保持稳定与唯一。为了便于计算机处理,通常采用数字或字母码作为标识的符号。对于很多常用的数据和信息项(如组织机构代码等),在国际上或国家内部已有一定的标准规定了标识符,应积极直接采用。对于无标准的信息项,应该根据信息管理的实际需求定义标识体系。

2. 信息分类和信息编码的关系

为了理解和掌握信息编码的实质,应正确认识信息编码和信息分类的关系。

1）信息的分类与信息的编码是两项相对独立的工作

从概念上讲,信息的编码与信息的分类是两项相对独立的工作,实际应用中,两者结合起来的现象较为普遍。但是,编码不一定总是和分类相关,分类是将具有相同或相近特征的事物归并到一个类目下面的过程,编码则是对事物赋予一个标识代码的过程,两者分别独立地工作。常说的分类码是对分类体系中类目的编码,它只是特征代码的一种。分类码可以作为标识码的一个部分,标识码也可以与分类码无关。

2）信息分类与信息编码通常存在相互依存的关系

随着信息技术的发展与广泛应用,信息分类与信息编码逐渐成为既独立又相辅相成的工作。在信息系统中,信息的分类通常用代码来标识,用代码描述的分类信息有利于计算机系统进行处理;而在信息编码时,代码或码段的设计往往以分类作为基础或者前提条件,代码中包含分类信息,比如在 S1000D 国际规范中的数据模块代码,其第三个码段——系统层次码(SNS)中的"系统码"、"子系统码"和"子子系统码"码段就分别代表了"系统"、"子系统"和"子子系统"的 3 个层次结构的系统元素(装备的零部件、文档的章节等)归类信息。

3. 正确处理信息分类与编码的关系

信息分类与信息编码相互独立又相互依存,对于正确处理编码过程中出现的矛盾问题很有帮助。在采用无限分类和采用大流水代码两种较为极端的方式进行编码时,分别存在一些固有的矛盾,必须根据编码工作的实际情况做出合适的选择。

下面介绍采用无限分类的方式实现信息的标识。

用信息分类来实现信息对象的标识势必需要对信息对象的标识特征进行代码化,最后按照一定的顺序将所有特征的代码联合在一起标识信息对象。在计算机还未普及时,这种方式的应用比较普遍,但是其应用也受到多方面因素的限制。例如,编码信息对象的范围不能很大,要求编码信息对象的共性特征要很明确等。在采用这种方法进行信息标识时,存在的问题也很突出,主要体现在以下几个方面:

（1）编码规则结构复杂、制定难度大。对编码对象特征的抽取、规范及代码化需要深度的专业知识作支撑,在编码对象的共性特征不是很明确的情况下,就需要做出许多额外的规定与限制,必然导致编码规则制定难度的加大。

（2）专业性强、编码管理和维护难度大。编码规则由专业人员制定,所以要求依据编码规则进行具体信息编码的人员清楚如何对具体信息进行分类,并且与编码规则制定者理解一致,才能保证编码的准确性。但实际情况是,这种方法在应用中存在的最大隐患就是编码者理解上的局限将导致编码的不准确。

下面介绍采用大流水的方式实现信息的标识。

采用无含义码标识信息对象,将大大降低制定编码规则的难度,在条件具备的情况下是可行的,但是也存在一定的问题。首先,采用无含义码一般都需要后台数据做支持,其使用离不开信息系统环境。其次,当代码需要经常在人机交互的情况下使用时,由于代码无含义、无规律,有悖于人常规的使用习惯。

在实践中,只要满足信息标识的一般原则(唯一性与稳定性),满足实际需求,什么样的标识方法都是可用的。实际编码过程中,建议全面考虑代码的使用环境与实际需求,确定既符合编码基本原则,又符合实际使用要求的编码规则。比如,可将信息对象固有的、稳定的特征码(如分类码、状态码等)体现在信息标识码中,或者将信息分类代码与信息标识代码联合使用,使代码有一定的规律性,在分类代码与标识代码加起来的长度能够被接受的情况下联合使用。

使用编码工具(软件)辅助完成信息编码工作,对于减轻编码工作劳动强度,特别是避免差错是有益的。因为无含义标识对手工编码和维护确实存在一定的不确定性,应积极采用信息化的手段进行信息编码、管理和维护工作。

1.2.5 信息编码体系的构建

1. 编码体系应具备的特性

编码体系是以代码格式、代码编制规则和代码维护规则为要素形成的体系。编码体系是面向一个应用领域或者应用系统而构建的。为确保编码体系的完整性、权威性与广泛的适用性,许多重要领域的编码体系往往以技术标准等规范形式予以确定,比如在 IETM 国际规范 S1000D 中,给出的数据模块代码、信息控制码、出版物模块代码等的格式规范和相关编码规则,就构成了 IETM 规范的编码体系。

编码体系(系统)的设计必须适宜用户使用、有利于计算机提高处理效率。完善的编码体系应充分体现以下 10 个特征:

(1)唯一性。代码结构必须保证对于给定的实体仅有一个代码和唯一的含义,尽管对于实体可以有很多方法解释与命名。

(2)可扩充性。代码结构必须满足实体群的增加,在每个类别里都留有足够的空间用于新实体的增加;同时代码结构必须满足现有类别扩充的需要。通常认为,为了满足已给定的代码结构能够满足正常地编码扩充,应确保代码容量是实际编码需求的 2 倍。同时,必须依赖于外界环境的变化等因素来计划代码预期的使用寿命。

(3)简短易记。代码要求尽可能以最小的位数满足每一实体的标识。简短便于人的记忆、传递和计算机的存储。

（4）格式规范。在机械处理数据系统中，代码格式的规范一致是人们所期望的。未经许可在基本代码上附加前缀和后缀是普遍存在的问题，然而这和第一个特征——唯一性是相互冲突的。因为前缀和后缀的附加常常使代码长度变化，而又不常使用，结果造成混乱。

（5）简单明了。代码必须简单适用，使每个使用者都容易懂，特别是经验很少的使用者。

（6）适应性。由于考虑到条件、特性以及编码对象的相应变化，代码必须易于修改，然后被定义的对象特性的每个变化必须伴随着相应的代码和代码结构的变化。

（7）可分类性。编码体系中的代码与其他的可分类的代码相关时，必定是可排序与可分类的。

（8）稳定性。代码的使用者不希望经常修改代码，任何特定的代码或整个代码结构中，对给定的编码对象分配代码应该具有尽可能少的变化。

（9）含义性。含义应以最大可能限度伴随着代码，为灌输较多的含义，代码必须反映编码对象的特性，如记忆特征，除非产生不一致性的情况。

（10）操作性。代码应适合于现有的和预计的数据处理水平，这种数据处理既适合于人工操作，也适合于机械操作，使相关使用操作时所需要的时间减至最小。

应该注意，在许多实例中，上述 10 个特征可能不一致。例如，一个编码结构为了将来的需要，要有足够的扩展性，那么在一定程度上就有可能需要牺牲简短性。因此，在构建代码结构中，应全面、适当地综合考虑，以求达到最优化的效果。

2. 构建编码体系的步骤

构建特定应用领域的编码体系时，一般应遵循如下步骤：

1）为编码体系进行顶层规划，将系统所涉及的信息对象全部纳入编码规划中

在这个步骤中，组织有关专家对系统内外的信息编码标准化情况进行详细的调查研究，包括：

- 国家有关机构对信息编码标准化有哪些规定？
- 本应用系统需要编制哪些编码（标准）？
- 本行业已有哪些编码（标准）？其使用情况如何？
- 有哪些外部编码（标准）可以借鉴？
- 已有的国家标准、行业标准有哪些？

- 有哪些编码方法可以指导本领域的编码体系构建？

编码体系构建的顶层规划工作包括在上述调研的基础上，确定本领域内信息编码体系涉及的范围，建立本系统的编码标准体系表，从体系表中应能清晰地看出本领域信息分类编码的全貌及各类信息间的内在联系，直观地了解信息编码的现状和发展趋势。然后，在总体需求的牵引下，提出对各项目组的具体计划要求。

2）为各类信息对象设计标识方法

为了便于在整个行业内使用，标识代码不能只与某个部门的分类体系相对应，必须完善相应的编码规则和配套机制。如果采用无含义代码，为了实现代码体系的可维护性，还必须建立特征数据库。

制定编码规则时，除了遵循相应的分类与编码原则外，还应关注以下因素：

- 考虑统一的编码结构模型；
- 考虑与上层标准的融合；
- 考虑与原有编码结构的结合；
- 划分阶段，逐个解决；
- 解决关键属性（特征），考虑属性扩展；
- 划分不同类型，采用不同的技术。

3）为各类信息对象进行代码设计

资料收集应以信息系统设计资料和需求调查资料为基础，以利于编码方案与系统设计目的一致。代码设计时，必须采用系统工程的观点，树立全局和整体观念，以系统整体最优为目标，要考虑与其他信息的内在联系，做到与相关代码兼容，提高代码的适应性，减轻数据采集及填报工作量，减少数冗余。

4）制定代码维护规则，进行维护管理

代码维护管理是信息编码体系寿命周期内的重要环节。标准制定、贯彻实施、维护成了编码体系寿命周期3个相互关联的重要环节。维护管理的目的是促进标准正确实施，适应实际业务规则管理变化的需要。维护管理的主要任务是收集用户对编码体系的要求与意见，判别这些意见与要求的合理性，确定是否修改有关代码，制定代码修改方案、修改代码、报主管部门批准后具体解决新旧代码的替换和转换，承担信息编码使用咨询，负责人员培训等。

维护管理是一项十分重要的工作，由于信息分类与编码的标准应用牵一发而动全身，所以对代码的修改维护应十分慎重，要由行业权威机构负责制定统一的代码维护规则和详尽的维护工作计划，切实做好新旧代码的应用交替。

3. 编码体系的规划

为了确保所构建的编码体系的质量，在规划编码体系的过程中应注意以下技术问题：

（1）慎用有含义代码。使用有含义代码时，要求代码反映编码对象的特征。但编码错误是很难避免的，一旦出现了编码错误，只有两种选择：一种选择是"将错就错"，不再修改代码，然而有含义编码如果不能正确反映编码对象的特征，就很容易造成误解，这违背了使用有含义代码的初衷；另一种选择是修改代码，使之正确反映编码对象的特征。但这样做又违背了标识代码的稳定性要求，会对编码对象的识别造成隐患，引起混乱。

（2）标识代码尽量不要与某个具体的分类体系相对应。分类完全是人的主观意志的产物，对于相同的对象、不同工作领域中的人会有截然不同的分类要求。对于元素完全相同的两个集合，不同的分类系统中的子集一定不是一一对应的（如在商业中可以把物品分为生产资料与消费品，而在制造业中可以把物品分为机械产品、电子产品、化工产品等）。也就是说，不同的分类系统之间不可能进行一一对应的转换。如果使标识代码与某个分类体系相对应，就不可能再与别的分类体系完全对应。

（3）正确处理利用代码进行检索、统计的需求。不要过于依赖代码进行信息的检索、统计。在有些系统中，为了进行检索、统计，特意在标识代码中加入描述代码（如物料来源、物料用途、形状、价值等），这往往造成了代码不稳定等问题。用代码进行检索、统计并不是太理想的办法，所能实现的功能也十分有限，因此在进行编码体系顶层规划时，不主张过多地考虑依赖代码进行信息检索、统计的需求。复杂的检索、统计功能应通过对存有特征信息的数据库的操作来实现，让标识代码与数据库中的数据各司其职。

（4）采用无含义代码的实施方法。为了实现代码体系的可维护性，必须建立编码对象特征数据库。该数据库要有足够的特征数据项，做到对编码对象的详细描述，要开发相应的计算机应用软件，以满足进行代码数据维护时检索、查对的需要，同时也可以对外提供相关的信息服务。

（5）建立完善的维护机制。应指定专职的维护机构，这个机构在技术上应具有权威性，并有足够的协调能力，要保证代码体系的正常运转，及时追加和发布新鲜的内容。其同时还应该是一个服务机构，应开展有关的信息服务，使信息资源得到充分的利用。建立用户信息反馈机制，调动行业内参与维护的积极性；形成合理的代码体系修订发布制度。修订发布周期不能太长，采用电子文件比较好，可以通过计算机网络进行发布。

4. 编码体系的设计

编码体系的设计者依据具体的目的，选择适当的代码类型与编码方法对确保成功构建编码体系至关重要。在新系统实行之前，必须事先考虑到可能出现的问题和充分评定可以选择的设计方法。为了帮助系统设计者避免由于不合理的设想可能花费的代价,需要考虑以下问题。

1)代码的含义

正常使用时,有含义的代码提供了一个附加信息的根据,并且人们使用这种代码要比使用无含义代码更容易、更可靠。然而,在设计有含义代码时应特别小心,要保证有含义的部分与不变化的信息对象相联系。另外,含义太多的代码会变得难以管理与缺少扩展性,因此必须避免这种情况。对于非常简单的任务,数字字符是比较好的,然而字母字符是更具有含义的,更适合于复杂的任务。

2)标准代码的使用

凡是可能的地方,都应该使用已有的代码,除非绝对需要,否则不应设计新的代码。当然,就大多数情况来讲,设计新代码,该看到是代码使用者的偏爱。其优点是可以充分考虑新代码系统使用者代码使用的全部要求。

3)多组代码的兼容性

在某些情况下,为了满足多数系统的要求,需多种代码或多种的标识,尽管一个唯一的代码是理想的目标,但终究是不符实际情况的。如果需要多组代码,那么必须做到能从一个代码转换到另一个代码,也就是说要保证数据项不变,仅仅是代码的不同而已。

4)助记忆码

可以使用助记忆码来帮助联想与记忆,因而可以提高人工处理效率。对于非常长、项目不固定的目录进行标识可以不用助记忆码,为了保证一定的灵活性,无论如何必须小心选择助记忆码的结构。如果一组代码内编码对象超过 50 个,一般就避免使用助记忆码,因为当编码项目数据增加时,帮助记忆的能力将减少。所以,在此系统对所有的代码不能全部提供助记忆码或有含义代码,只有对使用频率高的代码给予有效考虑。

5)代码的命名

所有独立的数据代码段必须是单独的、标准的、唯一的命名,一般采用符号标识。

6)代码容量的计算

根据代码格式计算出覆盖所有情况的代码(空间)容量。为了避免字母 I、O 和数字 1、0 相混淆,通常使用 24 个字母字符和 10 个数字字符。代码码段之间的连接符“-”不参与代码容量计算。

7)代码长度的确定

代码长度的确定一般应遵守以下原则:

(1)简短性。为了节省空间和减少数据传递的时间,代码应是最小的长度,但同时要确保使用者要求的代码容量。

（2）固定长度。使用固定长度的代码比不定长度的代码更可靠、更容易使用。

（3）分段。为了记录的可靠，建议将多于 4 个字母字符的代码分成小段。

（4）可扩展。代码的结构必须保证增加新类目时，不需要重编现有的类目，并且不需要扩代码的长度。

8）代码格式的确定

代码格式的确定应考虑以下因素：

（1）用户需求。代码的组成应按照用户对信息的需求，综合考虑信息的精度与完整性以及信息的承载量，在系统使用中，信息的格式应是一致的。

（2）字母与数字。人工记录数字代码一般比记录字母或字母数字代码等可靠，但数字代码不存在记忆的特征。

（3）符号群。当代码由字母与数据两种字符组成时，应该把同样的字符类型合在一起，而不是分散地遍布在整个代码里。

（4）代码段的顺序。如果一个代码划分为几个小码段的组合，那么高位码应该是含义宽广的，而低位码应是最有选择性的或有差别的。

（5）代码段的划分。如果代码中的码段是完全独立的，并能孤立存在，则可以使用分隔符进行分隔。分隔符通常是一个连字符或者空格。

（6）校验字符。当代码字符长度超过 4 位，并且该代码将用于主要编码对象的标识时（如组织机构、企业、材料等），应考虑给予一个附加的检验错误的字符，以避免录入时出现错误。

9）代码的转换

不同的场合所使用的代码体系通常是不同的，为了在不同的场合实现数据传递，往往需要进行代码转换。

对于分类体系来讲，不同的分类系统的类目之间不可能完全一一对应（否则就成为相同的分类系统了），只有部分类目的代码在特定的条件下才有可能进行代码转换。无含义代码所对应的信息对象没有层次之分，因此对于同一个信息对象集合，不同的无含义代码体系间可以进行一对一的代码转换。这在实际工作中具有十分重要的意义。

10）反映编码对象的特征

代码的作用仅仅是对编码对象进行标识，在计算机信息处理系统中，无含义的标识代码足以达到使用代码的目的。为了兼顾在某些情况下人们对了解编码对象的需要，可以在代码中加入特征描述的码段。但是，尽量不让其参与对编码对象的标识。

26

在通常情况下,可以把一些供人工解读的描述代码与无含义的识别代码组合起来使用,但在对编码对象进行识别时只依据无含义的识别代码。这样,不管描述代码发生什么都不会影响识别结果,从而保证代码满足唯一性与稳定性的要求,同时也实现了对人工解读代码的适当支持。

1.3　IETM 技术标准中的编码体系

在 IETM 技术标准中,通过使技术信息描述代码化,即用一个包含充足信息的代码来唯一标识一个信息对象,提供对象的分类管理与提高使用效率,为公共源数据库为代表的综合武器系统数据库的信息存储与管理利用提供方便。在IETM 技术标准,特别是 S1000D 国际规范中,规范了信息编码的代码格式、代码编制规则和代码维护规则,形成了 IETM 技术标准的编码体系。

1.3.1　IETM 编码体系特征

IETM 所涉及的信息对象是描述装备基本原理、使用操作与维修保障的技术信息,这些技术信息在计算机内大量的是以数据模块形式存储在公共源数据库中。由于 IETM 技术信息的层次多、信息对象的类型各异、位置结构信息复杂,使得 IETM 编码体系复杂、代码格式多样,因此,IETM 代码体系的编制规则和代码维护规则也非常严格。

IETM 编码体系除了具备一般编码体系关于唯一性、稳定性、可扩充性等通用属性外,还具有以下特征:

(1)信息对象编码结构简明,编码规则一致。对各类信息尽可能采用相同(或类似)的编码结构,突出体现技术信息中包含的层次特征、分类特征和位置特征,并实现编码外在表现形式的统一。

(2)在结构和容量上具有一定的柔性。为了适应复杂的情况,一个具体的代码通常由具有特定含义的几个字符段组成,而且代码总长度一般不固定,保证了代码结构的兼容性,拓展了代码体系的包容能力,能够适应未来发展的要求。

(3)编码规范的设计要遵循标准化策略。IETM 作为 CALS 信息化战略的重要组成部分,为此美国国防部制定了 CALS 的标准化策略,其选择标准优先次序的原则为:首先选用国际标准;其次是选用国家标准;再次是选用行业标准;如没有正式标准则采用事实上的标准[8]。我国的 GB/T 24463 和 GJB 6600 IETM系列标准是引进 S1000D 国际规范编制的,我们认为 S1000D 的 IETM 编码体系原则上适用于我国装备实际情况。因此,编码规范的设计可以依据我国现有的

IETM 技术标准。考虑到装备类型多、特点与传统习惯各异,如果出现 IETM 编码体系中某类编码或某个代码的某一码段不适用,允许按实际需要进行必要的修订。这样做的好处是既使我国的 IETM 技术标准与国际先进标准接轨,又利于我国装备出口的军援与军贸需要,同时还有利于提高 IETM 编码的标准化程度。

(4) 编码规则和维护规则明确而严密。比如在装备类型标识代码中,对装备的名称及型号的描述代码部分,不同装备的名称和型号参照装备生产和订购部门的相关命名规定机型编码,而且新出现的装备类型编码必须向系统数据中心注册,以维护代码的唯一性。在 S1000D 中规定,装备制造单位须按照一定手续向北约保障中心(NATO Support Agency,NSPA)申请和注册一个希望预留型号或其变型的型号识别码编号。这些申请和注册的型号识别码由 NSPA 的中心数据库维护,以确保生成的型号识别码在 NSPA 业务范围内实现全球唯一,防止编码重复。

编码的柔性结构和一致的代码编制规则等特征,使得 IETM 编码体系能够适用于装备维修保障活动中各种不同类别的信息,各类信息模块的编码具有很好的兼容性,后续的升级版本能够兼容原有编码结构,易于被 IETM 创作者接受。

1.3.2 IETM 编码体系

S1000D 国际规范和我国 IETM 系列的国家标准 GB/T 24463[9]、国家军用标准 GJB 6600[10] 均采用公共源数据库(CSDB)技术储存与管理 IETM 系统的所有信息对象,包括描述各类型技术信息的数据模块、插图及多媒体信息对象、出版物模块以及各类管理控制类的信息对象。为方便公共源数据库中数量庞大的各类型信息对象的标识、存储和查找利用,S1000D 国际规范形成了庞大、完整的编码体系,而且具有规范维护组用户"全员"参与代码维护的良好机制,形成了各成员国广泛遵循的编码技术体系规范。以 S1000D 国际规范为例,IETM 编码体系由下列要素构成:

(1) 数据模块代码及其编制规则与维护机制;
(2) 多媒体信息控制代码及其编码规则;
(3) 出版物模块代码及其编制规则;
(4) 其他信息对象代码及其编码规则。

S1000D 中使用的代码体系标识信息对象,成功地实现了在公共源数据库中唯一标识各类型信息对象的基本功能,使得数据模块调用插图及多媒体信息对象、出版物模块调用数据模块,以及数据模块之间和出版物模块之间的相互调用变得十分精确、便捷、高效;同时,通过其编码规则和代码维护机制,也强化了代码体系自我维护、自我完善的自适应能力。

在 S1000D 国际规范中,数据模块是公共源数据库中存储与管理的最大量、最基础的信息对象,数据模块代码(DMC)是 IETM 代码体系的核心组成部分,而且其编码规则也是代码体系中最复杂和最具典型性的。

1. 数据模块编码

数据模块编码由 17 位至 41 位总长度不固定的若干代码段组成,这些代码段分别为数据模块的相关属性代码。数据模块代码的组成结构关系如图 1-1 所示。

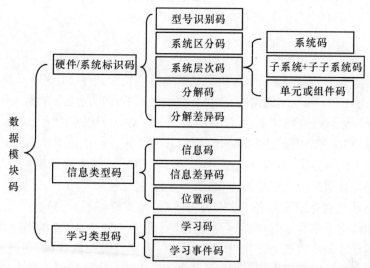

图 1-1 数据模块码的组成结构

其中系统层次码为基于标准化的编码体系,通常是用来标识装备及其层次划分关系的代码。在 S1000D 国际规范中给出了一些典型装备 IETM 已使用的系统层次码示例,供 IETM 的制作者根据工程项目的实际需要修改采用。

数据模块代码结构复杂、规则清晰、维护机制灵活,是 IETM 编码体系中最基础的核心代码。

2. 其他信息对象编码

为了使 IETM 有良好的交互性和更好的表现力,IETM 中包含大量生动、直观的插图及多媒体信息。这些信息在公共源数据库中的存储和识别调用依靠信息控制码(ICN),信息控制码的编制有两种规则:一种是基于公司/机构码的 ICN 编码规则,另一种是基于型号识别码的 ICN 编码规则。IETM 创作者可根据具体的业务规则选择确定。ICN 的代码组成结构与数据模块编码类似,具体详见本书第 3 章 3.1 节的相关内容。

IETM 显示发布信息的组织以出版物模块为单位进行描述与存储,其在公共源数据库中的存储识别采用出版物模块代码(PMC)。PMC 主要由型号识别码、出版机关码、出版物编号、卷号等码段构成,具体格式见本书第 3 章 3.2 节的相关内容。

此外,对存储于 CSDB 中的其他信息对象如数据管理列表、评注等其他信息对象进行有效的管理,也需要相应的编码进行标识;其中数据管理列表代码(DMLC)结构包括型号识别码、创作者码、数据管理需求列表类型码、发布年度号、连续编号/每年等码段成分;评注码结构包括型号识别码、评注发布负责单位码、发布年号、每年顺序号、评注类型码等码段成分。

1.3.3 本书阅读导则

我国的 IETM 系列国家标准和国家军用标准均引进了 S1000D 国际规范的代码体系,但考虑到我国的国情,在维护机制方面我国国防工业的型号代码编辑采用独立的标识码维护体系,并没有加入到 NSPA 中心数据库中。

有关 IETM 基本概念、技术原理、创作方法及其在装备技术信息管理与使用中的相关理论与方法,本系列丛书中的《装备 IETM 研制工程总论》及后续出版的书中都将分别进行详细地阐述,这里不再赘述。

本书系统地介绍了装备 IETM 编码体系,正文篇幅不大,只有 3 章,而用大量的篇幅给出了来源于 S1000D 4.1 版的 7 个附录。鉴于 IETM 编码体系中数据模块代码是编码规则最为复杂、码段最多、代码字符最长的代码,而且 IETM 系统又没有单独设置编码库表,所以本书收录了 IETM 技术标准中数据模块各类代码定义并以附录的形式列出,这对于理解领会 IETM 技术标准和指导 IETM 编码的制作实践都具有重要意义与很好的参考价值。

1. 正文内容导读

第 1 章绪论,在简要介绍 IETM 的基本概念、技术标准与技术特征的基础上,阐述 IETM 的信息共享机制与编码的作用和信息编码的基本概念、一般原理与方法,以及 IETM 的编码体系及其主要特征。

第 2 章数据模块编码,在简要介绍数据模块的概念以及其编码原理和代码的组成结构的基础上,详细地阐述数据模块编码的硬件/系统标识、信息类型标识、学习类型标识 3 个部分的代码结构、编码原则和编码规则,最后给出数据模块编码的示例。

第 3 章信息控制编码和出版物模块编码,详细地介绍插图及多媒体对象的信息控制码、出版物模块代码,以及数据管理列表、评注及 BREX 数据模块的代码的编码原理及编码规则。

2. 附录内容导读

附录 A 通用技术信息 SNS 代码定义,收录了由 S1000D 技术文档资料规范工作组(TPSMG)定期维护与推荐使用的系统层次码或称标准编码系统(Standard Numbering System,SNS),该 SNS 码适合用于所有产品的通用和系统级技术信息的 SNS 的编码与定义。

附录 B 受维护的专用技术信息 SNS 代码定义,收录了也是得到 TPSMG 定期维护与推荐使用的专用于保障与训练、军械、通用通信、航空、战术导弹、通用地面车辆和舰船等 6 类装备的系统层次码(SNS),其基本涵盖了陆海空主要装备,使用价值大。例如,由于 S1000D 最初是以美国航空运输协会的规范 ATA iSpec100《航空技术资料编写规范》及其后发展的 ATA iSpec2200《航空维修资料标准》[20] 为基础编制,而 ATA 的这两个标准几乎为国际上所有航空装备所采纳使用,因此,来源于 S1000D 的附录 B 中的 B3.1 航空专用技术信息 SNS 代码定义示例,就是 ATA 标准的翻版,与我国参照 ATA 标准编制的 GJB 4855《军用飞机系统划分及编码》[12] 基本上一致。

附录 C 其他专用技术信息 SNS 代码定义示例,收录了 S1000D 3.0 版[13] 给出的供使用者参考的 18 类工程项目 SNS 示例(4.0 版后改由 www.s1000d.org 网站提供)中的 5 类,包括软件工程、战斗车辆、导航工程、通信工程、训练工程等 5 个项目的专用技术信息 SNS 代码定义示例,对于类似项目 IETM 编码的制作也有较好的参考价值。

附录 D 信息码定义,收录了信息码主码定义、信息码简短定义与信息码完整定义,适用于各类装备数据模块代码中的信息码,在创作 IETM 时可以根据具体装备操作与维修的特点,对给出的信息码进行剪裁、修改与扩充。

附录 E 学习码中的人绩效率技术码定义,收录了学习码中的人绩效率技术码的简短定义与完整定义,适用于各类装备数据模块代码中的学习码中的人绩效率技术码,在创作强化 IETM 辅助训练功能的学习类数据模块与 SCO 内容数据模块时,可以根据具体装备操作与维修的特点和训练需求,对给出的人绩效率技术码进行适当的剪裁、修改与扩充。

附录 F 学习码中的训练码定义,收录了学习码中的训练码的简短定义与完整定义,适用于各类装备数据模块代码中的学习码中的训练码,在创作强化 IETM 辅助训练功能的学习类数据模块与 SCO 内容数据模块时,可以根据具体装备操作与维修的特点和训练需求,对给出的训练码进行适当的剪裁、修改与扩充。

第 2 章　数据模块编码

在 IETM 公共源数据库(CSDB)存储与管理的所有 6 种信息对象中,数据模块(DM)是承载装备技术信息最核心、最基础的源数据。插图及多媒体对象是镶嵌在数据模块之中使用的,由一个或多个数据模块(DM)组成出版物模块,又由一个或多个出版物模块构成可向用户发布的 IETM。而且,数据模块代码在公共源数据库所有信息对象中,是编码规则最为复杂、码段最多、代码字符最长的一种代码。因此,科学合理地编制数据模块代码,用代码唯一地标识每一个数据模块是确保数据重用与技术信息重构的 IETM 信息共享机制的形成,建立集成数据环境的必要条件与基础。

本章在简要介绍数据模块的概念以及其编码原理和代码的组成结构的基础上,详细地阐述数据模块编码的硬件/系统标识、信息类型标识、学习类型标识 3个部分的代码结构、编码原则和编码规则,最后给出数据模块编码的示例。

2.1　数据模块及其编码原理

2.1.1　数据模块的概念

数据模块作为公共源数据库中最为核心的信息对象,是 IETM 中数量最多,具有统一结构的最小的、独立的信息单元。它包含文本、图形、表格及其他数据类型。从逻辑上说,一个数据模块是一个自我包含、自我描述的数据单元,不可分割,具有原子性;从物理上说,一个数据模块就是一个 ASCII 码文档,以特定的文档格式对装备保障的技术信息进行描述和组织。IETM 技术标准(S1000D)规定了数据模块的基本结构(见图 2-1),包括两个部分:第一部分是标识与状态;第二部分是内容。数据模块的第一部分即数据模块的标识和状态部分,包含了数据模块的元数据信息,其中标识部分是实现可重用的关键,包括数据模块标识(数据模块代码、语言、发布号等)和数据模块地址项(发布日期、数据模块标题等)等用于 DM 管理和检索信息(重用时,要保证编码的唯一性);状态部分包括表示数据模块的安全保密等级、合作责任方、创作者、适用性及适用性引用、质量保证、系统分解码、功能项码、功能引用、技能等级、更新原因等状态信息。数据模块的第二部分为内容部分,是数据模块表达装备技术信息的主体部分,该部分包括通用结构和特定内容两个部分。其中,通用结构部分主要有警告/注意/说明、引用、列表、标题、表格、插图、多媒体、插页、热点(区)等适用于各种数据模块信息类型等信息元素;特定信息类型部分包括描述信息、程序信息、故障信息、维修计划信息、人员信息、零件信息、战场损伤评估与修理信息、接线信息、过程信息、容器信息、学习信息、服务公告信息等。

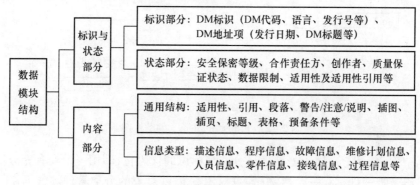

图 2 – 1　数据模块的基本结构

1. 划分数据模块的目的

将编写装备技术手册所需的技术信息划分为数据模块的目的是为了采用结构化、模块化的方法,按辅助装备维修及训练的需要"组装"成不同内容与不同用途的技术手册,使生成的数据模块可以多次重复使用,并很方便、灵活地重构成各种技术出版物,以实现数据一次生成、多次使用,营造集成数据环境。

2. 数据模块标识部分

数据模块的储存、使用与管理离不开数据模块的标识,S1000D(4.1版)数据模块标识部分使用 XML Schema 元素 < dmAddress > 来包含支持数据模块的唯一标识与附加信息。元素 < dmAddress > 的结构图如图 2 –2 所示。从图 2 –2 可知,元素 < dmAddress > 包含两个子元素,即 < dmIdent > (M) 和 < dmAddressItems > (M),由这两个元素来共同完成数据模块部分的标识。

1)数据模块标识

元素 < dmIdent > 被用来唯一地标识数据模块,该元素无属性,有 4 个子元素,即 < identExtension > (O)、< dmCode > (M)、< language > (M) 和 < issueInfo > (M)。

(1)数据模块代码的扩充。使用可选元素 < identExtension > 来建立制作者实例标识的唯一子域。

(2)数据模块代码。使用必选元素 < dmCode > 包含数据模块代码并形成数据模块唯一的标识符部分,即数据模块代码。数据模块编码作为数据的模块

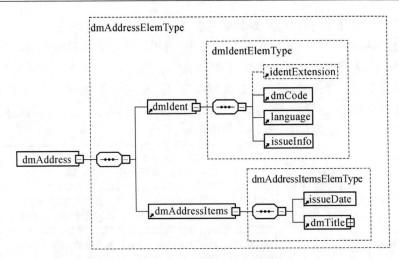

图 2-2　元素 < dmIdent > 的结构图

化和结构化标识符,属于一种信息分类与标识的代码化,即用一个具有充分信息的代码来唯一地标识一个事物(信息对象),提供对象的分类管理。数据模块编码是对数据模块的分类与标识的代码化,即按照 IETM 技术标准对技术信息进行标准化、结构化、模块化处理时,要给每一个数据模块分配一个代码(DMC),构成了数据模块的唯一标识符。采用 DMC 标识和管理公共源数据库中的数据模块,能实现电子环境中对数据模块的检索查询与访问和编辑 IETM 时能在数据模块、出版物模块之间进行链接与引用,以提高数据的可重用性、技术信息的可重构性及其效率,方便利用计算机对数据模块进行自动处理和 IETM 的模块化设计、生产与管理。因此,数据模块的编码是数据模块的组织管理和技术信息共享的基础。作为本书的重点,下面将详细阐述有关数据模块编码问题。

(3)数据模块语言。使用必选元素 < language > 用来说明创作数据模块所使用的语言,该元素有两个必选属性:"languageIsoCode"(M)和"countryIso-Code"(M)。属性"languageIsoCode"通常使用国际标准 ISO 639 规定的两个字母字符编码说明数据模块使用的语言。为语言编码简单化也可使用不与 ISO 639 标准冲突的类似补充编码。属性"countryIsoCode"(M)按国际标准 ISO 3166 规定的两个字母字符编码表示使用哪一国家的语言。

(4)发布信息。使用必选元素 < issueInfo > 包含数据模块的发布号,该元素有两个必选属性,即"issueNumber(M)"与"inWork(M)"。其中,发布号属性"issueNumber"为每个批准发布的数据模块分配一个逐次增加的发布号,用来唯一识别数据模块实例。初始发布号为"001",然后随每次数据模块批准发布而增加;厂内编号属性"inWork(M)"为未发布的数据模块给定一个在编辑号,用于监控项目的中间稿。在完成过程中号的初始编号为"01",而增量随着每个未发布数据模块的更新而增加。

2）数据模块地址项

元素 < dmAddressItems > 给出了数据模块标识的附加信息,但不属数据模块的唯一标识符部分。元素 < dmAddressItems > 的结构图如图 2 - 3 所示。

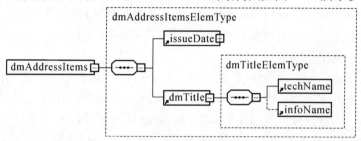

图 2 - 3　元素 < dmAddressItems > 的结构图

（1）发布日期。使用必选元素 < issueDate > 给出了数据模块的日期信息。一个数据模块的每次发布,无论是初稿编写,还是完稿发布或是更新发布,都必须按 ISO 8601 标准的 YYYY - MM - DD 格式分配一个日历日期。元素 < issueDate > 有属性 year（M）、month（M）与 day(M)。

（2）数据模块标题。使用必选元素 < dmTitle > 给数据模块一个标题(命名)。数据模块标题应给出产品识别的含意和活动元素,即数据模块的标题应由技术名和信息名组合而成,分别由子元素 < techName >（M）和 < infoName >（O）来承担。使用技术名元素 < techName > 的内容应反映出产品的硬件或功能的名称,如航空器、着陆传动系统等,它反映数据模块的内容,与装备的系统、子系统或子子系统等 DMC 的硬件标识部分相联系。使用信息名元素 < infoName > 并将它的属性"infoCode"链接到信息码,来简要说明数据模块所要表达的装备技术信息内容,如拆卸程序、拆卸前准备工作、弹药卸载等。下面将介绍的 DMC 信息类型中的信息码相关联,通常信息名称是信息码的简短描述。

由上可知,识别一个数据模块最重要的是要有一个数据模块代码(DMC),它与数据模块的发布号一起构成了数据模块的唯一标识;而从使用方便来看,还需有一个能顾名思义直观反映数据模块技术信息内容所表达的装备硬件部分和维修活动信息部分的标题。

2.1.2　数据模块编码的一般原理

1. 数据模块编码的目的

为了更有效地对信息主体进行识别,需要对信息主体进行编码。编码是人们统一认识、交换信息的一种手段。作为标识的"代码"是为参与信息传递、使用的各方，为识别信息内容而使用由有限字符构成的标志。数据模块编码的主要目的如下[13]：

（1）标识。数据模块编码属于数据模块的状态与标识部分的一种属性。一个装备的 IETM 有大大小小成千上万个数据模块，用代码标识数据模块以后，在使用或调用时可以利用代码很方便快速地找到所需的数据模块。如果编码只是单纯的标识，即所谓"纯粹"标识代码，可以采用无含义代码，如采用顺序代码。数据模块中用于标识组件分解状态的代码的分解码(Disassembly Code, DC)就是属于采用顺序代码。

（2）描述。对数据模块(信息主体)进行描述，在数据模块传递和使用时可以使各方通过数据模块代码了解数据模块所具有的特征，用于此目的的代码是描述代码。如数据模块是描述装备结构或功能哪一部分的技术信息，是装备使用操作、维修及训练的哪一部分内容的信息。由于数据模块编码的描述目的，因此，其属于有含义类代码。由于区分描述数据模块内容的代码可能会很长很复杂，用"纯粹"的描述代码显然不适宜于数据模块编码。

（3）分类。对数据模块(信息主体)进行描述，编码要标示该数据模块是哪个型号装备，以及对应于哪一装备类型；而且编码还要标示出该数据模块的信息类型和学习类型，因此，数据模块编码要具有信息分类的目的。

（4）排序。对复杂装备维修活动的数据模块详细描述拆分组件时，要按拆分的顺序标示出组件、分组件、零件的分解代码。即代码的顺序可以明了数据模块信息对应的拆分顺序。

（5）特定含义。数据模块编码有些码段使用某些字符表示某种特定的含义。如系统层次码(SNS)中，用字母 J 与 E 分别定义民用飞机和军用飞机的装备项目类别码；又如学习码段用字母 T 与 H 分别表示人力绩效技术和训练内容的信息。这种编码方法便于快速准确地识别信息类别。

由于数据模块是描述复杂装备各种技术信息的最小信息对象，而且按照制作 IETM 的需要对这些技术信息拆分的粒度的粗细不同，数据模块编码所包含需要标识、描述、分类等的信息十分复杂，因此，要满足数据模块编码的目的，其编码结构就显得比较复杂。

2. 数据模块编码的一般原则

（1）唯一性。数据模块的信息内容与用途一旦确定，就只有一个代码，只唯一表示一个数据模块对象，即代码所标识的信息主体之间必须具有一一对应关系。

（2）不变性。只要数据模块的信息内容不变，代码与数据模块主体之间的对应关系在 IETM 系统的整个寿命周期内也不应发生变化。

（3）稳定性。数据模块的编码规则由 IETM 的技术标准或各军兵种装备 IETM 规范所规定,除非标准或规范修改,一般代码与数据模块主体之间的对应关系不能随意变化,尽可能地保持编码体系的相对稳定。代码如体现信息对象的特征,应选择那些稳定的特征来表征。

（4）合理性。数据模块代码结构要与其所标识的信息主体的特点相适应。

（5）可扩充性。由于装备类型众多,结构与复杂程度千差万别,IETM 技术标准对数据模块编码的规定必须预留代码空间,要考虑满足不同类型装备代码的扩充及补充的需要。

（6）简单性。数据模块代码结构应尽量简单,长度宜短不宜长,以便于节省机器的存储空间和减少代码出错率,同时提高机器处理的效率。但代码的长度应考虑编码的总容量和可扩展性的需求。

（7）适用性。数据模块的代码要尽可能反映编码对象的特点,有助于记忆和便于填写。

（8）规范性。数据模块的编码标准中,代码的结构及各部分类型及编写格式予以统一规定,这样既保证编码的规范性、一致性,又便于记忆、辨认和计算机处理。此外,使用固定长度的代码其可靠性比可变长度的代码要高。

上述原则中的唯一性、不变性和稳定性是编码系统最基本的特征,但是由于数据模块编码主要的作用是标识装备技术信息单元,以方便重用,它属于描述代码,与一般无含义的信息分类编码还是有所差别的,因此,其唯一性、不变性和稳定性有时会因代码对信息主体(数据模块)所描述的信息内容变化而受到干扰。

3. 数据模块编码的分类特征

标识一个事物对象方法就是通过描述这个事物对象的特征,通过事物之间不同的特征来区分事物对象本身。IETM 所涉及的信息对象是描述装备基本原理、使用操作和维修的技术信息。因此,数据模块编码必须具备以下主要特征[14]:

（1）装备硬件的层次特征。技术信息与装备实体绑定在一起,由于装备使用与维修保障的对象是装备实体,那么描述装备 IETM 的技术信息单元(数据模块)也需要与装备实体相对应。装备硬件的结构或功能的层次是十分明显的,特别对于复杂装备。为表示数据模块的装备层次特征,在数据模块的代码中,首先要标识装备不同层次单元的代码,以明确该数据模块的技术信息是描述装备硬件的哪一部分,即与数据模块命名中技术名称部分相对应。

（2）信息的分类特征。数据模块具有两种信息的分类特征:一是信息类型,是指描述装备操作使用与维修保障的不同活动的信息类型,如分成操作、保养、维修、检测、装载等内容,即与上述数据模块命名中信息名称相对应,这个特征属于必选项;二是学习类型,包括标识数据模块中描述人员绩效技术与训练内容信息,以及学习事件信息的内容,数据模块的这一部分信息是由于增强 IETM 的辅助训练功能,特别生成训练内容数据包下载给学习管理系统(LMS)使用时增加的功能,所以这一部分的信息的分类特征是可选项。因此,数据模块编码中必须能标识区分和识别数据模块的信息分类特征。

(3)信息的位置特征。IETM 是描述装备维修的技术信息为主体,对同一种装备单元在不同维修环境下的维修保障活动,可能因为环境的变化而引起信息的变化。比如,某一部件有在线修理与离线修理两种方式,虽然二者均是修理活动,但因为维修环境不同,具体的保障设备和保障设施发生了变化,其描述技术原理的信息就有所不同,但必须在标识数据模块的代码中有所反映。这一部分编码特征表现为数据模块编码的信息类型码中位置码部分。

2.1.3 数据模块代码的组成与结构

由上述 DMC 位于数据模块的标识与状态部分,通过 < identAndStatusSection > 元素中的子元素 < dmAddress > 中的子子元素 < dmCode > 来描述,DMC 的 Schema 元素结构图如图 2 - 4 所示。从图中可见,数据模块编码 DMC(元素 < dmCode >)

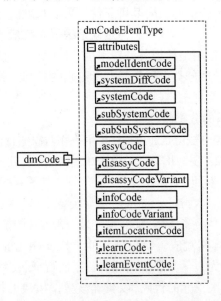

图 2 - 4   元素 < dmCode > 的结构图

由表示不同属性的 13 种代码构成,分别为:型号识别码(Model identification code,属性为 modelIdentCode)、系统区分码(System difference code,属性为 systemDiffCode)、系统码(System code,属性为 systemCode)、子系统码(Subsystem code,属性为 subSystemCode)、子子系统(Sub - subsystem code,属性为 subSub-

SystemCode)、单元或部件码(Unit or Assembly code,属性为 assyCode)、分解码(Disassembly code,属性为 disassyCode)、分解差异码(Disassembly code variant,属性为 disasslyCodeVariant)、信息码(Informationcode,属性为 infoCode)、信息差异码(Information code variant,属性为 infoCodeVariant)、位置码(Item location code,属性为 itemLocationCode)、学习码(Learn code,属性为 learnCode(可选))、学习事件码(Learn event code,属性为 learnEeventCode(可选))。

1. 数据模块代码的组成

数据模块代码的组成如图 2 – 5 所示。为唯一地标识一个数据模块需要 DMC 提供 3 部分的信息:第一部分是标识装备硬件的层次特征,要能识别数据模块是描述哪一类装备中的哪一种装备的哪一层次的产品;第二部分是使用信息码标识数据模块是描述装备使用与维修业务活动的哪一类信息,以及使用位置码标示其位置信息;第三部分是使用学习码和学习事件码标识当数据模块应用于人员训练时所包含的人绩效技术、训练内容和学习事件(学习的计划、综述、内容、总结、评估等)的信息。第三部分代码是可选的,当强调 IETM 的辅助训练功能或与 SCORM 标准的 LMS 系统共同实施训练时选用。由图 2 – 5 可见,DMC 由硬件/系统标识、信息类型和学习类型 3 个部分和 7 个代码段组成,各代码段之间用连字符"–"连接。

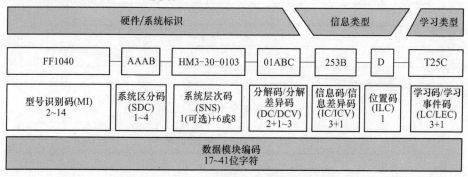

图 2 – 5　数据模块代码的组成

2. 数据模块代码的结构

DMC 由英文字母或数字字符组成,数字可采用字符"0～9",英文字母可用大写英文字母字符"A～Z",尽量避免使用"I"和"O"两个字符。DMC 的长度最短为 17 位字符(字母与数字混合编排),最长为 41 位字符(字母与数字混合编排),如图 2 – 6 所示。

"硬件/系统标识"、"信息类型"和"学习类型"各部分代码的组成及编码长度分别如表 2 – 1 至表 2 – 3 所列。

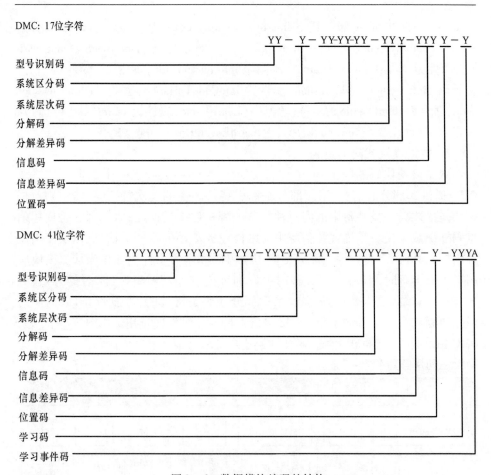

图 2 - 6　数据模块编码的结构

表 2 - 1　硬件/系统标识代码

组成	长度
型号识别码(MI)	2 ~ 14 位字符(字母和数字混排)
系统区分码(SDC)	1 ~ 4 位字符(字母和数字混排)
系统层次码(SNS) ● 系统 ● 子系统 + 子子系统 ● 单元或组件码	1 位(可选) + 6 位或 8 位字符(字母和数字混排) ● 1 位(可选) + 2 位字符(字母和数字混排) ● 2(1 + 1)位字符(字母和数字混排) ● 2 位或 4 位字符(字母和数字混排)
分解码(DC)	2 位字符(字母和数字混排)
分解差异码(DCV)	1 ~ 3 位字符(字母和数字混排)

表 2 - 2　信息类型代码

组成	长度
信息码(IC)	3 位字符(字母和数字混排)
信息差异码(ICV)	1 位数字字符(字母和数字混排)
位置码(ILC)	1 位数字字符(字母和数字混排)

表 2 - 3　学习类型代码

组成	长度
学习码(LC)	3 位字符(字母和数字混排),T 开头表示训练数据,H 开头表示人力绩效技术学习码
学习事件码(LEC)	1 位字母:A 学习计划;B 综述;C 内容;D 总结;E 评估

2.2　数据模块编码的硬件/系统标识部分

为了保证拆分为数据模块后的技术信息单元能在制作 IETM 时很方便地得到重用和重构,首先必须标识出该数据模块是描述哪一种装备的哪一硬件/系统部分的。因此,需要采用一定的编码规则来标识数据模块的硬件/系统层次特征的属性。

2.2.1　标识数据模块硬件/系统部分的编码信息

为了能唯一、准确地标识出数据模块属于哪一硬件/系统部分的技术信息,数据模块需要以下硬件/系统部分的代码信息。

1. 型号识别信息

制作 IETM 的对象,可以是一项大型复杂的装备,也可以是一项设备,或者是具有独立功能的成品项。这些对象不管其大小及复杂程度如何,都可以统称为产品。不管是军用产品或民用产品,为了便于生产、供应与使用一般都要由标准给予命名和赋予标识代码。数据模块编码首先要标识出属于哪一个产品型号的技术信息。

2. 系统区分信息

当同一种装备(产品)型号有不同配置的技术状态,如安装了不同的系统、子系统或单元,这种差异还不足以影响装备(产品)型号的改变,需要明确区分数据模块所描述技术信息是属于该型号产品的哪一种技术状态时,需要在 DMC

中有系统区分信息。

3. 系统层次区分信息

根据制作 IETM 的需要,将装备(产品)的技术信息按装备(产品)的结构(功能)层次拆分为不同粒度的数据模块时,对这些数据模块的代码需要有相应的系统层次区分信息的标识。装备(产品)的结构层次取决于其复杂程度,如一个复杂的装备可分为:系统(system)、子系统(subsystem)、机组(set)、单机(group)、单元(unit)、组件(assembly)、分组件(subassembly)、元(零)件(part)。而数据模块将技术信息拆分到哪个层次,除了与装备(产品)的复杂程度有关,还与装备使用与维修的业务活动有关。如装备的使用一般是在主要功能层次上操作,装备维修级别一般分为基层级、中继级与基地级,分别对应装备约定层次为外场可更换单元(LRU)、车间可更换单元(SRU)与车间可更换分单元(SS-RU)[15]。装备故障诊断与维修活动一般是在这 3 个约定层次上进行。而这 3个约定层次与装备结构层次并非一一对应,有的一个约定层次可能对应 1~3 个结构层次。为此,S1000D 国际规范定义了一个标准编码系统(Standard Numbering System,SNS)或称层次区分码,将装备(产品)以下划分为系统、子系统、子子系统、单元、组件等 5 个层次。一般说来,SNS 将装备结构分解为 5 个层次可以使创作的 IETM 满足描述装备使用与维修活动的需要。至于某个数据模块将技术信息拆分到 SNS 的哪个层次,则完全要根据制作 IETM 对装备结构(功能)具体分解的需要而定。

4. 组件分解与分解差异信息

SNS 作为系统层次区分信息只对装备技术信息分解并标识到单元或组件层次,而对于复杂装备有时其维修活动需要进一步拆分组件并用更细粒度的数据模块描述时,则需要进一步标识组件的分解以及分解差异的信息。所谓分解的差异是指由于装备设计时构成所分解组件是选用不同的零件、设备或更小组件所引起的差异,而这种差异又不足以使用系统区分信息来标识时,则使用分解差异信息标识。

2.2.2 标识数据模块硬件/系统部分的编码规则

IETM 技术标准规定标识数据模块的硬件/系统部分的编码分为 4 个码段,分别为:型号识别码、系统区分码、系统层次码、分解码/分解差异码。下面详细介绍其编码要求。

1. 型号识别码

型号识别码(Model Identification Code,MI),是标识硬件/系统部分的第 1 个码段,也是 DMC 中的首个码段。用于标识 IETM 所描述的装备(设备或产品)对象,即标明该数据模块是描述哪个产品的数据,对于所有适用性信息它相当于一个引用指针。MI 应包括该型号的所有相关变型。使用元素 < dmCode > 的属性"modelIdentCode(M)"来存储该代码。MI 由 2 ~ 14 个英文字母或数字字符组成,每一种特定的装备都应有自己的型号识别码,如 F - 104 飞机的型号码是 1K。

在数据模块代码中,型号识别码由下列加粗(黑)的字符表示:

YY – Y – YY – YY – YY – YYY – YYYY – Z (17 位字符)

至

YYYYYYYYYYYYYY – YYYY – YYY – YY – YYYY – YYYYY – YYYY – Z – YYYL (41 位字符)

为了帮助正确地理解、编制与使用型号识别码,作如下说明:

1) 型号识别码标识数据模块描述的对象范围

型号识别码标识数据模块描述对象的范围包括装备、设备及产品,即包括一种复杂的装备或者独立使用或配套使用一台设备或一个产品。也就是大到一种复杂的武器装备型号,或小到与装备配套的由成品厂制造的设备或具有独立功能的产品。需要时,这些设备或产品都可以赋予一个型号识别码来制作所需的IETM。给一个产品分配一个型号识别码并不说明所有数据模块和出版物都使用同一个码。当一个装备由多个成品组成,各成品也同样可以用于其他的装备时,为保证某个成品的数据模块可以用于不同装备的 IETM,则同一装备可以含有下层不同产品的型号识别码,图 2 – 7 给出了一个平台级数据模块,包含与引用其他型号标识码的接口关系。该图表示平台级装备(型号识别码 MI 为TYPE45)下有 HP 空气压缩机、柴油发电机和近战武器系统,根据 IETM 实际制作要求,不同层次的型号识别码(MI)可以单独另行定义,如 ALF35、PAXMAN16和 COALKEEPER5。因此,单独的数据模块和出版物模块可用于多个项目上。它允许使用现有的数据,除非数据更改或重新编码。项目本身的型号识别码对于之外其他项目是没有意义的。

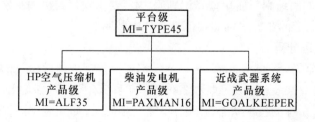

图 2 – 7　型号识别码的分配特性

2）为保证型号识别码的唯一性,通常要向专门的部门申请并由其管理

欧洲 S1000D 国际规范的发起者和参加标准维护组(TPSMG)大部的成员都是北约、欧盟的成员国,由于军事集团的作战战略的一体化或经济的一体化(西欧国家小,几乎所有大项目都是采取多个国家、多家企业联合开发的方式),因此,为了保证分配一个所谓全球唯一性的型号识别码(MI),S1000D 规定装备制造单位须按照一定手续向北约保障中心(NATO Support Agency,NSPA)申请和注册一个希望预留型号或其变型的 MI 码编号[3]。这些申请和注册的型号识别码,通过一个中心数据库维护,NSPA 要确保一个全球唯一的型号识别码,并可防止重复。每当一个新型号或其变型经过专门必要的认证后,随时由项目决定以一个新的型号识别码投入使用。

由于型号识别码大量地用于标识通用的设备与产品,并与器材(设备、产品等零备件)编码紧密相关,而器材编码由供应标准规定,因此,S1000D 还规定确定型号识别码要由 S1000D 与 S2000M 标准的管理者共同协商确定。

为了方便 IETM 的推广应用,我军应当由装备主管理部门统一制定装备及设备、成品的型号识别码标准及目录。鉴于我军还没有专门标准为装备 IETM 的型号识别码做出明确的规定,目前可以使用总装备部装备数据库的装备标识码作为型号识别码。该标识码由 13 位数字组成,可以保证全军各型装备或设备的型号标别码是唯一的。例如,59 式中型坦克的型号标识码为"0020000000004"。

3）型号识别码长度的柔性可变,以利于代码编制的灵活性

S1000D 规定型号识别码长度柔性可变,由 2～14 个英文字母或数字字符组成。这就增加了编码的灵活性。S1000D 提出这个可变长度就能将保障数据库(如保障性分析记录(LSAR)中的产品或项目名称(如成品缩写码(End Item Acronym,EIAC),10 位字符)与该产品或项目的相关变型(成品使用码(End Item Usable On Code,UOC),1～4 位字符)组合在一起形成一个型号识别码。这种组合方式生成型号识别码,方便了现有产品保障数据向 CSDB 数据的转换。在制作 IETM 时,如何编制与使用型号识别码(MI)要由项目或机构决定,并必须在项目或机构所制定的业务规则的规范性文件中载明。

2. 系统区分码

系统区分码(System Difference Code,SDC),是标识硬件/系统部分的第 2 个码段,用于区分某装备型号(型号名称不变)系统/子系统的变化。当同一型号的武器装备/系统的技术状态(配置)不完全相同时,如安装了不同的系统、子系统或单元,这种差异还不足以影响装备型号的改变,就可使用系统区分码来区分系统/分系统所存在的差异。SDC 由 1～4 位英文字母或数字字符组成。使用元

素 < dmCode > 的属性"systemDiffCode(M)"来储存该代码。

在数据模块代码中,系统区分码由下列加粗(黑)的字符表示:

YY – **Y** – YY – YY – YY – YYY – YYYY – Z (17 位字符)

至

YYYYYYYYYYYYYYY – **YYYY** – YYY – YY – YYYY – YYYYY – YYYY – Z – YYYL (41 位字符)

当采用 1 位英文字母字符编码时,默认为"A",有差异变化,采用"B"、"C"、……顺序编码;当采用 1 位数字字符代码时,默认为"0",有差异变化时,采用"1"、"2"、……顺序编码。

例如,某型飞机的型号识别码为"YY",基本型的系统区分码为"A"。由于在导航系统中安装了不同型号的机载导航雷达,配备第二种型号导航雷达的"YY"型飞机,其系统区分码为"B",如图 2 – 8 所示。

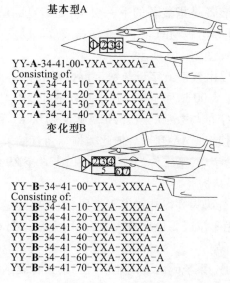

基本型A

YY-**A**-34-41-00-YXA-XXXA-A
Consisting of:
YY-**A**-34-41-10-YXA-XXXA-A
YY-**A**-34-41-20-YXA-XXXA-A
YY-**A**-34-41-30-YXA-XXXA-A
YY-**A**-34-41-40-YXA-XXXA-A

变化型B

YY-**B**-34-41-00-YXA-XXXA-A
Consisting of:
YY-**B**-34-41-10-YXA-XXXA-A
YY-**B**-34-41-20-YXA-XXXA-A
YY-**B**-34-41-30-YXA-XXXA-A
YY-**B**-34-41-40-YXA-XXXA-A
YY-**B**-34-41-50-YXA-XXXA-A
YY-**B**-34-41-60-YXA-XXXA-A
YY-**B**-34-41-70-YXA-XXXA-A

图 2 – 8　飞机配备两种不同导航系统时的 SDC 示例

3. 系统层次码

系统层次码(Standard Numbering System,SNS)是标识硬件/系统部分的第 3 个码段,为基于标准化的编码体系,通常是用来标识装备及其层次划分关系的代码,也可以用来标识一般线性技术出版物的章节层次关系。当装备(或出版物)愈复杂,其划分的层次愈多。SNS 由 3 组字符组成,依次为系统码、子系统/子子系统码、单元或组件码。SNS 码在 21 位 DMC 中占 6 位;在 41 位 DMC 中占 9 位

（第一位为可选字符），且每组字符分别代表不同的含义，其结构如图 2 – 9 所示。

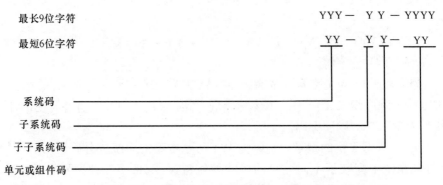

图 2 – 9 SNS 结构

这里的系统对于装备是指装备的下一层次，如坦克的动力系统、武器系统等；对于线性出版物是指出版物的下一层次的篇或章。以发动机为例，装备产品的分解结构层次关系如图 2 – 10 所示。

SNS 中的代码可以由数字或字母与数字混合组成，S1000D 规范规定：当采用两位数字组成时，可从 00 增序至 99 时，中间数字可以不连续，当大于 99 时该编码也可以再扩展为字母与数字的组合，扩展码必须从 A1 到 A9，然后是 B1 到 B9，一直到 Z9，然后才能是 AA 到 AZ，依此类推。当直接采用两位字母与数字的组合时，其第一位为字母，第二位为数字，可用 A1 直至 Z9 编码。

1）SNS 一般编码结构

（1）系统码。系统码为 SNS 中的第 1 组码，用于描述组成产品的通用系统及其层次结构，可采用 3 位或 2 位字符表示，使用元素 < dmCode > 的属性"systemCode"来储存该代码。

在数据模块代码中，系统码由下列加粗（黑）的字符表示：

YY – Y – **YY** – YY – YY – YYY – YYYY – Z（17 位字符）

至

YYYYYYYYYYYYYY – YYYY – **YYY** – YY – YYYY – YYYYY – YYYY – Z – YYYL（41 位字符）

当需要指明使用的 SNS 属于哪类装备时，可以采用 3 位字符码，第一位字符为装备类别码（Materiel Item Category Code，MICC），用来标识不同装备类型的 SNS 代码。S1000D 规范中指定了各 MICC 码的含义，如表 2 – 4 所列。

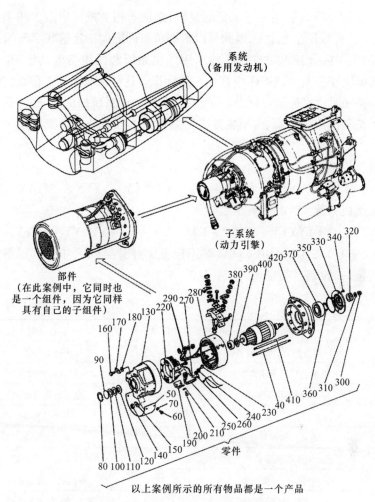

系统
（备用发动机）

子系统
（动力引擎）

部件
（在此案例中，它同时也
是一个组件，因为它同样
具有自己的子组件）

零件

以上案例所示的所有物品都是一个产品

图 2－10　装备产品的分解结构层次的关系示意图

表 2－4　MICC 码

MICC 码	装备类别	MICC 码	装备类别
A	通用系统 SNS	G	通用陆战车辆 SNS
B	保障与训练设备 SNS	H	舰船 SNS
C	军械装备 SNS	J	与 E 差别较大的民用航空器 SNS
D	通用通信设备 SNS	K～S	未分配
E	军用航空器、发动机、相关设备 SNS	T～Z	未指定
F	战术导弹 SNS	0～9	未指定

MICC 码中 K～S 被指定为未分配,项目必须向相关机构申请这些字符的使用权,T～Z、0～9 未指定含义,因此可以根据项目的需要指定这些字符的含义。

例如,为了区分有相同的 SNS 的军用飞机系统和民用飞机系统,并使两种飞机数据模块在公共源数据库中被唯一地标识。这种区分是用 3 位系统码中的第一位装备项目类别码加以区分。下例说明,SNS 中系统码的 42 同样适用于军用飞机系统和民用飞机系统,用装备项目类别码 J 与 E 分别定义民用飞机和军用飞机。

民用飞机系统:

YYYYYYYYYYYYYY – YYYY – **J42** – YY – YY – YYYYY – YYYY – Y

军用飞机系统:

YYYYYYYYYYYYYY – YYYY – **E42** – YY – YY – YYYYY – YYYY – Y

GJB 6600.2 参考了 GJB 832A《军用标准文件分类》和《中国人民解放军装备命名规定》规定装备类别码[16],见表 2－5。

表 2－5　装备类别码

MICC 码	装备类别	MICC 码	装备类别
A	导弹及配套、鱼雷类装备	P	火炮类装备
B	情报、侦察、测绘类装备	Q	轻武器类装备
C	通用车辆类装备	R	电子对抗类装备
D	弹药类装备	S	声学类装备
F	防化与防护类装备	T	通信类装备
G	工程类装备	V	技术保障类装备
H	舰艇、配套类装备	W	军用航天器类装备
K	航空飞行器、配套类装备	X	气象、水文、空间环境类装备
L	雷达类装备	Y	心理战类装备
M	密码类装备	Z	装甲类装备
N	指挥控制类装备	U	其他类装备

（2）子系统/子子系统码。子系统/子子系统码为 SNS 中的第 2 组码,描述了系统的进一步拆分,该组码一般由 2 位字符组成。第 1 位字符表示子系统码,第 2 位字符表示子子系统码,子系统是否进行进一步拆分取决于系统的复杂程度。

在数据模块代码中,子系统/子子系统码由下列加粗(黑)的字符表示:

YY – Y – YY – **YY** – YY – YYY – YYYY – Z（17 位字符）

至

YYYYYYYYYYYYYY – YYYY – YYY – **YY** – YYYY – YYYYY – YYYY – Z – YYYL（41 位字符）

该码对元素 < dmCode > 的属性有两个：其中子系统属性为"subSystem-Code"，子子系统的属性为"subSubSystemCode"。子子系统编码一般由项目开发者或制造商自己决定。如果子系统不需进一步的拆分，则子子系统码为"0"。

（3）单元或组件码。单元或组件码为 SNS 中的第 3 组码，由 2 位或 4 位字符组成，使用元素 < dmCode > 的属性"assyCode"储存该代码。

在数据模块代码中，单元或组件码由下列加粗（黑）的字符表示：

YY – Y – YY – YY – **YY** – YYY – YYYY –Z（17 位字符）

至

YYYYYYYYYYYYYY – YYYY – YYY – YY – **YYYY** – YYYYY – YYYY – Z – YYYL（41 位字符）

该代码是一个从"01"或者"0001"开始的连续数字序列。简单系统一般采用 2 位字符，而复杂系统则采用 4 位字符来表示装配位置码。规范规定，采用 4 位编码的系统不必进行更细的拆分。单元或组件码一般由使用者自己根据项目要求和设备结构自行指定，规范中未作详细要求。

2）SNS 两种编码类型

S1000D 技术文档资料规范工作组（TPSMG）给出了两种 SNS 编码类型，分别是受维护的 SNS 编码类型和以示例形式给出的 SNS 编码类型。

（1）受维护的 SNS 编码类型。该 SNS 编码类型是由 S1000D 的 TPSMG 持续维护更新的 SNS 编码系统。该编码系统又分为两类：一类是通用信息标准编码系统，见本书附录 A；另一类是装备专用标准编码系统，见本书附录 B。

通用信息标准编码系统用于通用 IETM 信息 SNS 的系统码的编制，它采用两位数字字符，其系统代码划分及代码见表 2 – 6。

表 2 – 6　通用标准编码的系统划分及代码

系统代码	系统名称	系统代码	系统名称
00	总论	06	尺寸和区域
01	预留	07	顶起、支撑、恢复和运输
02	项目自定义	08	调平和称重
03	项目自定义	09	牵引和搬运
04	使用（适用目的）限制值	10	停放、系留、存放和恢复使用
05	计划/非计划维修	11	标牌和标志

（续）

系统代码	系统名称	系统代码	系统名称
12	保养	17	项目自定义
13	项目自定义	18	振动、噪声分析与衰减
14	装卸	19	项目自定义
15	操作信息	20	项目自定义
16	任务变更		

　　装备专用标准编码系统用于特定装备类型专用技术信息 SNS 的代码。S1000D 给出了由 TPSMG 维护的 6 种装备类型专用技术信息 SNS 代码,包括:保障与训练、军械、通用通信、航空、战术导弹、通用地面车辆和舰船(本书附录 B)。这 6 种专用 SNS 编码系统覆盖了海陆空三军的装备类型,其系统码的编码方法有两种:一种是采用两位的字母与数字字符组合,如保障与训练、军械、通用地面车辆、舰船等;另一种采用两位数字字符,如航空、战术导弹等。当系统码直接采用两位字母与数字字符的组合时,S1000D 对第 1 位字母所采用装备功能系统代码的规定如表 2 - 7 所列。

表 2 - 7　装备的功能系统代码定义

代码	装备的功能系统	代码	装备的功能系统
A	推进系统	L	电子系统
B	结构	M	辅助系统
C	武器系统	N	生命力系统
D	电气系统	P	专用装备/系统
E	通信系统	Q	用具、陈设和存储
F	导航系统	R	训练系统
G	监视/警戒系统	S	维修、测试和保障系统
H	操控系统	T	管理系统
J	通风/空调系统	U	气象水文系统
K	液压系统		

　　(2) 以示例形式给出的 SNS 编码类型。S1000D 3.0 版之前,还给出了供使用者参考的 18 种工程项目 SNS 示例(4.0 版后改由 www.s1000d.org 网站提供),如战斗车辆工程项目、动力装置工程项目、炮兵雷达工程项目、软件工程项目、电子工程项目、医疗工程项目、战地指挥所工程项目、技术出版物工程项目等的 SNS,部分示例见本书附录 C。这些示例的 SNS 是一些典型装备 IETM 已使用的 SNS,虽不受 TPSMG 持续维护,但有较大的参考价值,在编写某种装备 IETM

时,IETM 的制作者根据工程项目的实际需要采用,采用时可对不适用部分进行适当的修改。

4. 分解码/分解差异码

SNS 的编码只对装备分解并标识到单元或组件层次,而对于复杂装备有时其维修活动需要进一步拆分组件并用更细的数据模块描述时,则需要定义分解码。分解码/分解差异码是标识硬件/系统部分的第 4 个码段,分为两码组,即分解码和分解差异码。

1) 分解码

分解码(Disassembly Code,DC),是分解码/分解差异码段的第 1 码组,用于标识维修信息的组件分解状态的代码,其元素 < dmCode > 的属性为"disassy-Code"。

分解码由两位字母数字标识符组成,其在数据模块代码中所占据的位置为下列加粗(黑)标识符表示:

YY – Y – YY – YY – YY – **YY**Y – YYYY – Z (17 位标识符)

至

YYYYYYYYYYYYYY – YYYY – YYY – YY – YYYY – **YY**YYY – YYYY – Z – YYYL (41 位标识符)

(1) 分解码的编号分配规则。典型分解码为 2 位数字字符,默认为"00",表示组件不再进行细分,当组件需要细分时,将拆下的零件按照拆卸顺序以"01"、"02"、"03"、……顺序编号,如果超过 99,该编码也可以扩展为字母与数字的组合,按照从"A1"开始到"A9"、"B1"到"B9"直到"Z9",然后从"AA"到"AZ"、"BA"到"BZ"直到"ZZ"。值得指出,编码只按组件拆分顺序依次编号,两位代码并不表示结构的分解层次。

当使用相同的 SNS 多于一个数据模块时,分解码也同样用于数据模块的连续编号。

(2) 组件分解编号的原则。假定符合下面 3 个条件中的一个或多个时,需要使用分解码对组件进行编号。

规则 1:该组件需要进行更深入的维修活动;

规则 2:该组件为一个复杂组件,目的是为了避免维修信息的不必要分解;

规则 3:除了防止维修信息不必要的分解外,只在该情形下使用分解码分配编号,即与维修活动有关的维修信息能够被一个独立的数据模块描述。

复杂组件分解的示例如图 2 – 11 和图 2 – 12 所示。组件(分解对象)安装在完整的装备上,其分解码为"00"。第一步将组件从连接装备的所有管路、管道和电缆上拆下来,不需要进行下一步的维修活动,其分配的分解码为"01"。

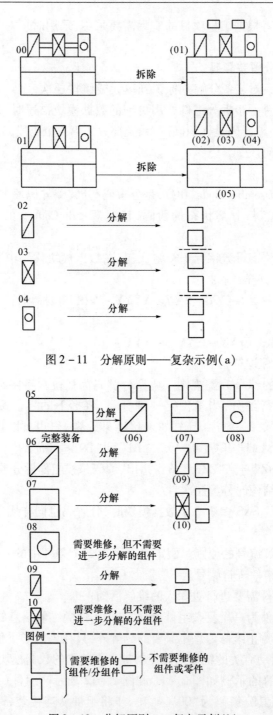

图 2 - 11　分解原则——复杂示例(a)

图 2 - 12　分解原则——复杂示例(b)

如维修活动需要从组件总成上进一步拆卸下 3 个附件和一个可分解组件，则 3 个附件的分解码分别为"02"、"03"、"04"，可分解组件的分解码设为"05"。如图 2 - 12 所示，分解码为"02"、"03"、"04"的 3 个附件，只进行一步分解。对结构上更复杂其分解码为"05"的组件，在维修活动中进一步分解成 3 个分组件，其分解码分别设为"06"、"07"、"08"。其中，"06"、"07"产品有额外的维修要求，要其在正确的维修活动下进一步分解为分解码为"09"和"10"的零件项。"08"是需要维修，但无需进一步分解的组件。"10"是需要维修，但无需进一步分解的分组件。

2）分解差异码

分解差异码（Disassembly Code Variant，DCV），是分解码/分解差异码段的第 2 组码，用来标识分解码对应组件的变化的代码，使用元素 < dmCode > 的属性 "disasslyCodeVariant"存储该代码。当武器装备在设计上有细微的差异，如选用了不同的设备或组件，但不足以引起系统区分码（SDC）的正式变更时，使用分解差异码进行标识。该组码由 1 ~ 3 位字符组成，宜用 1 位英文字母编码，默认值为"A"，表示没有差异。当存在差异时，按照"B"、"C"、"D"、……的顺序编码。

在数据模块代码中，分解差异码由下列加粗（黑）的字符表示：

YY – Y – YY – YY – YY – YY**Y** – YYYY – Z（17 位标识符）

至

YYYYYYYYYYYYYYY – YYYY – YYY – YY – YYYY – YY**YY** – YYYY – Z – YYYL（41 位标识）

2.3　数据模块编码的信息类型标识部分

为管理存储在公共源数据库（CSDB）中的数据模块，采用数据模块代码（DMC）进行标识时，除了需要标识装备的硬件层次特征属性外，还需要进一步标识出数据模块对于装备操作使用与维修保障活动的信息类型分类特征属性，以及数据模块描述的信息对象所处位置（引起维修环境变化）分类特征属性。这一部分的标识则由数据模块编码的信息类型标识部分来担当。

2.3.1　标识数据模块信息类型部分的编码原理

数据模块信息类型标识部分的代码包括两个部分：一是用信息码/信息差异码标识数据模块所包含的技术信息类型；二是用位置码/位置差异码标识数据模块的技术信息对应于信息对象所处的位置或维修环境。

1. 数据模块信息类型划分及编码原理

IETM 中数据模块的信息类型的代码段是属于信息分类的编码,下面简要说明其信息分类及编码的原理和对有关问题的考虑。

1) 信息分类及编码的一般原理[7]

信息分类是依据信息内容(或信息对象)的属性或特征,将信息(或信息对象)按一定的原则和方法进行区分与归类,并建立起一定的分类系统和排序顺序,然后对这些已分类的信息,再按一定的规则进行编码来标识,以便于管理和使用信息。信息分类及编码是实现信息表达、交换与集成的基础。

(1) 信息分类的目的。信息分类是对分类的信息对象进行有序化,其目的是根据管理(如存储、查找、检索)与使用的需要,按信息对象的特征进行"划分"(区分)和"聚集"(归类)。

(2) 信息分类的原则。信息分类的基本原则有:稳定性,选择信息对象最稳定的本质属性或特征,确保分类结构不受外界因素而变化;确定性,分类对象在分类体系中的唯一性;可扩展性,可因信息对象的变化而增补分类体系的类目;系统性,分类形成一科学合理的科学分类体系等。

(3) 信息分类的方法。按分类的结构,有两种信息分类方法:一是线分类法(层次分类法),依据事物某些特征划分类目,并逐级展开分类段,形成树状结构的分类体系;二是面分类法(网状结构分类法),先依据事物的若干项特征分别在不同分类段中划分类目,然后将所有分类段并置起来进行组合,产生复合类目,形成网状结构的分类体系。由于数据模块对信息类型的分类力求简单明了和便于操作,因此,宜采用简单层级的线分类法。

2) 对数据模块按信息类型划分及编码有关问题的考虑

IETM 主要是承载用于指导使用与维修活动的装备技术信息,根据 IETM 使用需求对这些技术信息进行标准化、结构化处理,划分为不同粒度的数据模块,为便于数据模块的重用、技术出版物的重构,要求通过编码对这些数据模块赋予唯一的标识符。对数据模块按信息类型划分及编码主要考虑以下问题:

(1) 数据模块信息类型划分是一种对装备使用与维修活动知识的分类。尽管智能化 IETM 具有一定的智能学习、智能推理功能,但目前大多数 IETM 仍以承载显性的、确定性的技术信息为主。这些信息包含有关装备使用与维修技术信息,内容范围主要属于"是什么"(know - what)的知识、"为什么"(know - why)的知识以及"怎样做"(know - how)的知识,而这些知识内容必定与装备使用与维修活动主题相关。因此,数据模块信息类型的划分是按装备使用与维修活动相关知识内容的知识分类,具有明显的经验特征,它并不要求像信息的科学分类、学科分类那样严格。

（2）数据模块信息类型的划分及编码要与数据模块标题中的信息名相联系。数据模块的信息分类及编码是识别数据模块的需要，目的是更方便地对信息进行组织与管理。除编码标识符外，识别数据模块的一个快捷的方法是通过对每个数据模块起一个直观的标题的信息名，由信息名就可以顾名思义地简单了解该数据模块所包含的技术信息的内容，并根据内容就可以知道该数据模块的用途。因此，IETM 技术标准（S1000D）给每个信息码赋予一个短定义，并将短定义与数据模块的信息名相链接。由于短定义所携带的信息有限，因此，还给每个信息码赋予一个完整的定义。

（3）数据模块信息类型的划分对"区分"与"聚集"的层级考虑。数据模块信息类型的划分涉及装备技术信息，按装备使用与维修的活动特征进行"区分"与"聚集"，而这些装备使用与维修的活动就反映了数据模块的特征。顺便指出，在规划创作 IETM 提出了信息集的概念（见本丛书第四分册第 2 章）也是信息的聚类，与数据模块信息类型的信息码有一定的关系，但其聚集类别的基本单元是数据模块，即数据模块信息类型的高一层级。装备使用与维修活动信息分类客观上具有层级性，因此，数据模块的信息分类采用线分类法。为了尽量简化这种层次，S1000D 国际规范只给信息码分配了 3 位标识符，而且规范只给出了2 个层级。其中，第 1 级为主代码级，用 3 位代码的第 1 位来标识并规定分为 11类；第 2 代码级由后 2 码位标识，允许在 00 ～ 99 范围或扩展到 0A ～ 0Z 范围。同时，S1000D 规定允许项目对数据模块信息类型按 3 个层级自行定义项目专用信息码，即第 1 级代码（第 1 位字符）为主代码，第 2 级代码（第 2 位字符）是第 1级主代码（第 1 位字符）的子码；而第 3 级代码（第 3 位字符）是第 2 级代码的子码。

项目可遵循由以下规定的定义项目专用信息码：

● 只有当第 1 级和第 2 级代码已由短定义与完整定义（见附录 D）分配时，除代码"00A"至"00Z"外，项目应当将字母字符分配给第 3 级代码；

● 在分配信息码和定义信息码时，应当保持层级性；

● 项目机构应当在统一认定的基础上，制定相应的业务规则来定义专用信息码及其短定义和完整定义。

3）数据模块的信息类型编码对信息对象位置的考虑

数据模块所描述对象的位置不同（如装备单元在线或离线）将直接引起信息内容及内容使用方面的差异，因此，数据模块的信息类型应当考虑对象的位置特征。标识数据模块信息类型的位置特征分类码由信息类型码段的位置码/位置差异码组来担当。

2.3.2 标识信息类型部分的编码规则

数据模块信息类型标识的码段由信息码/信息差异码和位置码/位置差异码两个码组组成。

1. 信息码/信息差异码

信息码/信息差异码的码组由信息码和信息差异码组成。

1）信息码

信息码（Information Code,IC）是属于 DMC 中第 6 码段的第 1 个码组的一部分，是用来标识数据模块所描述信息类型的代码。IC 码由 3 位数字（或第 3 位为字母）字符组成，其元素 < dmCode > 的属性为"infoCode"。

在数据模块代码中信息码所占据的位置由下列加粗（黑）的标识符表示：

YY – Y – YY – YY – YY – YYY – **YYY**Y – Z（17 个标识符）

至

YYYYYYYYYYYYYY – YYYY – YYY – YY – YYYY – YYYYY – **YYY**Y –
Z – YYYL（41 个标识符）

IC 具有层级性，S1000D 国际规范通常将其分为两级。第 1 级由第 1 位码（主代码）确定，划分为 11 类，其主代码定义如下：

000——与功能、描述、计划有关的数据；

100——操作；

200——勤务；

300——检查和测试；

400——故障报告、故障隔离程序；

500——断开、拆卸组件或零件的程序；

600——维修装备所必需的数据及步骤；

700——安装、连接组件或零件的步骤；

800——装备存放信息；

900——其他信息；

C00——计算机系统、软件与数据。

第 2 级为第 1 级的子级，由后 2 位码确定。3 位代码组成了信息码，其短定义和完整定义见本书附录 D。

2）信息差异码

信息差异码（Information Code Variant,ICV）是用于标识信息码对应内容变化的代码，通常用于对信息码进行扩展，其元素 < dmCode > 的属性为"infoCode-

Variant"。该代码一般由 1 位字母字符组成。默认的信息差异码通常是"A",然后依次是"B"、"C"等。例如,用"A"表示直接清洗,而用"B"表示用绸布擦拭等。

在数据模块代码中信息差异码所占据的位置由下列加粗(黑)的标识符表示:

YY – Y – YY – YY – YY – YYY – YYY**Y** – Z (17 位标识符)

至

YYYYYYYYYYYYYY – YYYY – YYY – YY – YYYY – YYYYY – YYY**Y** – Z – YYYL (41 位标识符)

如使用数字变量应在项目的业务规则中给出定义。

2. 位置码

位置码(Item Location Code,ILC)是属于 DMC 中第 6 码段的第 2 个码组,用来标识项目信息所适用的环境位置,如对一个产品实施维修工作的环境位置。该代码由 1 位字母字符组成,元素 < dmCode > 的属性"itemLocationCode"用于储存位置码。位置码在数据模块代码(DMC)所占据的位置由下列加粗(黑)的标识符表示:

YY – Y – YY – YY – YY – YYY – YYYY – **Z**(17 位标识符)

至

YYYYYYYYYYYYYY – YYYY – YYY – YY – YYYY – YYYYY – YYYY – **Z** – YYYL (41 位标识符)

属性"itemLocationCode"的赋值定义如表 2 – 8 所列。

表 2 – 8　产品位置码的定义

ILC 码	定　义
A	对象安装在产品上的相关信息
B	对象安装在已从产品上卸下的主部件上的相关信息
C	对象放置在工作台上的相关信息,而不论对象是否已从产品上卸下来
D	与所有 A、B、C 三种位置相关的信息,而不许有其他的结合体
T	与训练数据模块相关的信息

规范在信息集和出版物章节中使用"Z"来指明必须使用"A"、"B"、"C"、"D"或"T"值中的一个。

对于一个训练数据模块,项目的位置码取决于对学习码和学习事件码的使

用,规则为:

（1）不使用学习码和学习事件码的训练数据模块必须使用"T"值的项目位置码;

（2）使用学习码和学习事件码的训练数据模块,可以具有项目位置码中"A"、"B"、"C"、"D"或"T"值中的一个。

位置码示例如图 2-13 所示。位置码示例 1 中:①导航系统整体从飞机上拆卸下来,对于在导航系统上的某部件,其位置码由 A 变为 B;②导航系统已从飞机上拆卸下,但某个部件在导航系统上的位置没有变化,故位置码仍为"B";③将某部件从导航系统上拆卸下来放置在工作台上,其位置发生了变化,位置码变为"C";④将导航系统中某个部件直接从飞机上卸下来放置在工作台上,其位置发生了同样的变化,其位置码也变为"C"。

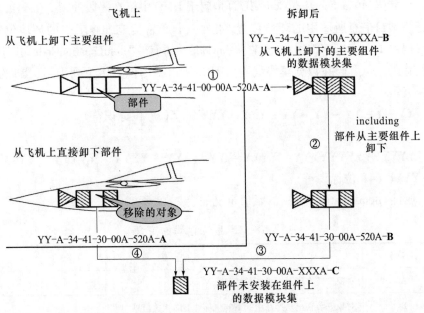

图 2-13　位置码示例 1

图 2-14 位置码示例 2 中:①是发动机在飞机上时组件的数据模块代码,位置码为"A";②是发动机从飞机上拆卸后的组件数据模块代码,位置码变为"B";③是组件从发动机上拆卸后的数据模块代码,位置码变为"C";④是该组件中的某一部件从组件上拆卸下来,某一部件的代码与组件不同,分解码变为"01",位置码仍为"C"。

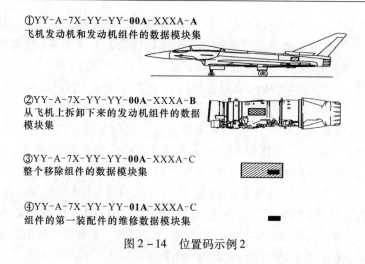

①YY-A-7X-YY-YY-00A-XXXA-**A**
飞机发动机和发动机组件的数据模块集

②YY-A-7X-YY-YY-00A-XXXA-**B**
从飞机上拆卸下来的发动机组件的数据
模块集

③YY-A-7X-YY-YY-00A-XXXA-**C**
整个移除组件的数据模块集

④YY-A-7X-YY-YY-01A-XXXA-**C**
组件的第一装配件的维修数据模块集

图 2-14　位置码示例 2

2.4　数据模块编码的学习类型标识部分

　　装备训练是提高部队战斗力和保障力的重要途径。随着科学技术的迅速发展和在军事领域的广泛应用,战争与装备的复杂性与日俱增,如何提高装备训练的效率与效益成为各国军事部门十分关注的问题。IETM 从一诞生开始就承担了辅助训练的功能,并在提高装备训练效率与效益方面表现出巨大的优越性。随着高级分布式学习(Advanced Distributed Learning,ADL)计划的实施和可共享对象参考模型(Sharable Content Object Reference Model,SCORM)的标准趋于成熟,为 S1000D 国际规范与 SCORM 标准的融合增强 IETM 的辅助训练的功能带来了新的发展机遇。从 2004 年欧洲 S1000D 规范组织与 ADL 签署了一份备忘录以后,2008 年 8 月发布 S1000D 4.0 版以来,在公共源数据库中增加了学习数据模块,使得 IETM 中的数据模块与基于 SCORM 的学习管理系统(Learning Management System,LMS)中的训练资源得到了共享,做到优势互补,如虎添翼地强化了 IETM 的训练功能。为了方便对用于辅助训练的学习数据模块进行管理,数据模块代码(DMC)中增加了学习类型标识部分[17,18]。

2.4.1　数据模块学习类型标识部分的说明

1. 增加学习类型标识是 S1000D 融合 SCORM 标准的需要

　　IETM 作为装备配套的技术资料,使用承载装备基本原理、使用操作与维修技术信息的普通数据模块来制作装备的技术说明书、操作使用手册、维修手册及训练教程。虽然利用 IETM 的交互性具有较纸质技术资料优越的辅助训练功能,由于数据模块并没有按教学要求和符合学习规律进行设计,因此,S1000D 国际规范 3.0 版之前的数据模块没有学习类型标识部分。这样在一定程度上将直接影响 IETM 训练功能的发挥。而 SCORM 标准是一套专用为 ADL 计划而编制的网络学习标准。SCORM 标准主要包括 3 个部分:一是内容聚合模型,将可发现、可共享、可重用和能互操作的学习资源组合成具有一般结构的学习内容;二是运行时间环境,提供学习内容与学习管理系统之间可共享内容对象的互操作;三是序列与导航,让学习管理系统根据学习者的要求提供学习内容与学习进度的选择。因此,SCORM 标准在共享学习资源、与不同 LMS 的互操作,以及向学习者展示学习内容与引导其学习等教学方面具有明显的优势。为了融合 S1000D 规范与 SCORM 标准以强化训练功能,从 S1000D 4.0 版本起,增加了学习数据模块和数据模块的学习类型标识部分。这样,既满足了两项标准规范的要求,同时,还改进了 SCORM 标准对可共享资源只由用户标识的做法。数据模块的学习类型标识部分属于可选项,即对非学习数据模块和没有增强 IETM 的训练功能需求时,不需要编写学习类型代码。

2. 学习数据模块分为 5 种学习信息类型

S1000D 国际规范中由元素 < learning > (M)储存学习数据模块的内容,元素 < learning > 的结构如图 2 – 15 所示。

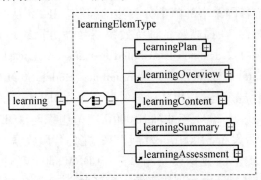

图 2 – 15　元素 < learning > 的结构图

由图 2 – 15 可知,根据学习及教学过程的需要,将学习数据模块的信息分为以下 5 个类型:

1)学习计划

学习计划信息类型使用元素 < learningPlan > (O),内容为描述学习目标和需求、教学设计模型、任务分析、学习分类等信息。

2)学习概述

学习概述信息类型使用元素 < learningOverview > (O),内容为对学习目标、前提条件、学习时间、适用用户及课前学习内容的复习等简要信息。

3）学习内容

学习内容信息类型使用元素 < learningContent > （O），是学习数据模块的主体，其内容包括了大部分学习内容的信息，并使得技术数据得到更大的重用，从结构还包括使用学习材料（课程）的学习目的、持续周期、学习方式、使用语言等信息。

4）学习总结

学习总结信息类型使用元素 < learningSummary > （O），内容为课程学习目的及完成情况的总结、主要知识点的回顾、指出下一步重点学习需求等信息，总结在学习过程中随时进行。

5）学习评估

学习评估信息类型使用元素 < learningAssessment > （O），内容为对学习人员学习内容完成情况的总体评估，通过提问方式（如是非题、单选或多选题、排序题等）交互式互动（使用彩色、图形、热区），评估学习效果，巩固学习成绩和激励学习热情。

3. 学习数据模块的内容分为人绩效技术或训练两种类型

1）人绩效技术类型

数据模块的人绩效技术内容类型是指利用人绩效技术创作数据模块，即利用含有绩效分析（Performance Analysis，PA）结果的学习数据模块可以建立一个系统的使用与维修活动的人绩效要求。人绩效技术创作数据模块能用于：

（1）辅助规划一个项目的技术数据模块和训练数据模块的需求；

（2）评价支持一个项目人绩效系统或训练系统需要创作的技术数据模块和训练数据模块的有效性；

（3）详细规划评估或其他内容的需求。

对于一个学习数据模块中人绩效技术内容数据模块编码的框架源自于 Darlene M. VanTiem，James L. Moseley，Joan Conway Dessinger 等人所提出的工业界公认的人绩效技术模型。

2）训练类型

数据模块的训练内容类型是指从一个项目的训练需求分析（TNA）结果获得并确定的训练信息、要求及详细说明来定义的训练数据模块。它们也可以作为一项目的进展去确定和得到供训练产品使用的内容。

用于训练数据模块的数据模块编码框架源自于以教育九事件（Nine Events of Instruction）而著称的 Robert Gagne 教育理论。受过培训或认证的教育系统设计（Instructional Systems Design，ISD）专业人员应当熟悉这些教育事件和与设计训练系统及产品有关的理论应用。其他得到确认的教育、学习和动机的理论也反映到训练学习代码之中,以促进越过教育系统设计专业人员得到使用与理解。

4. 标识数据模块学习类型部分的信息分类及编码方法

由上可知,标识数据模块学习类型部分的信息分类及编码应当既能反映学习数据模块的 5 种学习信息类型特征,又能反映学习数据模块内容的两种类型特征。为此,采用产生复合类目的面分类法,既采用学习码来标识学习数据模块的内容类型特征,又采用学习事件码标识学习数据模块的信息类型特征。

2.4.2 标识学习类型部分的编码规则

数据模块学习类型标识的码段由学习码和学习事件码两个码组组成。

1. 学习码

学习码(Learn Code,LC)是一个可选代码,是属于 DMC 中第 7 码段的第 1个码组,仅应用于人绩效技术和训练的数据模块,即应用于希望使用由学习码带来功能的项目。该代码描述的数据模块的内容中包含有人员绩效技术或训练的信息类型。每个学习码代表人绩效技术和训练信息两种类型中的一种。应用时,学习码必须与学习事件码结合在一起使用。

学习码有人绩效技术码和训练码。元素 < dmCode > 的属性"learnCode"用来储存学习码。学习码由 3 位字母与数字混合字符组成,其中,以"T"开头的是训练码,以"H"开头的是人力绩效技术码。

在数据模块代码中,学习码由下列加粗(黑)字符表示:

YY – Y – YY – YY – YY – YYY – YYYY –Z – **YYY**L (21 位字符)

至

YYYYYYYYYYYYY – YYYY – YYY – YY – YYYY – YYYYY – YYYY – Z – **YYY**L (41 位字符)

其中,**YYY** 是学习码。

1)人绩效技术学习码

人绩效技术码使用元素 < dmCode > 的属性"learnCode"来充填。3 位学习码中若第一个字符为"H", 后两位为数字字符,则为人绩效技术学习码,表征为人绩效技术类型内容的学习数据模块。在 S1000D 中给出了人绩效技术码的简明定义和完整定义,见本书附录 E。

人绩效技术学习码的自行车数据模块代码示例:

S1000DBIKE – A – 00 – 00 – 00 – 00A – 234A – A – **H18A**

其中,**H18** 人绩效技术学习码的简明定义是"环境分析 – 工作环境"。

2)训练学习码

训练码也使用元素 < dmCode > 的属性"learnCode"来充填。3 位学习码中若第一个字符为"T"，后两位为数字字符，则为训练码，表征为训练学习类型内容的学习数据模块。在 S1000D 中给出了训练码的简明定义和完整定义，见本书附录 F。

训练学习码的自行车数据模块代码示例：

S1000DBIKE – A – 10 – 10 – 00 – 00A – 520A – A – **T25A**

其中，**T25** 训练学习码的简明定义是"最终目标 – 智力技能 – 过程"。

2. 学习事件码

学习事件码（Learn Event Code，LEC）是属于 DMC 中第 7 码段的第 2 个码组，是一个可选代码，仅应用于一个项目中想要使用学习事件功能的人绩效技术或训练的数据模块。只要使用了学习码就必须使用学习事件码。学习模式（Schema）支持 5 个学习信息类型，包括学习计划、学习概述、学习内容、学习总结、学习评估。每个类型由学习数据模块模式中单独一个分支来支持。每次学习的学习数据模块实例仅使用其中的一个分支。

学习事件码由一位字母字符组成，在数据模块代码中，学习事件码由下列加粗（黑）字符表示：

YY – Y – YY – YY – YY – YYY – YYYY – Z – YYY**L**（21 位字符时）

至

YYYYYYYYYYYYYYY – YYYY – YYY – YY – YYYY – YYYYY – YYYY – Z – YYY**L**（41 位字符时）

元素 < dmCode > 的属性"learnEventCode"被用来存储学习事件。学习事件码标识了使用学习模式（Schema）的分支。属性"learnEventCode"的赋值定义如下：

"A"——学习计划；

"B"——学习综述；

"C"——学习内容；

"D"——学习总结；

"E"——学习评估。

在信息集和出版物章节中，规范所用的字符"L"，必须用"A"、"B"、"C"、"D"或"E"值中一个来赋值。

2.5　数据模块编码示例

2.5.1　航空装备 DMC 示例

图 2 – 16 所示是欧洲某战斗机组件 DMC 示例。该示例中，数据模块编码的各码段如下：

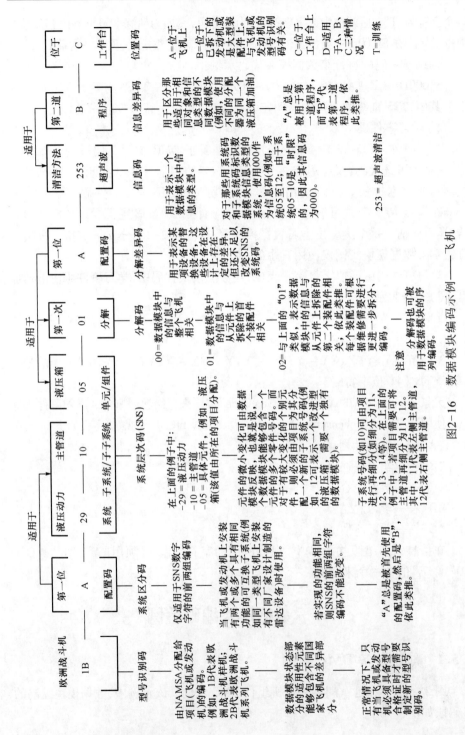

图2-16 数据模块编码示例——飞机

　　1B——型号识别码,由北约维修与供应机构(NAMSA)分配并在其中心数据库注册与维护 MI 码,代表欧洲战斗机样机;

　　A——系统区分码,属基本型的系统区分码,默认为"A";

　　29-10-05——系统层次码(SNS),29 为液压动力系统的系统码,10 为子系统主管道的子系统码,05 为液压箱组件码;

　　01——分解码,01 表示只进行一次拆卸的分解码;

　　A——分解差异码,A 表示没有差异;

　　253——信息码,253 表示用超声波方法进行清洗;

　　B——信息差异码,B 表示第二道清洗程序;

　　C——位置码,C 表示拆卸下来放于工作台。

2.5.2　舰船装备 DMC 示例

　　图 2 - 17 所示是某型潜水器组件 DMC 示例。该示例中,数据模块编码的各码段如下:

　　KLASSE212AAAAA——型号识别码,由北约维修与供应机构(NAMSA)分配并在其中心数据库注册与维护 MI 码,代表的是潜艇标准类型;

　　AAAA——系统区分码,舰船安装有两个以上可互换的子系统用 4 位字符表示,"AAAA"属基本型;

　　H——装备类别码(MICC),表示为通用潜水器(潜艇);

　　D1——系统码,D1 表示为发电站系统;

　　51——子系统码,51 表示为电池发电设备;

　　0104——单元/组件码,0104 表示为冷却系统/离子交换器;

　　01——分解码,01 表示只进行一次拆卸的分解码;

　　AAA——分解差异码,用 3 位字符表示不足以改变型号的差异,AAA 表示各部分无差异;

　　253——信息码,253 表示用超声波方法进行清洗;

　　A——信息差异码,A 表示第一道清洗程序;

　　A——位置码,A 表示已安装在舰艇上。

2.5.3　用于学习 DMC 示例

　　图 2 - 18 是在图 2 - 16 欧洲某战斗机组件 DMC 的基础上增加用于训练内容的示例。下面仅补充说明增加学习类型码段。

　　T45——学习码,T 表示为训练码,45 表示为静态内容 - 规程;

　　C——学习事件码,C 表示为学习内容。

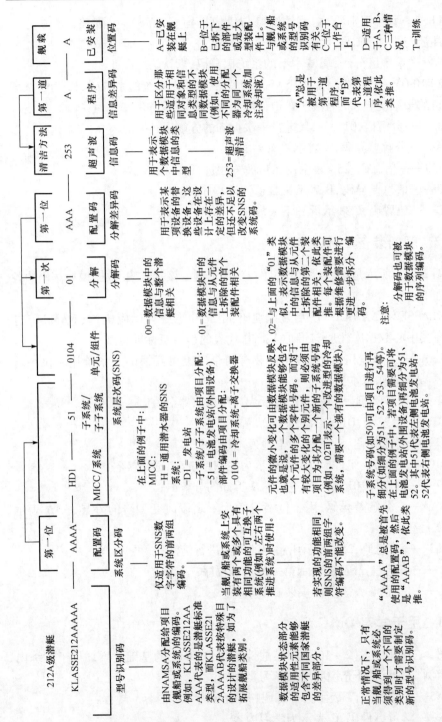

图2-17 数据模块编码示例——潜水器

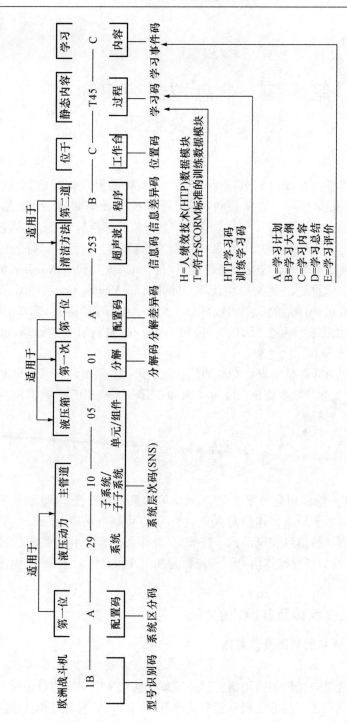

图2-18 数据模块编码示例——训练数据模块

第 3 章　信息控制编码和出版物模块编码

　　存储于公共源数据库(CSDB)中用于制作 IETM 的模块化源数据,除最大量、最基本的信息对象——数据模块之外,还有插图及多媒体、出版物模块(PM)等信息对象。为了便于 CSDB 对这些信息对象的储存与管理,特别是数据的重用与技术信息的重构,也类似于数据模块编码对它们进行适当的标识,对插图及多媒体对象赋予的标识符是信息控制码(Information Control Number,ICN),出版物模块的标识符是出版物模块代码(Publication Module Code,PMC)。ICN与 PMC 是 IETM 编码体系的重要组成部分。此外,为了对存储于 CSDB 中的其他信息对象,如数据管理列表(DML)、评注(Comment)进行有效地管理,也需要编码标识。

　　本章主要介绍插图及多媒体对象的信息控制码、出版物模块代码,以及数据管理列表、评注及业务规则交换(Business Rules Exchange,BREX)数据模块代码的编码原理及编码规则。

3.1　信息控制码

　　由于 IETM 中除使用最常用的文字、表格等信息元素外,还大量地采用各类图像、音频、视频等多种新媒体信息元素,使得 IETM 具有动态、直观、生动和易于用户学习与理解的信息表现形式。在 S1000D 国际规范中将各类图像、音频、视频、动画、3D 模型等新媒体信息元素统称为插图及多媒体对象,并使用信息控制码对其进行标识。

3.1.1　插图、多媒体及其标识的概述[3,19]

1. 在 IETM 中的插图及多媒体

1)插图

　　图画被认为是全世界的通用语言。插图就是插在文字中间用以说明文字内容的图画。插图用图示的方法展示正文的内容,具有形象、直观、生动、活泼和图文并茂、一目了然的特点,起到了补充文字、减少表达复杂科学技术问题的文字叙述和增强作品感染力的作用。因此,插图不仅已广泛应用于传统的纸质出版物,而且在现代的包括 IETM 在内的各种电子出版物,以各种不同的目的和不同标识的方式也得到了广泛应用。IETM 需用图形表示的地方很多,如装备总图、系统与分系统图、整机与部件分解图、原理图、电路图、安装图、外形图、机械传动图等。这些在 IETM 中使用的图形(图像)的数据格式有两种:一是矢量图(如 CGM 格式的线图);二是光栅图(如 JPEG 格式的照片)。其中,线状制图(CGM 图)最为常用。根据用户的需要,可以使用全色、单色(半色)的图形或照片。

IETM 插图的常用制图类型有:

(1)等体积投影(30°/30°,椭圆 35°)。这是一种三维详图、剖面视图或大的安装图等首选的插图。

(2)分解图。可用来正确显示图解零部件目录中的分解顺序的插图。

(3)三度投影。常作为备选插图。

(4)透视图。通常,只用于不规则的大部件,如飞机机身、机翼剖面与尾翼组件等。

(5)正向投影。一种能达成充分服务用途的二维插图。

(6)图表/原理图。可用来说明一个系统或电路使用的插图。

(7)曲线图。可用来表示参数之间关系的插图。

2)多媒体

关于多媒体(multimedie)至今尚无统一的定义,一般可理解为"多种媒体的综合"。媒体(media)一般指人与人之间实现信息交流的中介,简单地说,就是信息的载体,也称为媒介。多媒体就是多重媒体的意思,可以理解为直接作用于人感官的文字、图形图像、动画、声音和视频等各种媒体的统称,即多种信息载体综合的表现形式与传递方式。在现代信息技术领域,多媒体成了多媒体计算机、多媒体技术的代名词,是指用计算机综合处理多种媒体信息——文本(text)、图形(graphics)、图像(images)、动画(animation)、声音(sound)与视频(audio)等,且使多种信息建立逻辑连接,集成为一个系统并具有交互性。由于多媒体技术具有集成性、交互性、数字化、实时性等突出的优点,成为当前应用极其广泛、发展迅速、非常活跃的一项新技术领域。多媒体技术在 IETM 中的应用对提高 IETM 的交互性和使用效能发挥了重要作用。

在 IETM 中所运用的主要媒体类型有音频、视频、动画与三维模型。

(1)音频,是指一个音带、音响效果或一段纯粹的语音叙述,即用听觉来保障、警告或阐明一个过程、诊断步骤和装备的使用与维修活动。所有这 3 种音频对象都可以与所显示媒体一起嵌入或者用外部进行链接。

推荐音频使用于：

- 用自然语音解说活动的结果；
- 用音频增强视频效果，并在表演的显示活动中增加所需信息；
- 在用户验证的技术文档中加入声音的解说，增强用户的理解力；
- 例如在停机坪或一个活动列队程序，听到音响警告和声音报警。

（2）视频，是指设备活动、程序步骤或获得事件实况的真实生活图像。这些片段可以包括声音叙述或一段音带。推荐所链接的视频对象不与其他媒体对象一起嵌入。

推荐视频使用于：

- 阐明一个复杂或罕见的维修程序真实图像；
- 实物示教；
- 嵌入训练；
- 演示。

（3）交互式或脚本动画，是指用于创作二维（2D）或三维（3D）的非动态图像的一种技术。

推荐动画使用于：

- 用原始图像的移动表现一个复杂的拆卸或组装程序；
- 图解设备的运转与联接或电流与液体的流动过程；
- 演示科学原理和状态变换；
- 用来辅助设备或系统的多对象或多活动区域的导航；
- 随时间变化的插画；
- 对带有隐蔽部件或难以看到构成的设备，围绕其周围移动视点或调位观察。

（4）仿真，是通过一种预先确定的路径表演用户的交互和机械系统或软件系统的响应。仿真经常用于虚拟维修与虚拟训练，特别对于复杂的、重要的或高危产品的维修过程。

2. 插图及多媒体对象的使用标识

在 IETM 中数量最大的源数据是数据模块（DM），它是制作 IETM 最核心的基础数据。同时，插图和多媒体数据作为重要的信息对象，也在 IETM 中大量地使用。它们与相关文字一起来表达技术信息的含意，以增强文本的表现力。IETM 技术标准将非结构化的插图和多媒体归为一类信息对象，统称为"插图及多媒体对象"，并与 DM 在一起存储于 CSDB。对数据进行模块化、结构化处理是 IETM 数据重用性的基础。由于插图及多媒体对象属于非结构化数据，其内容结构上不能分解，不能像数据模块那样用元数据构成自我包含、自我描述的结构化独立数据单元,但是,可以将插图及多媒体对象以文件格式存储于文件系统中。为了便于插图及多媒体对象的重用,IETM 技术标准也对其进行模块化处理,即插图及多媒体对象表达为两个部分:一是插图及多媒体文件的本身内容部分;二是用信息控制码(ICN)作为文件名形成唯一的标识。利用 ICN 可在数据模块或出版物模块中通过链接引用,很方便地得到重复使用。

因此,在创作数据模块时,若对公共源数据库中的插图及多媒体对象进行引用,则通过 ICN 进行标识和引用,即只须将 ICN(作为入口地址)插入数据模块的相应位置,通过链接就可以实现对已由 ICN 标识的插图及多媒体对象引用。例如,通过 < multimediaObject > 元素对相关多媒体信息进行标记,便可以通过元素 < internalRef > 实现对数据模块内的多媒体信息的引用。有关数据模块内部对插图及多媒体对象的引用问题,请参见丛书第四分册《基于公共源数据库的装备 IETM 技术》第 4 章。

3.1.2　信息控制码的编码规则

附加在数据模块里每一个插图、多媒体对象或其他数据必须由创作者分配一个信息控制码(ICN)来标识。在 CSDB 中,ICN 可以是一个插图、多媒体对象或附加数据的唯一标识符,用于建立与一个或多个数据模块之间的关联。通过这种关联在数据模块(DM)或出版物模块(PM)中得到引用,并在 IETM 浏览器屏幕上以一定的方法得到显示。ICN 与插图及多媒体对象本身的文件格式无关。

ICN 有两种基本的编码方法:基于公司/机构(CAGE)码的 ICN 法和以型号识别码(项目码)的 ICN 法。在开发 IETM 时,要通过制定相应的业务规则,从两种方法中选择其中一种适用的方法,并编制详细的 ICN 编码规则。

1. ICN 的通用要求

(1) ICN 的最后部分是安全保密等级,这是一个非唯一标识符。

(2) ICN 能标出了一个插图、多媒体对象或其他附加数据的地址和包括其状态的更新。该状态独立于使用图形的数据模块或出版物的状态。

(3) ICN 包含下列标记元素:

< graphic infoEntityIdent = "ICN - ..." >(用于插图及图形)

< symbol infoEntityIdent = "ICN - ..." >(用于符号)

< multimediaObject infoEntityIdent = "ICN - ..." >(用于多媒体对象)

(4) 为便于阅读考虑子域的长度可变,ICN 用连接符书写。一般 ICN 要包含一个前缀"ICN",在 IETM 中的一个特例是在数据分发说明(Data Dispatch Notes,DDN)中的元素 < entityControlNumber > ,不包含前缀"ICN"。

(5)如果指定 ICN 出现在插图复制区,ICN 的位置必须位于图的右下角(如图 3-1 所示)。

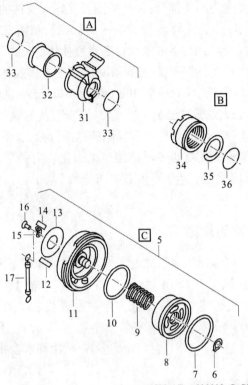

ICN-AE-A030902-G-S7282-00147-A-06-1

图 3-1　插图示例——图解零部件分解图

(6)当 ICN 用于各个数据模块或出版物模块时,ICN 要与其型号识别码、系统区分码、SNS 及责任合作方一起分配,这并不意味寻址的插图、符号、多媒体对象或其他数据必须被重新标识,可以允许没有重新编码的数据重新使用。

(7) ICN 中与数据模块相同的标识符,参见数据模块标识符中的定义。

2. 基于公司/机构码的 ICN 编码方法

1)基于公司/机构码的 ICN 编码规则

基于公司/机构码的 ICN 由包括前缀在内的 5 个部分组成,其结构如图 3-2所示。其中,唯一标识符最小为 5 个字符,最大为 10 个字符。

(1)创作单位码。给出一个插图、多媒体对象或其他数据的创作者代码。包括 5 个字母数据标识符。该代码是创作者单位代码,由专门的标准规范,如GB 11714《全国企业、事业和社会团体代码编制规则》。

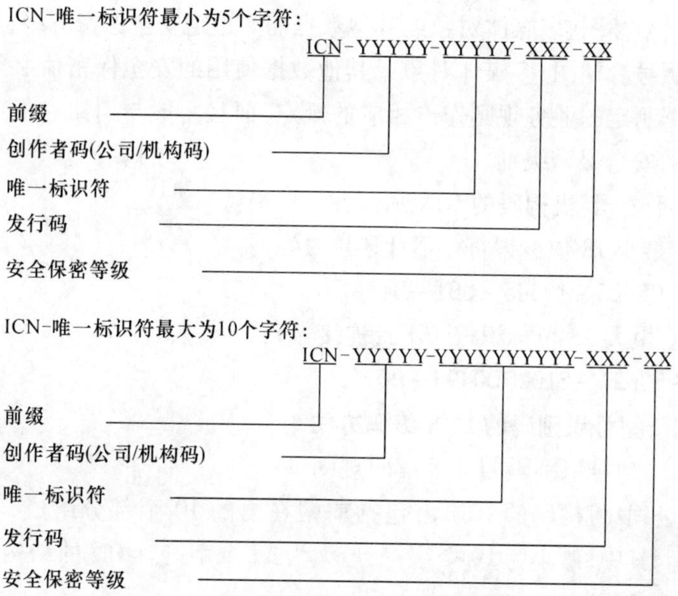

ICN-唯一标识符最小为5个字符:

ICN-YYYYY-YYYYY-XXX-XX

前缀
创作者码(公司/机构码)
唯一标识符
发行码
安全保密等级

ICN-唯一标识符最大为10个字符:

ICN-YYYYY-YYYYYYYYYY-XXX-XX

前缀
创作者码(公司/机构码)
唯一标识符
发行码
安全保密等级

图 3 - 2　基于企业/机构码的 ICN 结构

（2）唯一标识符。唯一标识符由最小 5 位和最大 10 位字母或数字标识符组成。该唯一标识符对于每个创作者码是唯一的。

（3）信息发布号。发行号是 3 位以"0"开头的数字数值。每个插图、多媒体对象或其他数据或它们的差异码,其基码从 001 开始,并且插图、多媒体对象或其他数据的每次更新其数值必须逐次递增。

（4）密级码。插图或多媒体对象的安全保密等级由 2 位数字编号。安全保密等级码值与数据模块安全保密等级码的设置相同,S1000D 安全保密等级的属性"securityClassification"见表 3 - 1 所列。插图、多媒体对象或其他数据具有独立的安全保密等级,并不依赖于在哪里使用。

表 3 - 1　安全保密等级属性"securityClassification"的赋值

允许值	S1000D 的解说(见注)	允许值	S1000D 的解说(见注)
"01"	1(不受限)	"06"	6(另定级)
"02"	2(内部)	"07"	7(另定级)
"03"	3(秘密)	"08"	8(另定级)
"04"	4(机密)	"09"	9(另定级)
"05"	5(绝密)	"51" - "99"	项目可用
注:安全保密等级应用遵循国家的规定。S1000D 上述的表达只是综合当前实践而作出的一种规定			

如果一个插图、多媒体对象或其他数据需要重定安全保密等级,那么必须给出新的出版号。插图、多媒体对象或其他数据使用的安全保密值必须由项目或创作者根据制定的业务规则作出相应的规定,而且一般与引用它们的数据模块具有相同的安全保密级别。

2)基于公司/机构码的 ICN 示例

ICN – 最小 18 位标识符(不计连接号):

ICN – U8025 – 12345 – 001 – 01

ICN – 最大 23 位标识符(不计连接号):

ICN – S3627 – S1000D0494 – 001 – 01

3. 基于型号识别码的 ICN 编码方法

1)基于型号识别码的 ICN 编码规则

基于公司/机构码的 ICN 由包括前缀在内的 10 个部分组成,其结构如图3 – 3所示。其中,最小为 29 个字符,最大为 47 个字符。ICN 的结构与编码规则由制定的业务规则决定。

(1)型号识别码。使用与数据模块相同的型号识别码,见本书第 2 章。

(2)系统区分码。使用与数据模块相同的系统区分码,见本书第 2 章。

(3)系统层次码。使用与数据模块相同的系统层次码,见本书第 2 章。

(4)责任合作方码。责任合作方是指对插图、多媒体对象或其他数据负责,独立于所使用数据模块的公司或组织。责任合作方码必须由项目或组织在制定基于型号识别码 ICN 业务规则时定义,并确定其赋值。

(5)创作单位码。同基于公司/机构码的 ICN 的定义。

(6)唯一标识符。唯一标识符由 5 位字母或数字字符组成。对于每一型号识别码,标识符必须对于每个创作公司是唯一的。

(7)信息差别码。变型码由 1 位字母标识符组成,用来标识对基本型的插图、多媒体对象或其他数据的变化。标识基本型插图、多媒体对象或其他数据的变型码为"A","B"标识第 1 次变型。一种变型可能是对基本型插图、多媒体对象或其他数据的一种补充、缩放、剪裁、旋转、镜像或注释。

(8)信息发布号。基于公司/机构码的 ICN 的定义。注意:依据 S1000D 4.0版本,在 ICN 中使用 2 位数字的发行号仍在使用。

(9)密级码。同基于公司/机构码的 ICN 的定义。注意:依据 S1000D 4.0版本,在 ICN 中使用 1 位数字的安全保密等级仍在使用。赋值"1"等同于安全保密等级"01","2"同等于"02",依此类推。开发 IETM 时,由制定基于型号识别码的 ICN 的安全保密等级的业务规则来规范。

ICN-最小为29个字符:

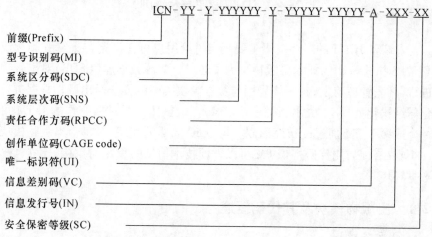

ICN-最大为47个字符:

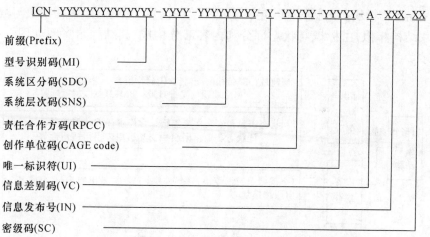

图 3 - 3　基于型号识别码的 ICN 的结构

2）基于型号识别码的 ICN 示例

ICN　-最小 29 位标识符（不计连接号）：

ICN - AE - A - 004004 - G - S3627 - 00355 - A - 002 - 01

ICN　-最大 47 位标识符（不计连接号）：

ICN - S1000DLIGHTING - ABCD - D00000000 - 0 - U8025 - 54321 - A - 001 - 01

3.2 出版物模块编码

开发装备 IETM 的最终成果主要是交付给用户可在浏览器上交互阅读或以 PDF、WPS 格式打印的技术出版物。为了通过公共源数据库(CSDB)对出版物数据进行存储、管理与发布,同样采用与数据模块类似的方法对出版物数据进行标准化与结构化处理,生成出版物模块(PM)。根据用户需求所制作的 IETM 可以由一个或多个 PM 通过发布而形成。与 DMC 同样的道理,对每个出版物模块赋予一个唯一代码,用代码标识 PM 可以方便技术信息的重用与重构,建立共享集成数据环境。

3.2.1 出版物模块及其代码概述

1. 出版物模块

为了定义、制备和管理由数据模块生成的出版物,IETM 技术标准(S1000D)使用出版物模块。出版物模块定义了出版物的内容与结构,出版物模块与数据模块结构相似,由标识与状态部分和内容部分构成,其结构示意图如图 3 - 4 所示。

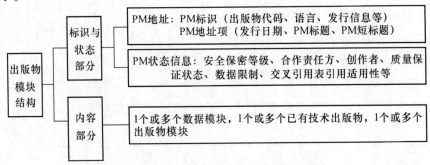

图 3 - 4 出版物模块结构示意图

PM 的内容部分包含引用一个或多个的:数据模块(包括数据模块的扉页和插图数据模块的入口)、现有技术出版物与其他出版物模块,并按以上顺序与结构交付给出版物(IETM),最终发布的 IETM 内容见图 3 - 5。

从标记元素结构可以进一步说明出版物模块的结构。如图 3 - 6 所示,出版物模块使用元素 < pm >,由状态与标识部分(使用元素 < identAndStatusSection >)和内容部分(使用元素 < content >)。如图 3 - 7 所示,PM 的标识与状态部分又分为 PM 地址(使用元素 < pmAddress >)和 PM 状态(使用元素 < pmStatus >)。如

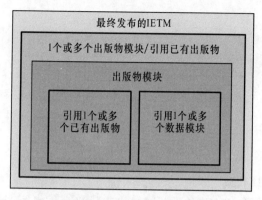

图 3 - 5   最终发布的 IETM 内容

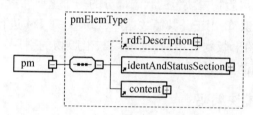

图 3 - 6   元素 < pm > 结构图

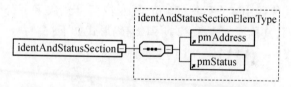

图 3 - 7   元素 < identAndStatusSection > 结构图

图 3 - 8和图 3 - 9 所示, PM 地址进一步分为 PM 标识(使用元素 < pmIdent >)和 PM 地址项(使用元素 < pmAddressItems >)。最后, PM 标识由标识扩展(使用元素 < identExtension >, 可选项)、PM 代码(使用元素 < pmCode >)、语言(使用元素 < language >)与发行信息(使用元素 < issueInfo >)组成。由此可见, 出版物模块代码(PMC)在 PM Schema 标记元素结构的位置。

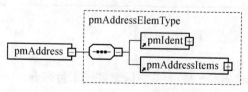

图 3 - 8   元素 < pmAddress > 结构图

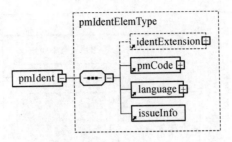

图 3 −9　元素 < pmIdent >

2. 出版物模块代码

出版物模块代码(PMC)是出版物模块或最终交付出版产品的标准化、结构化的标识符。它是出版物模块包的状态部分的一个重要元素。出版物模块代码作为 PM 的唯一标识符,用于公共源数据库(CSDB)对 PM 进行有效的组织与管理,以便作为适用的出版物清单、数据模块与出版物的引用入口,实现在 IETM 环境中获得对它们的重用与重构。

3.2.2　出版物模块编码

1. 出版物模块编码规则

出版物模块代码由 4 个码段,26 位至 14 位字母或数字字符组成,各码段之间由连字符分隔,其构成如表 3 − 2 所列,编码形式如下:

YY – YYYYY – YYYYY – NN (14 位标识符)

至

YYYYYYYYYYYYYY – YYYYY – YYYYY – NN (26 位标识符)

表 3 −2　出版物模块代码

序号	码　　段	长　　度
1	型号识别码	2~14 位字母数字字符
2	出版机关码	5 位字母数字字符
3	出版物编号	5 位数字字符
4	卷号	2 位数字字符

出版物模块的标记元素: < pmCode >。

该元素有属性:

- "modelIdentCode"(M),模块标识符或项目名称;
- "pmIssuer"(M),出版物发行公司的公司/机构码(CAGE);
- "pmNumber"(M),出版物号;

- "pmVolume"（M），出版物卷号。

1）型号识别码

型号识别码（Model Identification Code，MI）是 PMC 的第 1 个码段，由 2 ~ 14 个英文字母或数字字符组成，适用于 PMC 的型号识别码由下列加粗（黑）字符标定：

YY – YYYYY – YYYYY – NN（14 位标识符）

至

YYYYYYYYYYYYYY – YYYYY – YYYYY – NN（26 位标识符）

标记属性为" modelIdentCodeRefer"。型号识别码的定义与数据模块代码中的型号识别码相同，见本书第 2 章内容。

2）发行机关码

发行机关码（Issuing Authority Code，IAC）是 PMC 的第 2 个码段，代表 IETM 的发行机关名称的代码，由 5 位字母或数字字符组成。适用于出版物模块的发行机关码由下列加粗（黑）字符标定：

YY – **YYYYY** – YYYYY – NN（14 位标识符）

至

YYYYYYYYYYYYYY – **YYYYY** – YYYYY – NN（26 位标识符）

标记属性为"pmIssuer"。发行机关码推荐使用公司/机构（CAGE）码。在制定 IETM 项目的业务规则时，必须确定发行机关的单位、代码及其职责。

3）出版物模块编号

出版物模块编号（Number of The Publication Module）是 PMC 的第 3 个码段，由 5 位字母数字标识符组成。适用于出版物模块的出版物模块编号由下列加粗（黑）字符标定：

YY – YYYYY – **YYYYY** – NN（14 位标识符）

至

YYYYYYYYYYYYYY – YYYYY – **YYYYY** – NN（26 位标识符）

出版物编号由发行机关分配，是唯一由型号识别码（属性"modelIdentCode"）与发行机关（属性"pmIssuer"）确定的标识符。标记属性为"pmNumber"。

4）出版物卷号

出版物卷号（Volume of the Publication）是 PMC 第 4 个码段，由 2 位数字字符组成。适用于出版物模块的卷号由下列加粗（黑）字符标示：

YY – YYYYY – YYYYY – **NN**（14 位标识符）

至

YYYYYYYYYYYYYY – YYYYY – YYYYY – **NN**（26 位标识符）

此元素用于已将出版物分成卷而没有分配新编号的情况。如果仅有 1 卷，其默认值为"00"。标记属性为"pmVolume"。

2. 出版物模块代码示例

对于输出(如纸张、CD - ROM)，为了正确地标识页面或媒体，必须展示出版物模块代码。

出版物模块代码示例：

- A1 - C0149 - 00111 - 01

- A1 - C0149 - 00111 - 02

如果需要，在 4 码段的 PMC 前附加生产者码(如 SF518)和用户码(如 USER001)，可编成扩展出版物模块代码。

扩展出版物模块代码示例：

- SF518 - USER001 - A1 - C0149 - 00111 - 01

- SF518 - USER001 - A1 - C0149 - 00111 - 02

为了清楚区分数据模块代码与出版物模块代码，可出版物代码前加前缀"PMC - "或"PME - "(用于扩展 PMC)。

附加前缀的出版物模块代码示例：

PMC - A1 - C0149 - 00111 - 01

PMC - A1 - C0149 - 00111 - 02

附加前缀的扩展出版物模块代码示例：

PME - SF518 - USER001 - A1 - C0149 - 00111 - 01

PME - SF518 - USER001 - A1 - C0149 - 00111 - 02

当出版物由不同的媒体交付时，如果项目需要，可在出版物模块状态部分的属性"pubMediaType"中附加所包含的输出媒体。为此，推荐以下缩写词：

- P = paper(纸质)

- CD = CD - ROM(CD 光盘)

- W = webURL(网络网址)

- DVD = D VD(DVD 光盘)

出版物模块代码示例：

- A1 - C0149 - 00111 - 01 - W

- A1 - C0149 - 00111 - 01 - P

扩展出版物模块代码示例：

- SF518 - USER001 - A1 - C0149 - 00111 - 01 - W

- SF518 - USER001 - A1 - C0149 - 00111 - 01 - P

当使用于引用时，媒体不能印在纸质出版的页面上。

3.3　其他信息对象编码

为了对存储于公共源数据库(CSDB)的信息对象进行有效的管理,需要采用编码的手段对这些信息对象进行标识。本书第 2 章和本章的 3.1 节、3.2 节已经分别重点地介绍了主要信息对象:数据模块(DM)、插图及多媒体对象、出版物模块(PM)的编码问题。本节将简要地介绍 CSDB 中其他信息对象,包括数据管理列表(Data Management List,DML)、评注(Comment),以及 BREX 数据模块的编码问题。

3.3.1　数据管理列表编码

数据管理列表是存储于 CSDB 的一个信息对象,主要用于对 IETM 项目 CSDB 中的内容进行规划、管理与控制。DML 包括数据管理需求列表(Data Management Requirement List,DMRL)和 CSDB 状态列表(CSDB Status List,CSL)。

1. 数据管理列表的结构

数据管理列表(DML)的结构如图 3 - 10 所示,包括两个部分:一是标识与状态部分,其标记元素为 < identAndStatusSection > ;二是内容部分,其标记元素为 < dmlContent >。DML 的内容部分是 DML 的主体,由一至多个 CSDB 对象的入口组成,每个入口可以引用相关的数据模块、出版物模块、插图及多媒体对象、评注、DML 等信息对象。由图 3 - 10 可见,DML 的标识与状态部分包括两部分:一是 DML 的地址(标识信息),标记元素为 < dmlAddress > ;二是 DML 的状态信息,标记元素为 < dmlStatus >。元素 < dmlAddress > 结构图如图 3 - 11 所示。由图可见,DML 的地址包括由 DML 代码元素 < dmlCode > 与发行信息元素 < issueInfo > 建立 DML 项目的唯一标识(标记元素为 < dmlIdent >),和发行地址项元素 < dmlAddressItems > 及多重子元素 < issueDate > 建立发行日期信息。由此可见,建立 DML 代码是标识 DML 并对其寻址的最主要元素。

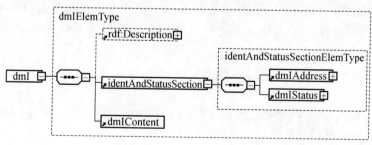

图 3 - 10　DML 结构图

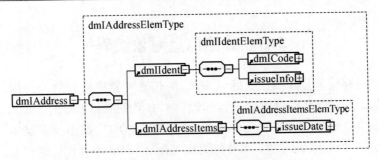

图 3 – 11　元素 < dmlAddress > 的结构图

2. DML 标识码编码规则

DML 标识码(Data management List Identification Code)使用元素 < dmlCode > 与发布信息(使用元素 < issueInfo >)一起,对数据管理列表进行了唯一标识。DML 标识码由最大 29 位字母或数字字符和最小 17 位标识符组成,其结构如表 3 – 3 所列,编码形式如下:

YY – YYYYY – A – XXXX – NNNNN (17 位标识符)

至

YYYYYYYYYYYYYY – YYYYY – A – XXXX – NNNNN(29 位标识符)

表 3 – 3　DML 标识码

DML 元素	规则
型号识别码	2 ~ 14 位大写字母与数字的字符组合
创作者码	5 位大写字母与数字的字符组合
数据管理需求列表类型码	1 位小写字母希腊字符("c","p","s")
发布年度号	4 位数字字符
连续编号/每年	5 位数字字符

1)型号识别码

型号识别码(Model Identification Code,MI)的定义与数据模块代码中 MI 码相同,包含于属性"modelIdentCode(M)"中。MI 码在下列 DML 标识码中用加黑(粗)字符标出:

YY – YYYYY – A – XXXX – NNNNN (17 位标识符)

至

YYYYYYYYYYYYYY – YYYYY – A – XXXX – NNNNN (29 位标识符)

2)发送者码

发送者(Sender)码也即创作者码(Originator)码,为 DML 发送者(创作者)

的代码,包含于属性"senderIdent(M)"中,一般采用 CAGE 码,由 5 位标识符组成,在下列 DML 标识码中用加黑(粗)字符标出:

YY – **YYYYY** – A – XXXX – NNNNN (17 位标识符)

至

YYYYYYYYYYYYYY – **YYYYY** – A – XXXX – NNNNN (29 位标识符)

3)数据管理列表类型码

数据管理列表类型码,包含于属性"dmlType(M)"中,由 1 位字母字符组成。在下列 DML 标识码中用加粗字符标出:

YY – YYYYY – **A** – XXXX – NNNNN (17 位标识符)

至

YYYYYYYYYYYYYY – YYYYY – **A** – XXXX – NNNNN (29 位标识符)

数据管理列表包含下列类型:

(1)"p",DML 是数据管理需求列表的一部分;

(2)"c",DML 是完整的数据管理需求列表;

(3)"s",DML 是 CSDB 状态列表。

4)发布年度号

发布年度号(Issue year),包含于属性"yearOfDataIssue(M)"中,由 4 位字符组成。DML 发行年度号在下列 DML 标识码中用加黑(粗)字符标出:

YY – YYYYY – A – **XXXX** – NNNNN (17 位标识符)

YYYYYYYYYYYYYY – YYYYY – A – **XXXX** – NNNNN (29 位标识符)

5)每年序列号

每年序列编号(Sequential Number Per Year),包含于属性"seqNumber(M)"中,由 5 位数字字符组成,序列编号从 00001 开始,逐年递增。DML 每年序列编号在下列 DML 标识码中用加黑(粗)字符标出:

YY – YYYYY – A – XXXX – **NNNNN** (17 位标识符)

至

YYYYYYYYYYYYYY – YYYYY – A – XXXX – **NNNNN** (29 位标识符)

3.3.2　评注编码

评注(Comment)是 IETM 的创作单位、责任单位和用户之间交换意见的媒介。如果在产品验证期间和在装备服役阶段,对数据模块或出版物模块有什么评论和报告的意见,可以通过评注表(Comment Form)将意见发送给创作单位。评注表同样被用来向评注的提出者回复反馈意见。关于如何使用评注要制定相应的业务规则来规定。

1. 评注的结构

评注使用标记元素 < comment > ,也类似于数据模块由两个部分主体信息组成:标识与状态部分,标记元素为 < identAndStatusSection > ;内容部分,标记元素为 < commentContent > ,包含评注和/或对评注与附加引用的回复(有关评注的内容格式及要求,见本丛书第四册《基于公共源数据库的装备 IETM 技术》第6章第3节)。元素 < identAndStatusSection > 的结构图,见图3 – 12。由图可见,评注的标识与状态部分包括:地址部分,其标记元素为 < commentAddress > (M);状态部分,其标记元素为 < commentStatus > (M)。元素 < commentAddress > 的结构图,如图3 – 13 所示。由图3 – 13 可见,使用元素 < commentCode > 的评注代码(Comment Code)是评注地址的标识(标记元素为 < commentIdent >)的主要组成部分,用于形成评注代码的标识符。

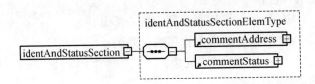

图3 – 12　元素 < identAndStatusSection > 的结构图

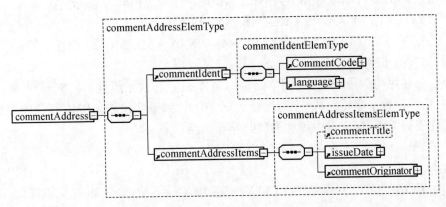

图3 – 13　元素 < commentAddress > 的结构图

2. 评注码的编码规则

评注码(Comment Code)使用元素 < commentCode > ,是评注的唯一标识符。评注码由最大29位字母数字字符和最小17位标识符组成,其结构如表3 – 4所列。

表 3 - 4　评注码

项　目	规　　则
型号识别码	2 ~ 14 位字符
评注发布负责单位码	5 位字符
发布年号	4 位数字字符
每年顺序号	5 位数字字符
评注类型码	1 位字母字符,Q,I 或 R

评注码的形式如下：

YY – YYYYY – XXXX – NNNNN – A（17 位标识符）

至

YYYYYYYYYYYYYY – YYYYY – XXXX – NNNNN – A（29 位标识符）

1）型号识别码

型号识别码（Model Identification Code,MI）的定义与数据模块代码中 MI 码相同,包含于属性"modelIdentCode(M)"中,由 2 位字符组成。MI 码在下列评注码中用加黑（粗）字符标出：

YY – YYYYY – A – XXXX – NNNNN（17 位标识符）

至

YYYYYYYYYYYYYY – YYYYY – A – XXXX – NNNNN（29 位标识符）

2）评注发布负责单位码

评注发布负责单位码（Issuing authority（CAGE）of the comment）,包含于属性"senderIdent(M)",由 5 位字符组成,在下列评注码中用加黑（粗）字符标出：

YY – **YYYYY** – XXXX – NNNNN – A（17 位标识符）

至

YYYYYYYYYYYYYY – **YYYYY** – XXXX – NNNNN – A（29 位标识符）

3）发布年号

评注发布年号（Issue Year）,包含于属性"yearOfDataIssue(M)",由 4 位字符组成,在下列评注码中用加黑（粗）字符标出：

YY – YYYYY – **XXXX** – NNNNN – A（17 位标识符）

至

YYYYYYYYYYYYYY – YYYYY – **XXXX** – NNNNN – A（29 位标识符）

4）每年顺序号

每年顺序号（Sequential Number Per Year）,包含于属性"seqNumber(M)",由 5 位字符组成,顺序号从 00001 开始。每年评注顺序号在下列评注码中用加黑(粗)字符标出：

YY – YYYYY – XXXX – **NNNNN** – A(17 位标识符)

至

YYYYYYYYYYYYYY – YYYYY – XXXX – **NNNNN** – A(29 位标识符)

5) 评注类型码

评注类型码(Type of Comment)，包含于属性"commentType(M)"，由 1 位字符组成，评注类型码在下列评注码中用加黑(粗)字符标出：

YY – YYYYY – XXXX – NNNNN – **A**(17 位标识符)

至

YYYYYYYYYYYYYY – YYYYY – XXXX – NNNNN – **A**(29 位标识符)

评注类型有以下 3 种：

(1) Q = 质疑(raised comment)，值为"q"；

(2) I = 暂时响应，值为"i"；

(3) R = 最终响应，值为"r"。

3.3.3 BREX 数据模块编码

1. BREX 数据模块的介绍

1) 业务规则的概念

业务规则(Business Rules，BR)是一个项目或组织为关于在 IETM 的创作、管理、存储、交换、发布过程中，如何贯彻 S1000D 所制定的各项决议(决定)。BR 涵盖了 S1000D 的所有方面，且不受创作或阐述的约束，也涉及 S1000D 中未定义的问题，如 S1000D 与其他的标准、规范及实施业务过程的相关接口。因此，业务规则可以理解为将 IETM 技术标准(如 S1000D)的普遍要求与一个 IETM 项目或组织(如各军兵种)具体实际相结合，来制定出适合于所制作 IETM 需求的业务工作的规定。制定业务规则的目的就是提供使用 IETM 标准(包括对标准的剪裁)的帮助、解释和指导，统一对标准的一致性认识，减少模糊性。

为了提示和强调业务规则，S1000D 4.1 版专门定义了业务规则决定点(Business Rule Decision Points，BRDP)。BRDP 遍及整个规范的各个章节，特别是 IETM 创作章节。虽然，整个规范定义了 552 条，但仍有不少章节是空缺的，如果需要，项目或组织可按制作 IETM 的需求，决定制定适用的 BRDP。

S1000D 4.1 版将业务规则分为下列 10 类：

(1) 通用业务规则(General)；

(2) 产品定义业务规则(Product Definition)；

(3) 维修体制业务规则(Maintenance Philosophy and Concepts of Operation)；

（4）安全业务规则(Security)；

（5）业务处理业务规则(Business Process)；

（6）数据创作业务规则(Data Creation)；

（7）数据交换业务规则(Data Exchange)；

（8）数据集成与管理业务规则(Data Integrity and Management)；

（9）已有数据转换(Legacy Data)；

（10）数据输出业务规则(Data Output)。

2）BREX 数据模块的概念

S1000D 国际规范提供了一种业务规则交换(Business Rules Exchange, BREX)的机制。该机制意在沟通 IETM 项目或组织内所制定或协商的业务规则。为了促进在 IETM 项目或组织内协议的业务规则更明确地记叙,为此专门定义了一个 BREX 数据模块,用来形成业务规则交换机制和管理业务规则。BREX 数据模块存储于 CSDB,该数据模块也与其他数据模块一样,也有标识与状态部分和内容部分,使用元素 < identAndStatusSection > 标记其定义与状态部分。BREX 数据模块的内容,包括为 IETM 项目规定中的所有业务规则,包括：

（1）应用于有关内容的 SNS 规范；

（2）为 IETM 项目产生的能用于或不能用于 CSDB 对象的元素与属性的规范；

（3）为指定的元素和/或属性的允许值/使用值的定义,以及这些赋值的解释；

（4）标记元素和属性用途的描述。

BREX 数据模块是一个数据管理的数据模块,它与其他数据模块的本质差别是并不包含直接用于产生 IETM 的技术数据。但是,它对于在创作方与合作方及用户之间共同认识、理解与遵守经过协商统一的业务规则是非常必要的。例如：

（1）一个 IETM 项目或组织在开发时记录与交换规则。对业务规则的正式记叙可能会减少误译与误解的风险。

（2）支持 CSDB 对象的正确解释。这对于信息的安全保密与安全性有着非常重要的意义。

（3）能够确认 CSDB 对象否定已经协议过的规则,例如应用自动化方法。

3）BREX 数据模块的使用要求

（1）每一个涉及 BREX 数据模块的数据模块,应包含应用于数据模块内容的业务规则。各个数据模块能有且只能有一个 BREX 数据模块。

（2）BREX 数据模块提供了管理制作数据模块的规则。如果必须修改某个数据模块,必须依照相关的 BREX 数据模块进行修改。

（3）只有在特殊的环境下,修改某个数据模块需引用一个新 BREX 模块。如果数据模块的改变反映一个新的 BREX 数据模块,数据模块要考虑再创作。如果一个数据模块的修改与一个新的 BREX 模块相关,则该数据模块可能要遵照相关联的 BREX 数据模块要求去修改。

（4）如果一个 IETM 项目或组织选择了包含 S1000D 给出的所有结构,且不偏离任何应用的规则,该数据模块是参照一个默认的 BREX 数据模块。

（5）如果一个 IETM 项目或组织决定应用它自己的规则集,那么必须制定一个项目专用的 BREX 数据模块,即包含一套完整综合的规则集。

2. BREX 数据模块编码规定

一个 BREX 数据模块包含了有关整个产品或部分产品的信息,因而必须应用数据模块编码。由于 BREX 是一种具有管理功能的特殊数据模块,所以,其代码与普通数据模块有所差别,需做以下规定:

1）型号识别码

对于大多数 IETM,BREX 数据模块采用与项目相关的型号识别码。在国家或公司层次上开发的 BREX 数据模块,按照为特定项目开发模块的平台来编制型号识别码。这种情况下,机构具有能分配/申请一个为该机构目的服务的型号识别码。

2）系统层次码(SNS)

（1）BREX 数据模块代码的 SNS 码不用再低于子子系统层次。

（2）单元或组件码应始终为"00"或"0000"。

3）分解码

根据 BREX 数据模块的使用范围,使用器材项目种类代码是合适的,即可以在 BREX 数据模块代码中使用。

4）信息码与位置码

（1）BREX 数据模块的信息码(IC)设定为"022"。

（2）BREX 数据模块的位置码(ILC)设定为"D"。

3. BREX 数据模块代码应用

建议项目所有的数据模块采用相同的业务规则,则项目具有唯一的 BREX 数据模块。如果做不到,建议项目或组织应保持 BREX 数据模块的数量最小化。

可以仅有一个 BREX 数据模块应用于数据模块,反映业务规则适用于该特定数据模块。

在最简单的情况下,也是正常的情况下,在整个项目中只有一个 BREX 数据模块。那么,数据模块将在产品顶层进行编码。

例 1　整个 BREX 数据模块的产品只有一个 BREX 数据模块代码的例子为：

XX – A – 00 – 00 – 00 – 00A – 022A – D（17 位标识符）

有时是一组相关的业务规则分配给产品的系统。在这种情况下,该模块必须被编码为特定的系统。

例 2　应用于产品 XX（变型 B）的系统 NN 的 BREX 数据模块代码的例子为：

XX – B – NN – 00 – 00 – 00A – 022A – D（17 位标识符）

当一个项目为相同的 SNS 需要一个以上的 BREX 数据模块时,分解码必须唯一地标识每个 BREX 数据模块。第一个 BREX 数据模块分解码应为 00,分解码应随 BREX 数据模块顺次而递增。

例 3　在一个项目中需要有两种不同的 BREX 变型。两者都适用于产品顶层。它们被编码为：

XX – A – 00 – 00 – 00 – 00A – 022A – D（17 位标识符）

XX – A – 00 – 00 – 00 – 01A – 022A – D（17 位标识符）

在开发 IETM 项目时,应当通过有关各方充分协商,制定适用 IETM 项目或组织的业务规则应用集。该应用集决定了哪一组或多组业务规则在特定 IETM 项目或组织内允许使用。据此,决定哪个 BREX 数据模块将被用来反映这些业务规则。

附 录

附录A 通用技术信息 SNS 定义

通用技术信息 SNS 的编码和定义适合于所有产品的通用和系统级技术信息。

通用技术信息 SNS 系统代码定义见表 A-1[3,10]。

表 A-1 通用 SNS 的主要系统划分及代码定义

系统代码	系统名称	系统代码	系统名称
00	总论	10	停放、系留、存放和恢复使用
01	预留	11	标牌和标志
02	项目自定义	12	保养
03	项目自定义	13	项目自定义
04	使用限制	14	装卸
05	计划/非计划维修	15	操作员信息
06	尺寸和区域	16	任务变更
07	顶起、支撑、恢复和运输	17	项目自定义
08	调平和称重	18	振动、噪声分析与衰减
09	搬运和机动	19	项目自定义

通用 SNS 代码定义见表 A-2。

表 A-2 通用 SNS 代码定义

系统	子系统	标题	定 义
00	总论		提供装备的一般信息,包括装备的安全程序、一般性维修、装备的安全和保护装置的使用、支持此装备的技术出版物的信息等
	-00	说明	对装备及其系统的一般性介绍(可附插图),包括装备的型号、用途、适用性、主要结构、动力系统安装、各个系统和操作设备等

（续）

系统	子系统	标题	定　义
00	-10	一般性维修	对装备维修的条件及静电接地的必要说明
	-20	安全	对于装备进行维修活动的安全与准备的明确的或专门的说明，包括将装备恢复到可用状态的说明
	-30	安全和防护装置	对各种安全装置必要的使用或操作说明，例如，安全插销、安全锁、安全插销标记总成、安全撑杆、安全撑杆的延伸部分等，还包括拆除和安装保护盖、保护塞的说明
	-40	技术出版物	关于支持装备的技术出版物（不是一个技术出版项目本身）的信息，如适用的出版物、出版物指南的清单、技术出版物的编码系统、用于处理与更新技术出版物的说明
	-41	出版信息	由用户要求的一套出版物信息
	-42	信息集	关于生成用户所要求的一套出版物的信息集的信息
	-50	物料数据	
	-60 ~ -80	项目自定义	包含用于完成产品及其系统维修的所有物料（产品）信息
	-90	战斗损伤修理	因为装备包含多个硬件"系统"所涉及的区域而未能分配给一个专用 SNS 中定义的信息和数据
01		预留	
02		项目自定义	
03		项目自定义	
04		使用限制	提供关键件/组件的寿命计算指南和定义此计算的运行参数
	-00	总论	
	-10	疲劳参数计算	根据疲劳表读数计算装备结构的疲劳参数/疲劳寿命的程序和公式
	-20	操作范围	根据计算的安全疲劳寿命设定的装备操作范围
05		计划/非计划维修	由制造商推荐的限期检查（计划的和非计划的）
	-00	总论	
	-10	时限	那些由制造商推荐的关于装备及其系统、分组件与其零件寿命的维修和翻修的时限
	-20	维修检查清单	那些由制造商推荐的计划/非计划维修检查与检验项目清单，包括适用于装备及其系统与分组件操作测试。该检查清单应包括在 40（计划性维修检查）、50（非计划性维修检查）和 60（验收与功能性检查）中的内容

（续）

系统	子系统	标题	定 义
05	–30	项目自定义	
	–40	计划性维修检查	那些由制造商推荐的在上述 10（时限）中指明的对装备及其系统与分组件的维修检查与检验项目清单。该部分清单应更详尽地列出用户工作单（通常仅列题目）所规定的工作项目，并交叉引用包含于独立维修实践中的详细程序
	–50	非计划性维修检查	那些由制造商推荐的与上述 10（时限）中规定时限无关的特殊情况或不常见情况,对装备及其系统与分组件的维修检查与检验
	–60	验收与功能性检查	履行检查要求对当前状态所必需的功能性检查,以证实所有部件和系统在下列传送或维修活动的安全/使用
06		尺寸和区域	那些用来表示装备的主要尺寸与分区、区域和用于定位分组件/部件参考线的图表和文本说明,也包括所有通道与排放口预备
	–00	总论	
	–10	主要尺寸	包括用传统三视图方法表示的装备主要尺寸
	–20	参考线	包括用于定位分组件/部件与装备参考线相对位置的系统
	–30	区域与分区	包括将装备按区域/分区进行划分并标识,在区域/分区进行维修工作
	–40	通道准备	标识所有出入门和口盖及维修通路点。注意:走道在系统 12 中说明
07		顶起、支撑、恢复和运输	包括装备用顶起或吊索举起以及恢复到任何维修和修理状态的所有必需的程序。也包括关于装备从任何状态恢复（包括应急恢复）,以及如何通过航空、铁路或公路等进行运输的信息
	–00	总论	
	–10	顶起	关于顶起点、承座、平衡重量、顶起程序和在维修、修理和恢复期间用千斤顶举起装备等方面的信息
	–20	支撑	用于在维修、修理与恢复期间对装备进行支撑的有关支撑点、支撑程序和支撑设备方面的信息
	–30	吊挂	用于在维修、修理和恢复期间起吊装备的有关吊挂点、吊挂程序和吊挂设备等方面的信息
	–40	恢复	关于将装备从可能受到的任何状态恢复（包括应急恢复）所需的恢复程序和工具及设备等方面的信息
	–50	运输	关于如何将装备拆卸为与便于分解运输一致的标准程度的信息,包括运输用的滑板和托板的制造信息。对于拆卸程序与维修信息,参考适合的系统/子系统

（续）

系统	子系统	标题	定　义
		调平和称重	包括在装备寿命期内需要进行任何种类的维修、翻修或主要修理而对装备调整水平（对准）所需的信息；应该包括在装备上专门指定记录、存储或计算重量和平衡数据的分组件或部件信息，包括那些维修作业中必须对装备进行称重和称重程序的信息以及质量与重心（CG）数据
	−00	总论	
	−10	质量和平衡	在装备上专门用于记录、存储或计算质量和平衡数据的那些子组件或部件的信息
	−20	调水平	对于准备调整装备水平和调整水平程序所必要的那些说明，也包括使用关于水平调整设备的信息
	−30	称重	对于准备装备称重与称重程序那些必要的说明，包括有关使用称重设备的信息；也包括在物理记录质量与基于计算质量及具体装备记录之间的允许变化限制的信息
08	−40	重量和重心数据	包括装备的质量和力矩或者可索引的特性信息；重力的限制、数据点和线、重心区域的信息；燃料及其他消耗载荷、剩余燃料、压舱物的范围、质量与平衡管理和任务改变影响等方面的信息。 可以包括： ● 重心可以表示为平均空气动力弦（MAC）的百分数； ● 如果需要，还包括重心包线图和设备位置图； ● 放下或抬起物品对重心位置的影响（举例说明）。将基本质量中所含相关设备加上可变设备（例如，"任务"设备或"安装清单"设备）列成表中，并展示每个项目的质量、负载臂和瞬时力矩或指数。 ● 也说明装备和发动机控制单元（ECU）数据线之间的关系，包括说明喷射管或螺旋桨数据线和某个 ECU 变化的影响（举例说明）
	−50	静态稳定性	装备静态稳定性限制的详细信息。包括为确保装备在其主轮移动和保养操作时的稳定、装备顶起操作时的稳定而需确定的前轮最小反作用力的信息。 也包括计算与装备总重和剩余力矩有关的前轮反作用力的制表和图形数据，这些适用于设备齐全装备和某些设备/储存项目已经拆掉或燃油处于非正常储存顺序两种情况。 还包括放油顺序、最大移动速度和在倾斜与粗糙地面上移动时的安全注意事项和限制等方面的信息

（续）

系统	子系统	标题	定　义
		搬运和机动	装备搬运和滑动所需的说明书。包括图例说明、连接点位置、转弯半径等，以及维修程序对装备搬运和滑动的准备等
09	−00	总论	
	−10	搬运	在正常或者其他条件下拖曳、绞盘或搬运装备的必要说明，如牵引与搬运发动机拆除、停舶船只等。包括诸如牵引杆、转向臂、牵索/系带等所需的设备与器材，安全注意事项和限制
	−20	机动	在正常或非正常条件下（如不利的气候条件下）机动或拖曳装备所必需的说明。包括使用诸如发动机、对讲机、刹车、地面转向技术等所需的程序；以及排气危险区域、最小转弯半径、各种地面条件摩擦系数等的安全注意事项和限制
		停放、系留、存放和恢复使用	装备在任何可能遇到的条件下停放、系留、存放所需的说明。包括准备停放、系留、存放和恢复使用相关必要的程序，还应包括图示停放或系留点位置，其他控制停放、系留和存放程序的说明
	−00	总论	
	−10	停放	给出在任何气候条件下停放装备所必要的说明，包括例行的短期停放（如过夜、过周末等），也包括装备在停放后、重新使用前恢复到可用状态而进行检查所使用的标准检查程序和所必需的设备
	−20	系留	给出在任何气候条件下停泊装备所必要的说明，包括各种长期或短期的停放信息，包括诸如轮挡、系留块、系留缆绳等设备与器材；在大风条件下进行控制的程序和注意事项以及限制
10	−30	存放	给出在任何气候条件下（正常的或非正常的）存放装备所必要的说明，包括超过停放有效期的非运行的各种长期或短期的存放。还包括存放期间所适当的检查和预防性维修的说明，以保证存放期装备结构与系统的完整性。适用的话，存放的装备可能是系留的。存放期的系留说明包含于 20 段内，而不综合于 30 段之中。还包括对设备的要求，至少包括以下信息： • 实体进入与移出存放的技术（如清洗、抑制/解除抑制），流动系统的排放/加注，以及静电接地和保护消隐等； • 装备在存放期间的例行维修程序，例如，机轮转动、压力检查和发动机运行等； • 用于长期或短期存放期（项目定义术语）的特定程序或技术； • 装备存放后恢复使用的准备工作

（续）

系统	子系统	标题	定　义
10	-40	恢复使用	在装备系留、停放或存放了一段时间后，进行使用前的准备工作的说明
11		标牌和标志	所有用到的标牌和标志等均纳入图解零件目录，并应该用图解标明零件号、图例与位置。 维修手册中应该提供其大概位置（例如，前—上—右侧），并应用图解示出安全信息，重要维修信息或政府规章所要求的各个标牌、标志、标记和自照明符号等。同样标出要求由政府管控的标志
	-00	总论	
	-10	外部配色方案和标志	包含装备外部配色和有关标记的规范与要求
	-20	外部标牌和标志	对于地面保养、检查、注意事项、警告等所需的标牌、标签和标志等方面的说明
	-30	内部标牌和标志	对于内部通常的和应急情况的信息、说明、注意、警告等所需的标牌、标志和自发光信号等
12		保养	适用于整个装备的液体补充与损耗以及定期与不定期的保养工作的说明，并应以表格或图表的形式给出简明扼要的信息。应清楚地说明包括对特定容器（例如，油箱、水箱、气瓶、液氧瓶、轮胎等）进行保养时所应注意的预防措施，如接地和防火等；还应图示定期和应急的保养点位置；指明"禁止行走"区域或通道及必须注意的事项
	-00	总论	
	-10	补充和损耗	对于液体的补充或消耗的必要说明。容器的容量包括美制、英制和公制3种度量单位。应该给出所用燃油、滑油、液压油、液体和其他材料的标准规范号和等级号（如适用）。规范和等级号应该在同一页纸上分类示出，以便于修订。应给出各个燃油箱膨胀容积、燃油总容量、油箱容积和可使用的燃油容量（如适用）。应给滑油的膨胀容限
	-20	定期保养	实施定期保养工作必要的说明。包括诸如零件定期润滑、清消放射性污染及内部与外部的清洁等的说明，不应包括要求对于实施维修作业时的润滑程序
	-30	非定期保养	实施通常非定期保养工作的必要说明。包括从停放的装备上除去冰、雪等的说明

（续）

系统	子系统	标题	定 义
13		项目自定义	
		装卸	该系统（章）包含装载与卸载内部和外部的储存军需品、货物所必需的程序和图示说明。也包括所需的地面设备和专用工具的信息。还应交叉引用合适的系统（章）中关于装备的固定点、吊架和托架等信息
	−00	总论	
	−10	地面设备	包括所有地面设备和专用工具的清单，也包括其他资料中未涉及的（地面设备）项目的说明和图示
	−20	货物	举例说明装载和卸载的技术，如内部布局、地板负荷、固定点的位置与强度、装载和固定方法，以及包装箱体积和门的尺寸等
	−30	物品出入库的装卸	装载库存品的清单和装卸这些库存品适用的工具
	−31	基本信息	包括物品出入库装卸的基本信息
	−32	附加信息	包括物品出入库装卸的附加信息
	−33	装载程序	包括物品出入库的装载程序
	−34	卸载程序	包括物品出入库的卸载程序
14	−35	装卸程序检查清单	包括物品出入库的装卸检查清单
	−40	非核装备	包括一份非核装备（例如导弹、火箭、炸弹、弹药）的清单和装卸这些物品适用的工具
	−41	基本信息	给出非核装备的基本信息
	−42	附加信息	给出非核装备的附加信息
	−43	装载程序	给出非核装备的装载程序
	−44	卸载程序	给出非核装备的卸载程序
	−45	装卸程序检查清单	给出非核装备的装、卸载程序的检查清单
	−46	综合战斗转变程序	给出综合战斗转变程序的信息
	−47	综合战斗转换程序的检查清单	给出综合战斗转换程序的检查清单
	−48	交叉保养检查单	给出一份非核弹药的交叉保养检查清单
	−50	核装备	一份适合于装载者/卸载者的核武器清单

（续）

系统	子系统	标题	定　义
15		操作人员信息	该系统(章)提供给操作人员执行装备指定任务的所有特定的信息,包括装备系统的功能、控制及安装设备等的说明。仅包括操作人员适用的必要信息,而不包含专用技术信息中各系统(详细)的信息。 注释:子子系统 15–04, 15–05 与 15–06 用于陆上和海上装备的分解信息。(见 S1000D 5.2.3.1 节 与 5.2.3.2 节)
	–00	总论	包括对装备主要特性的概要说明
	–10	放行/操作限制	包括在规定的操作范围内必须遵守的限制
	–20	操作特性	关于装备操作特性的全面描述,包括有利和不利方面
	–30	正常程序	包括完成所有操作所必需的正常程序的说明和/或检查清单,包括特殊条件(例如,飞机爬升或需要紧急中止任务)的操作程序。还包括操作人员对相关系统的设备出现异常状况(信息)的处置操作
	–40	特殊程序	包括所有可预期的紧急情况的操作程序说明和/或清单
	–41	概述	包括操作人员应急程序的一般信息
	–42	地面紧急程序	包括操作人员地面应急程序的一般信息
	–43	解除紧急状态程序	包括操作人员解除应急状态程序的一般信息
	–44	与紧急程序相关的系统	包括与应急程序相关的操作系统的信息
	–45	单个或多重发动机故障	包括操作人员处置单个或多重发动机紧急故障程序的信息
	–46	抵达或离开紧急程序	包括操作人员处置抵达或离开紧急程序的信息
	–47	控制系统故障	包括操作人员处置控制系统故障程序的信息
	–48	其他应急程序或故障状况	包括操作人员处置其他应急程序或故障状况的信息
	–49	多功能显示器给出的紧急情况信息	包括综合显示系统显示与操作人员相关的应急信息
	–50	特殊条件	该部分包含特殊条件下,例如,不利的天气和气候条件下对装备进行操作的相关信息
	–60	性能数据	该部分包括装备研制设计所必需的且经性能验证文件所证实的装备性能数据

（续）

系统	子系统	标题	定义
15	−70	任务操作程序	该部分包含该表（系统）中未涉及的任务操作和任务/武器系统的所有正常程序和回复操作程序的说明和/或检查表,应规定所有相关的安全要求
	−80	构型	装备各种装载配置的描述,包括装备内外部装载的武器和油箱,应包括（不同的装载配置）对装备重量、阻力系数、限制的影响说明
16		任务变更	装备在不同任务之间转换的必要说明
	−00	总论	装备的主要和次要任务清单,以及在所制表格中列出的需要拆卸/安装的任务设备
	−10	任务变更	给出包含任何必要测试在内、涵盖任务之间所有变更的独立程序
17		项目自定义	
18		振动和噪声分析与衰减	包括向操作人员提供的能够监控和诊断振动及噪声级别的必要信息,以帮助操作人员判断装备中动力部件与结构部件的失衡、损坏或偏移等现象。还应包括装备中通过使用有源或无源系统/设备来提供自动控制或降低强度、振动及噪声级别方法的那些设备
	−00	总论	
	−10	振动分析	包括对动力部件和结构部件的振源位置进行监控、测量、诊断和定位的必要信息
	−20	噪声分析	包括对动力部件和结构部件的噪音源位置进行监控、测量、诊断和定位的必要信息
	−30	有源衰减/激励	系统从一个动力源获得能源分配,并提供一种物理减振的方法。包括诸如启动装置、控制阀、发电机和管路
	−40	传感器	包括那些检测振动级别并将信息传送到控制计算机或指示系统的部件,例如加速计
	−50	控制/计算	用于处理多源数据的启动和控制减振系统的设备或部件,例如计算机、开关等
	−60	无源衰减	包括提供无源衰减方式的那些设备和部件,例如减振器和悬架杆等
19		项目自定义	
20		项目自定义	

注:第一栏"系统"中的系统代码值只在第一次出现时标明,若后续仍为该系统,则第一栏中该系统的代码值省略。当子子系统的代码值为"0"时,表示该子系统不再细分

附录 B 受维护的专用技术信息 SNS 代码定义

B.1 保障与训练专用技术信息 SNS 代码定义示例[3,10]

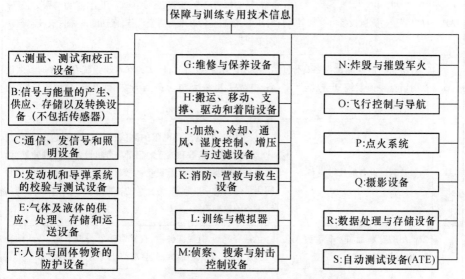

图 B-1 保障与训练专用技术信息 SNS 代码图

表 B-1 保障与训练专用技术信息 SNS 代码定义示例

系统	名称	描 述
A	测量、测试和校正设备	
AA	电压、电流、电阻的测量和指示设备	包括电压、电流、电阻的测量,电压泄漏、短路、通路及电缆测试和万用表设备
AB	驻波比和阻抗测量设备	包括驻波比和阻抗以及相关参数的测量设备
AC	波形测量和分析设备	包括示波器、示波镜、同步检定器、波形和频谱分析设备
AD	功率与机械能测量设备	包括电力测量(包括计量负载),辐射的(无接线)和机械功率测量设备
AE	强度测量设备	包括机械能、声音与光测量,运动、位移、碰撞,电磁探测与测量设备,红外、紫外、X 射线及核辐射的探测与测量设备
AF	加速度、速度、速率、频率、时间的测量与计算设备	包括加速度、速度、速率、机械频率与时间的测量设备,电流频率的测量与指示设备,机械与电的计数器,时间基准和持续时间、间隔时间的测量设备

（续）

系统	名称	描　述
AG	光学测量、测试和校准设备	包括瞄准与类光测量设备,分光镜、光谱仪与显微测试设备,摄影测量与测试设备
AH	材料测量与测试设备	包括实体的尺寸、重量、密度、体积、压力、重力与张力、延伸与压缩、静态与动态平衡测量设备,振动测试,固态、液态与气态分析设备
AJ	多功能测量与测试设备(不包括引擎与导弹系统,但包括大多数试验设备)	包括电子的、电力的、机械的和水压系统及组件的测试设备,电路板、电路片、电子管、半导体、继电器、自动同步机、同步机等测试设备
AK	测量及测试设备的校准设备	包括为电压、电流和电阻的测试设备的校准装置,为驻波比、阻抗及相关参数和波形的测量与分析设备的校准装置,为动力、机械能和强度测量设备的校准装置,为速度、频度和时间测量设备的校准装置,为光学的校准装置,为材料测量与测试设备的校准装置
AL	测试用的有源器件(不包括大多数试验装置)	包括变频器、有源滤波器、自动混频器与调节器、自动耦合与分配设备,测试用放大器、自动终止与仿真载荷设备
AM	测试用的无源器件(不包括大多数试验装置)	包括可变电阻器、无限可变衰减器、可变电容器、可变感应器、无源电耦合匹配与分配器(包括固定衰减器以及多数分配器和探测仪)、无源电磁的与静电的耦合、匹配与分配器(包括感应电压器与探测仪),安装器件与无源机械耦合器和无源滤波器、无源延迟器、无源无功测量终端和虚拟负载、无源混频器、调制器与检测器
AN	无损检测和油料分析设备	包括荧光渗透、磁、X 射线、超声波、涡流、油料分析以及声发射设备
B	信号与能量的产生、供应、存储以及转换设备(不包括传感器)	
BA	信号产生器	包括 AM/FM 脉冲调制、音频、光、方波,三角波和锯齿波等产生器,随机噪声和噪声产生器与波形合成器
BB	电力供应、存储、产生以及转换设备	包括发电机、转换器、变流器、电动发电机、动力供应与蓄电池充电器、变压器与配电网
BC	机械、水力、气动、真空动力的供应、存储和转换设备	包括机械动力供应、存储、转换设备(如发动机、涡轮机等),通用压缩与抽吸机,水压与气动力、真空产生与储存、机械的、水力的、气动的与真空装置(包括其他供应动力的设备)

（续）

系统	名称	描　述
C	通信、发信号和照明设备	
CA	通信设备(不包括耳机、扩音器等)	包括交互通信系统、广播系统、无线与有线多功能及专用的通信设备
CB	信号发生器	包括信号灯、机械信号发生器、特殊功用信号发生器
CC	照明设备	包括区域、搜索、标记、辨识照明及特殊功用照明设备
D	发动机和导弹系统的校验与测试设备	
DA	发动机校验与测试设备	包括汽车发动机、航空发动机、导弹发动机的测试设备,通用与专用的发动机测试设备(注:此码同样适用于发动机模块及其组件)
DB	导弹系统校验与测试设备	包括导弹导引、导弹目标或飞行编程、导弹遥测与训练,导弹液压、气压与燃料系统校验、导弹综合校验与测试及导弹计时的设备
E	气体及液体的供应、处理、储存和运送设备	
EA	气体的储存、处理、供应与运送设备	包括气体储存器、气体储存处理、供应及运送与交通工具,多功能与专用气体搬运设备
EB	液体的储存、处理、供应与运送设备	包括液体储存器、液体储存处理、供应及运送与交通工具,多功能与专用液体搬运设备
F	人员与固体物资的防护设备	
FA	掩体与房间	包括人员与维修掩体,测试用房间与掩体,专用与及多用途掩体与房间
FB	防护用挡板、盾牌、屏风与遮盖物	包括挡板、盾牌、屏风及防护的遮盖物,各式各样防护设备
FC	支撑与运送的保障设备	包括支撑与运送的保障设备
FD	专用与多用途设备	包括专用与多用途设备
FE	飞行服装及其附件	包括飞行服装和附件
G	维修与保养设备	
GA	通用机械清理、除油与除锈设备	包括高压与真空清洁器,喷雾清洁与除油器,标量、专用与多用途清洁装置
GB	除冰与净化设备	包括除冰与净化装置
GC	通道与跑道清理及修理设备	包括通道与跑道的清理及修理、综合和专用通道、跑道的清理与修复及相关装置

（续）

系统	名称	描　述
GD	润滑设备	包括加油与润滑设备以及专用润滑设备
GE	车轮、轮胎与机械系保养设备	包括车轮和轮胎的保养、刹车、水压、气压系统的保养以及专用与多用途机械系保养设备
GF	专用与多用途保养设备	包括维修工具套装、工具包与机具、修理工具包、维修拖车、焊接机具、净化装具、喷洗配具及保护装具等设备
GG	维修用平台、站台、支撑设备及附件	包括用于人员、设备、保障设备、武器的维修平台、站台、支撑设备，以及专用保障与维修的附属装置
GH	专用机具	包括维修工具（如萃取（拔出）器、导向器、码垛机、专用扳手）及其他，如复杂机械/零件的工具
H	搬运、移动、支撑、驱动和着陆设备	
HA	起重、牵引、顶起、牵引与定位装置	包括起重、举起、顶起、竖立、牵引设备以及专用与多用途举起与定位设备
HB	设备与固体材料的运送设备	包括动力货车与牵引车、搬运车、手推车、台车、拖车、运输车辆与装置，用于运输传递的附属设备，传送与回收系统、轮胎与内胎
HC	发射装置	包括航空器、导弹、火箭与太空交通工具的发射装置，以及专用与多用途发射装置
HD	拦阻、停车与防护装置	包括副制动器、应急刹车以及示警、防护、检查、监视、停车及同类存放设备
HE	专用与多用途搬运与移动装置	包括组合提升与移动车辆及装置（航运设备和组件搬运、安装、移动、运输、储存的拖车、台车、支架，设备以及组合处理、安装、移动、运输和储存，搬运适配具，转接装置，弹药提升与运输拖车，装载弹药的货车，燃料罐、吊架以及航空设备上的专用武器等）
HF	推进系统	包括火箭发动机、马达与混合、往复式发动机，涡轮发动机以及混合用发动机及组件
J	加热、冷却、通风、湿度控制、增压与过滤设备	
JA	加热	包括区域加热设备以及专用与多用途加热设备
JB	空气冷却与空气调节器	包括空气冷却与空气调节器以及专用与多用途冷却设备

（续）

系统	名称	描 述
JC	通风与空气循环设备	包括通风与空气循环以及专用与多用途通风与空气循环设备
JD	湿度控制设备	包括除湿、加湿、湿度恒定设备以及专用与多用途湿度控制设备
JE	冷藏设备	包括通用冷藏装置以及专用与多用途冷藏装置
JF	多用途与专用设备	包括多用途与专用加热、降温、通风与湿度控制设备
JG	增压设备	包括隔间增压以及专用与多用途增压设备
JH	水冷设备	包括发动机冷却系统与组件，以及专用与多用途的水冷设备
JI	过滤设备	包括气动与液体的过滤设备，以及专用与多用途过滤设备
K	消防、营救与救生设备	
KA	消防、碰撞与营救设备	包括消防、碰撞与营救设备，以及专用与多用途消防、碰撞与营救设备
KB	救生设备与装置	包括救生工具与附件，救生交通工具，以及专用与多用途救生产品
L	训练与模拟器	
LA	供飞行员及机组人员使用的飞行模拟器	包括基础的与高级飞行训练模拟器、器械，飞行教练机与可移动训练装置
LB	供地勤人员训练用飞行模拟器	包括飞行原理教练装置，飞行控制、导航、警告指示系统教练装置，机械与电气系统教练装置，发动机操作与维修教练装置，飞机维护设备教练装置及可移动训练装置
LC	武器装备教练装置	包括固定航炮、可动航炮、航空火箭弹、高空炸弹、支援地面炸弹、武器系统组件以及多用武器教练装置与可移动训练装置
LD	导航教练装置	包括推测航行法、天体、电子与乘员导航教练装置，可移动与宇航导航训练装置
LE	雷达与通信系统教练装置	包括初级的与高级的通信设备教练装置，初级与高级雷达设备教练装置及反雷达教练装置
LF	心理与心理生理教练装置	包括低压舱、弹射座椅教练装置、水下逃生教练装置及其他救生程序、宇宙环境与眩晕模拟教练装置
LG	地对地与地对空导弹训练设备	包括地面人员、导弹操作与维修教练装置，发射控制与飞行控制设备的教练装置
LH	专项训练装置	包括合成的战术训练装置与作战信息辅助中心设备训练装置

（续）

系统	名称	描述
LJ	教具	包括图表与海报,航海驾驶图解纸与示范仪表板、自助教学卡片、训练手册、三维模型、放映机、录音机与扬声器,训练影片与记录片及各种教室教学辅助设备
LK	指挥训练项目(真实项目)	包括学校提供的训练项目与战场训练项目
LL	各种训练与模拟装置	包括汽车与飞机场训练装置,用于材料、水力、气动、氧气、燃料与空气系统训练、仿制导弹的模拟器,辅助试验训练过程的模拟炸弹,模仿训练或练习的弹头及模拟火箭的飞行器
M	侦察、搜索与射击控制设备	
MA	探测、距离方位与搜寻设备	包括发送、接收、显示、指示与定位设备
MB	导引设备	包括瞄准计算与装置,目视观察与测定距离、机械稳定装置,以及传送与接收设备
MC	各种射击控制装置	包括引信安装器、军械线缆系统、瞄准盘、闪光与周围测距装置
N	炸毁与摧毁军火	
NA	枪械	包括航载与非航载枪械、装弹机、装载机、储弹鼓等
NB	弹药	包括模拟的或空包弹、追踪弹、燃烧弹、活动的或特定功用的弹药
NC	炸弹、火箭弹与导弹	包括照相闪光的、化学战的、通用的、练习用的、导引的或无人驾驶飞机的炸弹,以及弹头与战斗部
O	飞行控制与导航	
OA	自动飞行或遥控设备	包括导弹与空间运载工具
OB	导航	包括机载与非机载指令寻的设备
P	点火系统	
PA	发动机点火系统	包括航空发动机系统与非航空发动机点火系统
PB	专用点火系统	包括专用与多用途点火系统
Q	摄影设备	
QA	图像获取设备	包括记录打击的,航空测绘地图的、静态与动态图片获取的设备
QB	图像处理设备	包括处理机械、显像、冲洗与干燥的设备
QC	图像使用设备	包括静态放映机、电影播放机与观看设备
R	数据处理与储存设备	
RA	模拟数据处理设备	包括所有模拟数据处理设备
RB	数字数据处理设备	包括所有数字数据处理设备
RC	综合数据处理设备	包括所有综合处理模拟数据与数字数据的设备

（续）

系统	名称	描述
RD	输入/输出与储存设备	包括所有输入与输出设备,如键盘、鼠标、显示器、投影仪、闪存、硬盘以及其他储存设备
RE	核对、阅读与解释设备	包括摄影机与扫描仪
RF	专用设备	包括专用与多用途数据处理设备
S	自动测试设备(ATE)	
SA	项目可用的设备	

B.2 军械专用技术信息 SNS 代码定义

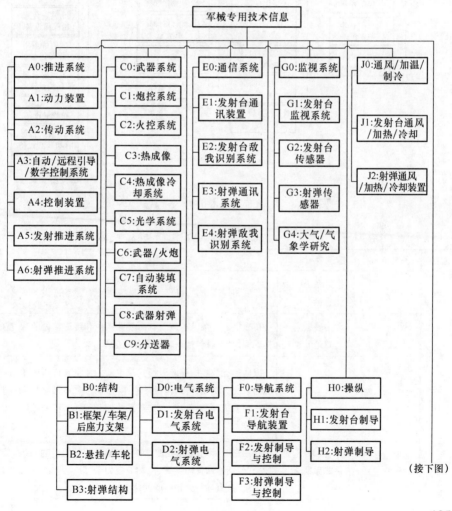

（接下图）

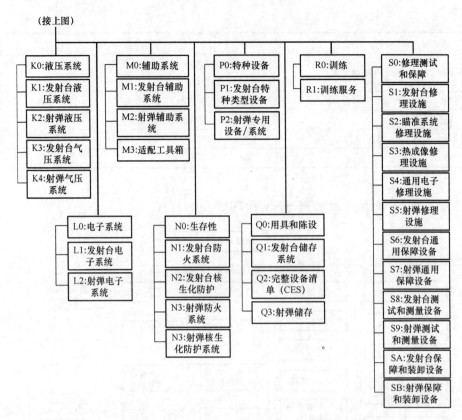

图 B-2 军械专用技术信息 SNS 代码图

表 B-2 军械专用技术信息 SNS 代码定义示例[3,10]

系统	子系统	名称	描述
A0	-00	推进系统（总论）	产生和传递动力，以移动和安放发射台的系统或设备
A1	-00	（动力装置）（总论）	在战场上为操纵军械系统而使其产生和传递动力的独立工具。例如，可以包括飞轮和离合器组件
	-10	发动机	以柴油、汽油、电等能源形式产生动力并将其传递到传动系统的系统。例如，可以包括飞轮，离合器组件，安装在发动机上的冷却系统、燃料系统、进排气系统、润滑系统、辅助系统和电气系统
	-20	冷却系统	指用来有计划地维护动力单元正确的运行温度的系统。例如，它包括冷却气体导管、冷却液压力泵、散热器、冷热气自动调节机、风扇和与之相关联的热交换设备

（续）

系统	子系统	名称	描 述
A1	-30	燃料供给系统	指用来向动力单元输送燃料的系统与设备。例如,包括燃料储存工具、输油泵、过滤器、输送管、排泄和分离阀、高压泵和喷油器
	-40	进排气系统	指用来向发动机供给空气和从发动机收集、排除废气的系统。例如,包括所有的小管、管道、空气滤清器、联接装置、垫圈、涡轮增压机、消声器与催化式排气净化气
	-50	润滑系统	指用来向动力单元提供润滑油的系统以及与动力单元润滑系有关联的任何外部结构组件。例如,包括输送和循环管路、机油泵、滤清器、冷热器自动调节机与独立的散热器
	-60	电气系统	指提供或使用与动力单元相关联的电源系统。例如,包括起动电机、交流发电机和动力单元的直流电发生器。还包括点火系统总成。例如,火花塞、分电盘、高压线圈与导线
	-70	辅助系统	指动力单元的辅助控制和关联系统,或直接安装系统。例如,包括发动机直接启动装置
	-80	液压系统	指和动力单元相关联的提供或具有液压作用的系统。例如,包括液压泵、阀门、管道和缸体,还包括与动力单元液压系统相关联的所有外部结构
A2	-00	传动系统（总论）	指将发动机动力传递到行动部分的系统。例如,它包括离合器、扭矩变矩器与变速箱。完整的传动系统还应包括操纵杆和制动装置,也包括差速器和动力输出装置
	-10	变速箱	指用于改变动力单元到行动部分的速度/扭矩。例如,它包括操纵控制和制动总成
	-20	操纵控制组件	指通过传动系统以独立方式将动力传递到发射台的行动部分
	-30	制动组件	指通过发射台传动系统应用制动力的独立装置
	-40	辅助驱动/动力输出装置	指从发动机获得动力输出的辅助装置。例如,它包括可能含滑移差动齿轮的转换变速箱
	-50	离合器	作为独立组件安装的,连接和分离操纵系统与发动机之间动力传输的装置
	-60	传动轴	指连接发动机动力输出到驱动部分的装置。例如,它包括连接齿套、万向接头、传动链、传动带与终端驱动轴
	-70	扭矩变矩器	指改变由发动机到行动部分的扭矩的装置
	-80	差速器	指改变由发动机到行动部分或车轮之间旋转方向的装置

（续）

系统	子系统	名称	描 述
A3	−00	自动/远程引导/数字控制系统（总论）	安装在发射台上的,能够自动地或通过远距离操作来规划并控制发射台的速度与方向的设备（硬件/软件）,包括含有感应、处理与显示图像数据的设备。例如,立体视频系统、激光扫描器、多重感应融合算法和处理器、图像加验算法和处理器等。也包含有智能分析和计划功能的设备。例如,自动通道规划器、图像理解算法和处理器、计算机辅助驱动算法和处理器、数字自动控制系统（DACS）和处理器等
	−10	控制	指用于处理和控制的部件,包括中央处理器、模拟数字转换器、相关软件、内存板、伺服单元、激发器与接线等
	−20	传感器	特指与自动/远程引导系统或数字自动控制系统（DACS）输入有关的传感器
	−30	指示器	系统中用于指示/监视自动/远程引导系统或数字自动控制系统（DACS）,包括指示器与接线等
A4	−00	控制装置（驱动装置）（总论）	指用来对发射台进行启动、停止、驾驶和一般控制操作的部分,包括随车诊断系统
	−10	脚控制装置	指用脚对发射台进行启动、停止、操纵和一般控制操作的装置,包括踏板组件（离合器、制动器与加速器等）、相关联接、电缆、液压/气压线路、主辅油缸、闸瓦与衬垫等
	−20	手控制装置	指用手对发射台进行启动、停止、操纵和一般控制操作的装置,包括停止/启动装置、操纵（车轮、方向舵等）装置与制动控制装置等
	−30	辅助控制装置	指辅助控制装置及相关系统。例如,可包括屏幕清洗设备、风挡刮水器与可调整后视镜
	−40	推进控制系统	指监视与/或控制发动机速度和性能的系统
	−50	仪器仪表系统	指用于监视/报告发射台系统运行状况的系统（硬件/软件）,包括驾驶员仪表、警示灯和状态监控系统
A5	−00	发射推进系统（总论）	指提供动力,完成从发射台到目标的完整循环的系统,不包括射弹推进装置
	−10	化学推进	指利用化学反应实现推进的装置
	−20	机械推进	指利用机械方式实现推进的装置
	−30	电力推进	指利用电力实现推进的装置,包括电磁推进系统
	−40	气动推进	指利用气动力实现推进的装置

（续）

系统	子系统	名称	描　述
A6	−00	射弹推进系统（总论）	指提供动力,完成从发射位置到目标的完整过程,不包括发射台组件的推进。对炮弹来讲,包括弹壳、雷管以及爆炸物本身
	−10	化学推进	指利用化学反应实现射弹推进的装置,包括化学药品精密的初始装填装置
	−20	机械推进	指利用机械方式实现推进的装置
	−30	电力装置	指利用电力实现推进的装置,包括充电装置
	−40	气动推进	指利用气动力实现推进的装置
	−50	火箭发动机推进	指利用火箭发动机实现推进的装置
B0	−00	结构(总论)	系统的框架与/或基本结构,包括承重部件
B1	−00	框架/车架/后座力支架(总论)	指发射台的主要承载零部件,为承受装填操作(例如,当发射台穿越各种地形剖面时)而产生的重压提供结构的完整性。适用于射击柱、轮式框架等,不适用于手提武器。包括所有直接隶属于基本结构的结构子组件与附件。例如,包括牵引支架与提升装置、缓冲器、窗口盖与护栏。也包括为另外的子系统提供支撑。例如,悬挂装置、武器、炮塔、履带、驾驶室、专用设备与载荷等
	−10	框架/发射柱	指非轮式军械系统的基本结构,包括承重零部件、反后坐力机械装置、设备、发射台、支撑、装置和固定设备
	−20	车架	指轮式装备系统的基本结构,包括承重零部件、反后坐力机械装置、设备、牵引支架集成、装置与固定设备
	−30	后坐力支架	指确保发射时发射台稳定性的后坐力支架驻锄,它们也可用作牵引支架
	−40	水平/纵向移动机械装置	指直接安装在框架/车架/后坐力支架上的升降/水平移动机械装置(人工的或动力驱动的)和与之相关的系统/部件
	−50	装甲防护	指直接安装在框架/车架/后坐力支架上的防护装甲和与之相关的部件
	−60	弹药储存	指直接安装在框架/车架/后坐力支架上的弹药储存设备和与之相关的部件
	−70	座椅	指直接安装在框架/车架/后坐力支架上的座椅

（续）

系统	子系统	名称	描 述
B2	-00	悬挂/车轮（总论）	悬挂/履带/车轮是指在地面上或靠近地面时提供机动性或产生牵引力、推进力与升降力的部分,使发射台适应不规则的地面。例如,包括车轮和牵引操纵装置以及控制装置,还包括弹簧、减振器、制动装置与其他的悬挂部分
	-10	悬挂装置	指使发射台适应不规则表面的装置。包括减振器、卷簧和片簧、减振器与气压悬挂装置等
	-20	轮轴	指车轴总成。例如:它包括轴臂、连接键、扭力轴、轴承、主动轮和负重轮、轮毂组件、轮胎、阀门、内部管路、制动毂、衬垫、附属汽缸和挡油盘
	-30	制动装置	指防止军械系统非正常运动,且与轮轴组件不是一体的装置。包括主液压缸、管路、电缆、防抱死系统和手刹
B3	-00	射弹结构（总论）	指运载有效载荷到目标的完整循环的部分。它包括射弹壳、炸弹壳和鱼雷体装置
	-10	射弹外壳	指射弹的基础壳体,包括提供稳定性的结构装置,如尾翼
	-20	炸弹外壳	指炸弹的基础外壳。包括提供动力、稳定性和控制的结构装置,如尾翼、降落伞、固定器与电池
	-30	鱼雷体	指鱼雷的基础外壳。包括提供动力、稳定性和控制的结构装置,如尾翼、降落伞、固定器与电池
	-40	火箭外壳	指火箭的基础外壳。包括提供动力、稳定性和控制的结构装置,如尾翼、降落伞、固定器与电池
C0	-00	武器系统(总论)	指用于防御或进攻的系统或设备
C1	-00	炮控系统（总论）	指安装在发射台上的,为激励武器系统的升降和转动以及通过稳像系统驱动火炮提供必要智能控制的设备(硬件/软件),包括指示器与传感器
	-10	安装	指炮控设备的安装
	-20	控制面板	指与炮控设备相关的控制面板
	-30	动力供应	指与炮控设备相关的动力供应装置
	-40	开关	指与炮控设备相关的转换开关装置,包括修正装置与射击控制开关等
	-50	火炮控制器	指与炮控设备相关的控制系统,包括火炮控制装置、电动发电机、磁放大机、电动放大机与动力放大器

（续）

系统	子系统	名称	描　　述
C1	-60	动力电机	指与炮控设备相关的由变速箱驱动的电动机,包括动力、升降和转动的驱动电动机
	-70	陀螺仪组件	指与炮控设备相关的陀螺仪组件
	-80	辅助装置	指辅助的炮控设备控制装置和与之相关的系统。包括套筒螺母组件、水平移动装置、射击控制四分仪、内部连接、电线与连接器等
C2	-00	火控系统（总论）	火控系统是指安装在发射台上,为武器的发射和射击提供智能控制的设备(硬件/软件),包括搜索识别所必需的雷达和其他传感器、气象和跟踪、控制和显示、火控计算机和计算机程序
	-10	计算机/接口	指与火控系统相关联的计算机接口系统与设备,包括计算机/接口装置与程序安装工具等
	-20	控制/监控	指与火控系统相关联的控制和监控设备
	-30	滤波器	指与火控系统相关联的滤波器装置
	-40	传感器	指与火控系统相关联的传感器。包括升降和旋转位移传感器、耳轴倾斜传感器、角速度传感器等
	-50	射击手柄	指与火控系统相关联的射击手柄。包括扳机装置
	-60	火控箱	指与火控系统相关联的控制箱,包括车长和炮长控制箱、装填手安全箱等
	-70	辅助装置	指辅助的部件和相关系统,包括接线盒、电缆、连接器和维护设备等
C3	-00	热成像（总论）	指为乘员提供红外图像,用于侦察和武器制导的设备(硬件/软件),包括热成像传感器头、驱动装置、处理器、供电装置和显示装置
	-10	传感器	指热成像系统的传感器,包括扫描仪组件、红外望远镜、斜度传感器、聚焦望远镜等
	-20	处理	指与热成像系统相关的处理设备,包括符号装置、处理器等
	-30	显示	指与热成像系统相关的显示设备,包括双目观察器、指挥员与炮手显示装置、显示驱动装置等
	-40	控制	指与热成像系统相关的控制设备,包括伺服装置、指挥员与炮手控制装置等
	-50	转换器装置	指与热成像系统相关的转换器组件,包括隔离转换器装置
	-60	结构和框架	指与热成像系统相关的框架与/或基础结构,包括承载部件
	-70	辅助装置	指与热成像系统相关的辅助控制器和相关系统,包括洗涤/擦拭设备、电缆、连接器、维护设备等

（续）

系统	子系统	名称	描　述
C4	−00	热成像冷却系统（总论）	指为热成像系统提供冷却介质的设备,包括压缩机、容器、管道、风扇、小型冷却器、空气过滤装置和循环冷却机械装置
	−10	压缩机	系统这一部分指的是冷却系统的压缩机,包括电动机、泵等
	−20	储存	指用于储存冷却剂的部分,包括水箱、装填系统、机油箱、排水装置等
	−30	分配	指用于分配冷却液的部分,包括管道、阀体等
	−40	指示	指用于监控冷却液的流量、温度和压力的部分,包括发射机、指示器、接线、警示系统等
C5	−00	光学系统（总论）	指用于搜索、观察、辨认、跟踪、确定范围的瞄准系统,包括与系统相关的传感器与显示器
	−10	侦察	指光学侦察设备,包括观测潜望镜
	−20	观瞄	指光学瞄准设备,包括观察和瞄准潜望镜以及机械瞄准具
	−30	十字刻线影像投影仪	指在瞄准装置内/上显示十字刻线影像的器件
	−40	观瞄装置	指在瞄准装置上显示十字刻线影像的器件
	−50	辅助装置	指光学瞄准系统的辅助控制器和相关系统,包括洗涤/擦拭设备、电缆、连接器、维护设备等
C6	−00	武器/火炮（总论）	指发射台发射火力到敌方目标或是后勤和其他运输工具用以自我防卫的方法,包括主炮/重型武器和次要武器(如轻型武器和迫击炮),不包括火控、炮控与光学系统
	−10	发射台	指射弹发射进行初始制导的发射台组件,包括枪管、炮管(迫击炮、鱼雷等)与横杆
	−20	后膛、药室和击发装置	指为射弹进入身管提供通道的系统。该系统将后膛和击发装置一起纳入到装备中,能为武器身管提供密封和击发方式。包括所有与之相关的结构成分
	−30	支架	指用于固定身管组件和炮架组件以及平衡武器系统的装置。包括三角支架与两角架
	−40	反后座装置	用于吸收射弹发射产生的能量的系统。包括复位装置与反后座组件等
	−50	抽尘装置	指消除发射后产生的烟尘的装置
	−60	次要武器安装	指提供次要武器安装的系统

（续）

系统	子系统	名称	描　述
C6	-70	瞄准	指用于小型武器、机关枪和便携式发射台的一种机械瞄准装置
	-80	辅助装置	指辅助的元件和与之相关的系统。例如,包括备用身管和其他零件、弹夹、清洁工具箱和连发器
C7	-00	自动装填系统（总论）	由从弹药储存位置选择弹种和将弹药运送并装填到武器系统的设备(硬件/软件)组成(也包括抛弃废弹壳与瞎火弹的装置),包括所有弹药的储存架、输送与提升装置、由专门的液压与电力装置控制的抛壳装置。不包括主系统以外的弹药储存室
	-10	储存(循环准备)	指弹药储存架与储存箱等
	-20	火箭外壳/火箭炮弹支架/分送器	指在射弹输送时具有提供/支撑和释放功能的装置
	-30	旋转/提升	指在发射台上从弹药储存位置选择弹药并将其输送到武器系统的装置。包括旋转和提升装置
	-40	装填	指武器系统的装填方式。包括弹药的装填和退出装置
	-50	送弹装置	指将弹药放置在炮膛内待击位置的设备
	-60	自动装填装置	自动装填装置由从弹药储存位置选择弹种和输送弹药至送弹装置(或准备好的弹药库)的设备组成
	-70	控制装置	指控制弹药装填系统的装置,包括专用液压装置、电控装置与安全装置
C8	-00	武器射弹(总论)	指射弹中承载有效载荷到目标的部分,包括炸弹和火箭的基础壳体、射弹的外壳、鱼雷体或含次级弹药的战术武器分送器。它也包括为射弹提供稳定性与控制的装置,如尾翼、降落伞、固定器
	-10	有效载荷	指包含弹头和它的支持组件的二级系统。在某些武器中,如轻武器和某些军火,有效载荷可能仅仅是弹头。在一些复杂的武器中,有效载荷可包含二级系统(有效载荷的二级系统包括独立的制导与控制、引信、保险装置/武器和推进系统)
	-20	引信	指弹药中预定引爆弹药或在军事行动中设置弹药,在规定的条件下引爆弹药、雷管的机械装置或电力装置
	-30	一级保险/解除保险	指在射弹中能控制爆炸次序的装置
	-40	二级保险/解除保险	指在完整的爆炸过程中,当一级保险与解除保险装置故障时,能控制爆炸次序的装置

113

（续）

系统	子系统	名称	描 述
C9	-00	分送器含二级武器（总论）	指射弹中用来承载二级武器系统到目标的部分
	-10	战术武器装填分送器	包含二级武器（但不是包含在有效载荷内的二级武器）
D0	-00	电气系统（总论）	产生、输送和控制电力的系统或设备
D1	-00	发射台电气系统（总论）	指发射台的电气或电子系统,包括装配电路、在线可更换单元、传感器、照明设备、电池、发电机等
	-10	发电机	指与发射台有关的发电系统与设备,包括交流发电机、直流发电机、发电机配电盘等
	-20	电池	指与发射台有关的电池设备,包括电池盒、绝缘工具箱、电池组件、连接带等
	-30	仪器仪表	指与发射台有关的仪器仪表系统与设备,包括电流计、速度计、配电板指示、电路仪表板、输送控制等
	-40	照明装置	指与发射台有关的照明系统与设备,包括检查灯等
	-50	接线	指与发射台相连的电线和电缆,包括电力网络、导线、配电板等
	-60	电气设备	指与发射台相关的电气设备,包括驱动器、发动机控制与点火系统
	-70	分配	指与发射台有关的电力配送系统与设备,包括控制器、开关、继电器与调节器等
	-80	保护	指与发射台有关的电力保护系统与设备,包括保险丝、可熔导线、跳闸开关等
	-90	控制	指与发射台相关的控制系统与设备,包括控制器、开关、继电器和调节器等
D2	-00	射弹电气系统（总论）	在射弹内部提供电力的装置
	-10	交流电源	指射弹内的交流电系统,如交流发电机
	-20	直流电源	指射弹内的直流电系统,如电池、石英晶体等
	-30	外部电源	射弹内连接外部电源的部分,如电池充电接口
E0	-00	通信系统（总论）	传送信息的系统或设备

（续）

系统	子系统	名称	描　述
E1	−00	发射台通信装置（总论）	指系统内部为发射台人员和外部其他人员提供用于指挥、控制、发射/接收的信息和数据的设备（硬件/软件）。包括无线电设备、微波与光纤通信线路、进行多发射台控制的网络设备、内部通信联络系统与外部电话系统。当这些与炮塔组件的乘员站设备和驾驶员自动显示设备构成一体时，它可包括导航系统和数据显示系统
	−10	特高频/超高频/极高频	指系统中利用特高频/超高频/极高频（UHF/SHF/EHF）载波进行通信的部分，包括发射机、接收器、控制装置与天线等
	−20	甚高频	指系统中利用甚高频载波进行通信的部分，包括发射机、接收机、控制装置与天线等
	−30	高频	指利用高频载波进行通信的系统部分，包括发射机、接收器、控制装置和天线等
	−40	低频	指利用低频载波进行通信的系统部分，包括发射机、接收器、控制装置和天线等
	−50	音频	指进行语音通信的系统，包括对讲电话装置、耳机、扩音器、开关/控制面板等
	−60	数字通信	指利用数字/数据进行通信的系统，包括调制解调器、密码编制装置等
	−70	卫星通信	指利用人造卫星进行通信的部分，包括发射机、接收器、控制装置与天线等
	−80	光纤通信	指利用光纤进行通信的部分，包括发射机、接收器、控制装置与天线等
	−90	辅助通信	指辅助控制和相关系统，包括导线、连接器等
E2	−00	发射台敌我识别系统（总论）	所有军种通用，可与其他用户交互。能够识别敌我双方并通过发射台通信系统传输该信息
	−10	发射装置	指发射台系统用于发送数据的部分
	−20	接收装置	指发射台系统用于接收敌我识别数据的部分
	−30	指示装置	指发射台系统用于指示敌我识别数据的部分
E3	−00	射弹通信系统（总论）	指在系统内部为向射弹传送指挥、控制、发射/接收通信数据提供手段的设备，包括无线电设备、微波和光纤通信线路以及多路控制设备。当这些设备、线路与射弹设备构成完整的整体时，还包括导航与数据显示系统

（续）

系统	子系统	名称	描述
E3	−10	特高频/超高频/极高频	指系统中利用特高频/超高频/极高频（UHF/SHF/EHF）载波进行通信的部分，包括发射机、接收器、控制装置与天线等
	−20	甚高频	指系统中利用甚高频载波进行通信的部分，包括发射机、接收机、控制装置与天线等
	−30	高频	指利用高频载波进行通信的系统部分，包括发射机、接收器、控制装置与天线等
	−40	低频	指利用低频载波进行通信的系统部分，包括发射机、接收器、控制装置与天线等
	−50	数字通信	指利用数字/数据进行通信的系统，包括调制解调器、密码编制装置等
	−60	卫星通信	指利用人造卫星进行通信的部分，包括发射机、接收器、控制装置和天线等
	−70	光纤通信	指利用光纤进行通信的部分，包括发射机、接收器、控制装置与发信装置等
	−80	辅助通信	指辅助控制和相关系统，包括导线、连接器等
E4	−00	射弹敌我识别系统（总论）	所有军种通用，可与其他用户交互。包括射弹内部识别敌我双方的设备（硬件/软件）
	−10	发射装置	指发射台系统用于发送数据的部分
	−20	接收装置	指发射台系统用于接收敌我识别数据的部分
	−30	指示装置	指发射台系统用于显示敌我识别数据的部分
F0	−00	导航系统（总论）	用于确定、引导、控制或测算位置或航线的系统或设备
F1	−00	发射台导航装置（总论）	指安装在发射台上，供乘员确定位置与测算航线的设备（硬件/软件）。包括导航系统（如航位推测法）、惯性系统、全球定位系统，也包括陆标识别运算法则与处理器
	−10	独立装置	指导航系统中为确定位置提供信息的，不依靠地面装置与轨道卫星的部分（硬件/软件），包括惯性导航系统、跟踪系统、六分仪等
	−20	非独立装置	指导航系统中为确定位置提供信息的，主要依靠地面装置与轨道卫星的部分（硬件/软件），包括全球定位系统（GPS）、无线电罗盘等
	−30	计算	指导航系统中用于综合/处理导航数据，以便计算和控制发射台地理位置的部分，包括路线计算机、陆标识别法则、处理器与显示器等

（续）

系统	子系统	名称	描　述
F2	-00	发射台制导和控制(总论)	指是基于发射台的电子设备/硬件/软件的综合,可通过目标信息估算和关联射弹路径,也可运行必要的功能使有效载荷足以拦截目标。也包括炮弹的放置
	-10	计算机/软件	指基于发射台制导与控制的所有计算装置(硬件/软件)。也包括炮弹的放置
	-20	控制台	指与基于发射台进行射弹的制导与控制相关的所有控制台(硬件/软件)。也包括炮弹的放置
F3	-00	射弹制导与控制(总论)	指估算和关联射弹路径到目标并执行有效载荷对目标拦截的必要功能的电子设备/硬件/软件的综合。例如,激光制导炸弹
	-10	射弹内置稳定装置	指在射弹内部,在射弹飞行期间提供稳定性的控制装置。不包括固定翼等结构部分
	-20	射弹内置控制装置	指在射弹内部,提供制导控制的装置。例如,导航系统、激光靶感受器等
G0		监视系统(总论)	用于感知环境的系统或设备
G1	-00	发射台监视系统(总论)	指用于感知周围环境并进行处理、显示与记录结果的所有设备(硬件/软件)与有关系统。例如,气象设备。不包括专用的热成像或气象/大气系统
	-10	控制	指传感器系统中用于处理、控制与记录的部分,包括中央处理器、模拟/数字转换器、相关软件、存储单元等
	-20	指示	指系统中用于指示/监视传感器信息的部分,包括数据识别装置、指示器、显示面板等
	-30	记录	指系统中用于记录传感器信息的部分
	-40	红外线	指系统中用热感应装置获取信息的部分,包括红外线扫描仪和图像增强器。不包括专用的热成像系统
	-50	激光	指系统中用激光装置获取信息的部分,包括测距仪、目标识别装置等
	-60	雷达	指系统中用雷达装置获取信息的部分,包括天线、接收器、发射机、指示器等
	-70	磁	指系统中用磁感应器获取信息的部分,包括磁力计、放大器、处理器、指示器等

117

（续）

系统	子系统	名称	描 述
G1	－80	声纳	指系统中用声纳获取信息的部分,包括调制器、传感器、处理器、指示器等
	－90	声学	指系统中用声音来获取信息的部分,包括受听(收听)装置、放大器、处理器、指示器等
G2	－00	发射台传感器(总论)	指安装在发射台内,为瞄准目标、发射、解除保险和输送有效载荷提供数据的系统(硬件/软件)
	－10	雷达	指安装在发射台内,为瞄准目标、发射、解除保险和输送有效载荷提供数据的雷达系统(硬件/软件)
	－20	声纳	指安装在发射台内,为瞄准目标、发射、解除保险和输送有效载荷提供数据的声纳系统(硬件/软件)
	－30	热成像	指安装在发射台内,为瞄准目标、发射、解除保险和输送有效载荷提供数据的热成像和影像增强系统(硬件/软件)
	－40	激光	指安装在发射台内,为瞄准目标、发射、解除保险和输送有效载荷提供数据的激光目标指示系统(硬件/软件)
	－50	磁	指安装在发射台内,为瞄准目标、发射、解除保险和输送有效载荷提供数据的系统(硬件/软件)
	－60	声学	指安装在发射台内,为瞄准目标、发射、解除保险和输送有效载荷提供数据的声音感受系统(硬件/软件)
	－70	压力	指安装在发射台内,为瞄准目标、发射、解除保险和输送有效载荷提供数据的压力感应系统(硬件/软件)
	－80	邻近	指安装在发射台内,为瞄准目标、发射、解除保险和输送有效载荷提供邻近感知数据的系统(硬件/软件)
G3	－00	射弹传感器(总论)	指安装在射弹内,为瞄准目标、发射、解除保险和输送有效载荷提供数据的系统(硬件/软件)
	－10	雷达	指安装在射弹内,为瞄准目标、发射、解除保险和输送有效载荷提供数据的雷达系统(硬件/软件)
	－20	声纳	指安装在射弹内,为瞄准目标、发射、解除保险和输送有效载荷提供数据的声纳系统(硬件/软件)
	－30	热成像	指安装在射弹内,为瞄准目标、发射、解除保险和输送有效载荷提供数据的热成像和影像增强系统(硬件/软件)
	－40	激光	指安装在射弹内,为瞄准目标、发射、解除保险和输送有效载荷提供数据的激光目标指示系统(硬件/软件)

（续）

系统	子系统	名称	描 述
G3	-50	磁	指安装在射弹内,为瞄准目标、发射、解除保险和输送有效载荷提供数据的系统(硬件/软件)
	-60	声学	指安装在射弹内,为瞄准目标、发射、解除保险和输送有效载荷提供数据的声音感受系统(硬件/软件)
	-70	压力	指安装在射弹内,为瞄准目标、发射、解除保险和输送有效载荷提供数据的压力感应系统(硬件/软件)
	-80	邻近	指安装在射弹内,为瞄准目标、发射、解除保险和输送有效载荷提供邻近感知数据的邻近感受感知系统(硬件/软件)
G4	-00	大气/气象学研究（总论）	指用于提供、处理和记录气象数据的系统和装置
	-10	天气	指系统中用于检测、测量、处理或记录气象(湿度、温度、云层、风力风向等)数据的部分,包括湿度计、温度计、风速计等
	-20	空气湍流	指系统中用于检测、测量、处理或记录空气湍流数据的部分
	-30	污染物	指系统中用于检测、测量、处理或记录污染物颗粒的部分
	-40	磁场/重力场	指系统中用于检测、测量、处理或记录地球磁场或重力数据的部分
H0	-00	操纵（总论）	指用于引导和控制方向的系统或设备
H1	-00	发射台制导（总论）	指发射台内用于操纵和控制射弹方向的装置
	-10	制导	指发射台内用于控制射弹方向的装置(硬件/软件)
H2	-00	射弹制导（总论）	指射弹内用于控制方向或方位的装置
	-10	射弹方向控制	指射弹内提供方向控制的装置。如方向舵等
J0	-00	通风/加温/制冷（总论）	指提供环境控制的系统或设备
J1	-00	发射台通风/加热/冷却（总论）	指为发射台提供微气候条件(加温或冷却)的子组件或部件,包括加温/冷却配套零部件。也包括不包含在核、生、化防护系统中的净化系统
	-10	压缩机	指提供压缩空气/气体的部分,包括与压力有关的控制和指示系统、空气系统等
	-20	分配	指用于感应与分配进气部分,包括设备支架冷却装置、密封圈、除雾装置、波导增压系统、送风机、管道、进气口
	-30	加热	指供应加热气体部分,包括加热装置、接线等

（续）

系统	子系统	名称	描 述
J1	-40	冷却	指供应冷却气体部分,包括冷却器、冷却器运转指示系统、接线等,不包括温度控制和指示系统
	-50	温度控制	指用于控制进气温度部分,包括热量传感器、开关、指示器、接线等
	-60	湿度/空气	指控制空气的湿度与臭氧的浓度,过滤放射性残留与化学/生物污染物部分
	-70	冷却液	指向冷却系统供应冷却液部分
J2	-00	射弹通风/加热/冷却装置(总论)	主要指通过加压、加温、冷却、湿度控制、过滤与处理空气/气体来改善射弹系统区的环境条件的部分,包括制冷、加温、通风、排泄管、密封条、导线等
	-10	压缩机	指提供压缩空气/气体部分,包括与压力有关的控制和指示系统、空气系统等
	-20	分配	指用于感应与分配进气部分,包括设备支架冷却装置、密封圈、除雾装置、波导增压系统、送风机、管道、进气口
	-30	加热	指供应加热气体部分,包括加热装置、接线等
	-40	冷却	指供应冷却气体部分,包括冷却器、冷却器运转指示系统、接线等,不包括温度控制和指示系统
	-50	温度控制	指用于控制进气温度部分,包括热量传感器、开关、指示器、接线等
	-60	湿度/空气	指控制空气的湿度与臭氧的浓度,放射性残留与化学/生物污染物的部分
	-70	冷却液	这一部分向冷却系统供应冷却液
K0	-00	液压系统(总论)	指产生、分配与/或控制液体(气体)压力的系统或设备
K1	-00	发射台液压系统(总论)	指发射台内产生、分配与/或控制液压的系统或设备
	-10	主液压系统	指发射台内用于产生、储存、分配或控制液体压力的系统或设备,包括液压缸、阀体、液压泵、管件等。不包括其他地方定义的用户系统及其连接阀
	-20	辅助液压系统	分为辅助系统、应急系统或备用系统,用来补充和替代主液压系统
	-30	指示	指发射台液压系统中用于监控液压系统和液体状况的部分,包括发射装置、指示器、报警系统等

（续）

系统	子系统	名称	描 述
K2	-00	射弹液压系统(总论)	指射弹内产生、分配与/或控制液压的系统或设备
	-10	主液压系统	指射弹内用于产生、储存、分配或控制液体压力的系统或设备。包括液压缸、阀体、液压泵、管件等。不包括其他地方定义的用户系统及其连接阀
	-20	辅助液压系统	分为辅助系统、应急系统或备用系统,用来补充和替代主液压系统
	-30	指示	指射弹液压系统中用于监控液压系统和液体状况的部分,包括发射装置、指示器、报警系统等
K3	-00	发射台气压系统（总论）	指发射台内产生、分配与/或控制气体(包括真空)压力的系统与设备(硬件/软件)
	-10	主气压系统	指发射台内用于产生、储存、分配或控制气体压力的系统或设备,包括气压缸、阀体、气压泵、管件等。不包括其他地方定义的用户系统及其连接阀
	-20	辅助气压系统	辅助气压系统又分为:辅助系统、应急系统或备用系统,用以补充和替代主气压系统
	-30	指示	指发射台气压系统中用于监控气压系统状况的部分,包括发射装置、指示器、报警系统等
K4	-00	射弹气压系统(总论)	指射弹内产生、分配与/或控制气体(包括真空)压力的系统与设备(硬件/软件)
	-10	主气压系统	指射弹内用于产生、储存、分配或控制气体压力的系统或设备,包括气压缸、阀体、气压泵、管件等。不包括其他地方定义的用户系统及其连接阀
	-20	辅助气压系统	分为辅助系统、应急系统或备用系统,用来补充和替代主气压系统
	-30	指示	指射弹气压系统中用于监控气压系统状况的部分,包括发射装置、指示器、报警系统等
L0	-00	电子系统(总论)	指系统使用的是其他系统中未明确包含的电子/自动软件与/或固件
L1	-00	发射台电子系统（总论）	指在发射台内,使用其他系统中未明确包含的电子/自动软件与/或固件的系统或设备

（续）

系统	子系统	名称	描 述
L2	-00	射弹电子系统（总论）	指在射弹内,使用其他系统中未明确包含的电子/自动软件与/或固件的系统或设备
M0	-00	辅助系统(总论)	指为主系统或设备提供保养或保障的系统与设备
M1	-00	发射台辅助系统（总论）	指为与发射台系统相关的主系统或设备提供保养或保障的辅助系统
	-10	弹舱	指不直接安装在发射台上的用来储存弹药或爆炸物,并使其处于随时可用的状态或位置的结构或舱室
M2	-00	射弹辅助系统（总论）	指射弹内为主系统或设备提供保养或保障的辅助系统
M3	-00	适配工具箱（总论）	指使发射系统适应特定应用场合的设备(硬件/软件),包括车辆适配工具箱和适应不同航空飞行器与/或轮船的适配工具箱,也包括便携适配器等
N0	-00	生存性(总论)	指提供危险探测、保护、生存和逃逸设施的系统或设备
N1	-00	发射台防火系统（总论）	指向发射台人员提供可能的火灾警告的系统(硬件/软件),包括灭火器、热感应器
	-10	检测	指系统中用于感知过热、烟尘和火焰的部分
	-20	指示	指系统中用于显示过热、烟尘和火焰的部分
	-30	灭火装置	指系统中固定的或便携式的用于灭火的部分
N2	-00	发射台核生化防护(总论)	指在受到核生化武器攻击时,向发射台与/或其人员提供单人或集体的 NBC 检测、保护和生存能力的子组件或部件,包括正压系统、净化系统、通风面具、核生化探测和报警装置、排污设备和防化服。也可包括环境控制设备。例如,加温器和冷却器等
	-10	防护包	指核生化防护包裹
	-20	控制装置	指核生化防护控制装置
	-30	减压装置	指专门用于核生化防护目的的减压装置
	-40	舱门组件	指安装在门和舱口上的核生化防护装置
	-50	辅助装置	指辅助控制和相关系统。例如,包括接线、连接器、加热器、冷却器与导管

（续）

系统	子系统	名称	描　　述
N3	−00	射弹防火系统（总论）	指对射弹内可能存在的火灾威胁时发出警报的系统（硬件/软件），也包括灭火器、热感应器
	−10	检测	指系统中用于感知过热、烟尘或火焰的部分
	−20	指示	指系统中用于显示额外的热（过热）、烟尘或火焰的部分
	−30	灭火装置	指系统中固定式或便携式的用于灭火的部分
N4	−00	射弹核生化防护系统（总论）	指在受到核生化武器攻击时，向射弹提供单人或集体的 NBC 检测、保护与生存能力的子组件或部件，包括正压系统、净化系统、核生化探测与保护装置、排污设备和防化服
	−10	防护包	指核生化防护包裹
	−20	控制装置	指核生化防护控制装置
	−30	减压装置	指专门用于核生化防护目的的减压装置
	−40	舱门组件	指安装在门和舱口上的核生化防护装置
	−50	辅助装置	指辅助控制和相关系统。包括接线、连接器等
P0	−00	特种设备（总论）	指用于具有特殊任务能力的系统或设备
P1	−00	发射台特种类型设备（总论）	指与发射台相配套的，能够完成特殊任务能力、恢复运行或防冻处理等专用设备（硬件/软件）。例如：包括翼片、吊臂、起重机、绞盘、机械臂和操纵器
	−10	发射台专用修复设备	指与发射台相配套的，能够完成修复能力的特殊设备（硬件/软件）。包括起重机和牵引设备
	−20	发射台专用安装设备	指与发射台相配套的、具有专业能力的安装设备（硬件/软件），包括供应装置、空投物资、起重机、侧装载设备等
	−30	发射台特殊用途设备	指与发射台相配套的、能够完成特殊任务的、特殊用途的设备（硬件/软件），包括国际标准化组织集装箱和设备以及其他特种用途车辆
	−40	安装工具	指与安装发射系统有关的安装工具。指用于安装与特殊应用有关的发射系统的安装工具
	−50	便携式工具	指为发射台的不同于其主要运输方式所必须准备的便携式工具
	−60	膛径变化/速度变化工具	指设计的用于影响射弹速度的设备（硬件/软件）
	−70	防冻处理工具	指在不利的天气条件下用于保护发射台和人员的设备（硬件/软件）

（续）

系统	子系统	名称	描　　　述
P2	-00	射弹专用设备/系统（总论）	指为射弹提供特殊任务能力的设备或系统
	-10	便携式工具	指输送射弹所必须准备的设备
Q0	-00	用具和陈设（总论）	指用于提供可居住性和可使用性且未明确包含在其他系统中的功能或设备
Q1	-00	发射台储存系统（总论）	指发射台内(上)用于存放个人设备和操作设备的装置
	-10	充电箱	指用于存放充电箱的设施
	-20	弹壳存放	指用于存放弹壳的设施
	-30	弹药	指用于存放二级武器和个人武器的设施
	-40	发射台内部储存	指发射台内的储存设施
	-50	发射台外部储存	指安装在发射台上的储存设施
Q2	-00	完整设备清单（CES）（通用）	指用户操作与维修系统所需设备的详细清单。包括固定的和不固定的设备、备用件、工具与操作指南
	-10	生产 CES	指 CES 的生产版本
	-20	服务 CES	指 CES 的服务版本
	-30	综合 CES	指 CES 的综合版本
Q3	-00	射弹储存（总论）	是射弹上/内的设备储存装置
R0	-00	训练（总论）	用于使培训人员获得足够的知识与技能，从而能够以最大的效率操作和维护系统的那些可交付的训练服务、装置、附件、帮助、设备与设施。包括与可交付的训练设备的设计、研制与生产以及进行训练服务有关的工作
R1	-00	训练服务（总论）	用于使培训人员获得足够的知识和技能，从而能够以最大的效率操作和维护系统的那些可交付的训练服务
	-10	装置/附件/帮助	指用于使培训人员获得足够的知识和技能的可交付的装置、附件和帮助，从而能够以最大的效率操作和维护系统
	-20	设备	指用于使培训人员获得足够的知识和技能的可交付的训练设备，从而能够以最大的效率操作与维护系统
	-30	设施	指用于使培训人员获得足够的知识和技能的可交付的训练设施，从而能够以最大的效率操作和维护系统
S0	-00	修理测试和保障（总论）	指用于维持系统使用能力的系统、设备或设施

（续）

系统	子系统	名称	描　　述
S1	−00	发射台修理设施（总论）	对不能使用的发射台进行修理、测试并使其恢复使用的设施
	−10	移动式	对不能使用的发射台进行修理、测试并使其恢复使用的移动设施
	−20	固定式	对不能使用的发射台进行修理、测试并使其恢复使用的固定设施
S2	−00	瞄准系统修理设施（总论）	指能够对光学瞄准设备进行修理、测试或校准的设备（硬件/软件）。例如，包括激光测距仪
	−10	移动式	指安装在车辆上或人员携带的能够对光学瞄准设备进行修理、测试与/或校准的移动式（便携或车载）设备（硬件/软件）
	−20	固定式	指能够对光学瞄准设备进行修理、测试或校准的固定式（永久或临时）设备（硬件/软件）
S3	−00	热成像修理设施（总论）	用于对热成像设备（包括其相关的冷却系统）进行修理、测试和恢复其使用性能的可运输的设施（硬件/软件），包括空气滤清器、夹具、固定设备、计算机接口适配器和测试设备
	−10	移动式	指安装在车辆上或人员携带的能够对热成像设备进行修理、测试与/或校准的移动式（便携或车载）设备（硬件/软件）
	−20	固定式	指能够对热成像设备进行修理、测试或校准的固定式（永久或临时）设备（硬件/软件）
S4	−00	通用电子修理设施（总论）	指对无法使用的电气/电子设备进行修理、测试和恢复其使用性能的设备（硬件/软件）
	−10	移动式	指安装在车箱或箱体内能对光学瞄准设备进行修理、测试与/或校准的移动式（便携或车载）设备（硬件/软件）
	−20	固定式	指能对光学瞄准设备进行修理、测试或校准的固定式（永久或临时）设备（硬件/软件）
S5	−00	射弹修理设施（总论）	指用于对无法使用的射弹进行修理、测试并使其恢复使用的设施
	−10	移动式	指用于对无法使用的射弹进行修理、测试并使其恢复使用的移动设施
	−20	固定式	指对无法使用的射弹进行修理、测试并使其恢复使用的固定设施

(续)

系统	子系统	名称	描 述
S6	-00	发射台通用保障设备（总论）	指发射台在不直接参与执行任务情况下,用于保障与维护发射台系统或其某些部分的设备,并且当前是处于防务部门库存中用于保障其他系统的设备。包括为保障特殊防御装备而必须确保这些设备可用性的所有工作,也包括由于引进防务器材项目到使用服务中去而导致导致需采办额外数量这种设备
S7	-00	射弹通用保障设备（总论）	指射弹在不直接参与执行任务情况下,用于保障与维护射弹系统或其某些部分的设备,并且当前是处于防务部门库存中用于保障其他系统的设备,包括为保障特殊防御装备而必须确保这些设备可用性的所有工作,也包括由于引进防务器材项目到使用服务中去而导致需采办额外数量这种设备
S8	-00	发射台测试和测量设备（总论）	指通过在基层级、中继级或基地级实施特殊的诊断、筛选或质量保证工作来评估发射台系统或设备的运行状态的通用测试与测量设备。包括各维修级别的测试测量与诊断设备、精度测量设备、自动测试设备、手动测试设备、自动测试系统、测试程序装置、连接装置、自动装载模块、记录装置、相关软件、固件和保障硬件(动力供应设备等)。也包括可更换单元、印制电路板或应用自动测试功能的设备进行诊断的相似装置
S9	-00	射弹测试和测量设备（总论）	这一部分指的是通过在基层级、中继级或基地级实施特殊的诊断、筛选或质量保证工作来评估射弹系统、子系统或设备的运行状态的通用测试和测量设备。包括各维修级别的测试测量和诊断设备、精度测量设备、自动测试设备、手动测试设备、自动测试系统、测试程序装置、连接装置、自动装载模块、记录装置、相关软件、固件和保障硬件(动力供应设备等)。也包括可更换单元、印制电路板或应用自动测试功能的设备进行诊断的相似装置
SA	-00	发射台保障和装卸设备（总论）	指用于保障发射台系统的可交付使用的工具和装卸设备。它包括地面保障设备、车载保障设备、动力保障设备、非动力保障设备和软件保障设备
SB	-00	射弹保障和装卸设备（总论）	指用于保障射弹的可交付使用的工具和装卸设备,如军需品装卸设备、软件保障设备

B.3 通用通信专用技术信息 SNS 代码定义示例

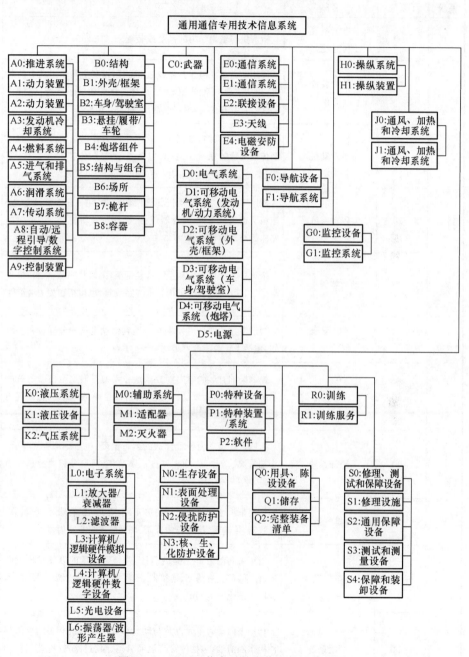

图 B-3 通用通信专用技术信息 SNS 代码图

表 B – 3　通用通信专用技术信息 SNS 代码定义示例[3]

系统	子系统	名称	定　　义
A0	– 00	推进系统（总论）	指产生与输出动力的系统或装置
A1	– 00	动力装置（总论）	通用动力单元组是指系统自带的用以产生与输出动力的装置,包括主动力系统、传输装置与连接装置。子系统,包括冷却、燃料、空气供给与排气、润滑、辅助与电所等
A1	– 10	主发动机	指以柴油、汽油、电力等方式产生动力并以该动力方式输送至传动装置的系统。例如,包括发动机飞轮、离合器组件、冷却、燃料、进气与排气、润滑油、辅助机构与电气系统等
A1	– 20	传动系统	指用于将动力从发动机传递给驱动轮,包括扭矩变矩器、变速箱。也包括飞轮、离合器组件、操纵与制动装置。还可包括差速器与动力切断装置
A1	– 30	动力装置接口	指连接发动机与传动系统的装配组件,以及冷却、燃料、进气与排气、润滑油、辅助机构与电气系统等,也包括相关传动组件
A2	– 00	动力装置（总论）	指产生并传递动力并将其传递到传动系统的分立设备。例如,包括飞轮与离合器组件
A2	– 10	发动机	指以柴油、汽油、电力等方式产生动力并输送至传动装置的系统。例如,包括发动机飞轮、离合器组件、冷却、燃料、进气与排气、润滑油、辅助机构与电气系统等
A2	– 20	冷却系统	指用来维持动力装置合适的运行温度,包括冷却空气导管、冷却液泵、散热器、冷热气自动调节机、风扇及相关的热交换设备
A2	– 30	进排气系统	指用来将燃料输送至动力单元,包括燃料储存设备、燃料泵、过滤器、传送管、排出与中止阀、燃料喷射泵与喷射器等
A2	– 40	进排气系统	指用来向动力单元提供空气,并将燃烧后的废气排出发动机,包括管道、过滤器、连接器、密封垫、涡轮增压器/增压器、消音器与催化换流器等
A2	– 50	润滑系统	指用来向动力单元以及与动力单元润滑系统相关的外部部件提供润滑油,包括传输与返回管道、泵、过滤器、冷热气自动调节机与单独安装的热交换器

（续）

系统	子系统	名称	定 义
A2	−60	电气系统	指提供或使用与动力单元有关的电气系统,包括启动电动机、交流发电机、直接安装在发动机上的电动机。也包括火花塞、配电器、镀锡卷板与铅条
	−70	辅助系统	指辅助控制器、关联系统和在动力装置内部或直接安装在动力装置上的部件。例如,发动机托架
	−80	液压系统	指提供或使用与动力单元有关的液压系统,包括液压泵、阀体、管道、液压箱,也包括与动力装置液压系统有关的外部组件
A3	−00	发动机冷却系统(总论)	指包括冷却空气管道、冷却液泵、充满液体的冷却器、风扇与相关的热交换设备
	−10	流体系统	指充满液体(水或油)的冷却系统,包括散热器、风扇、管运与相关的热交换设备
	−20	进气系统	指冷却空气管道、风扇与相关的热交换设备
A4	−00	燃料系统(总论)	包括油箱、过滤器、油管、排污装置、阀体、喷油泵与喷油嘴等
	−10	储存装置	指用来储存燃料的部分,包括油箱、进油口、密封圈、阀体、通风孔与排水装置
	−20	分配装置	指用来分配燃料的部分。例如,包括过滤器、限流器、阀体、控制器与输油管等
	−30	启动装置	指用来启动与给燃料增压的部分。例如,包括提升泵、增压泵与冷启动系统等
	−40	燃料喷射装置	指用来给汽缸喷射燃料的部分。例如,包括喷油嘴、燃料喷射器、燃料泵与汽化器等
	−50	指示装置	指用来监视燃料的流量、温度与压力的部分。例如,包括发射器、指示器、接线与压力预警系统
	−60	排烟和排出存油装置	指给燃料系统排烟的部分,并且排出不必要的存油
A5	−00	进气和排气系统(总论)	指供应与过滤进入发动机的空气,并且将废气排出的系统,包括过滤器、管道、连接器、消声器、催化式排气净化器和安装在动力装置外部的管道
	−10	进气系统	指供应与过滤进入发动机空气的系统,包括预滤器、主过滤器、连接管道,也包括空气制冷/制热系统与冷热气自动调节机

（续）

系统	子系统	名称	定 义
A5	-20	收集器	指用来收集发动机废气的部分。例如,包括管道、接送、垫圈等
	-30	噪声抑制装置	指用来消除发动机排气产生噪声的部分。例如,包括消音器、隔音板、遮护板等
	-40	排放控制装置	指用来减少或消除发动机废气排放的部分。例如,包括催化式排气净化器与排气尾管等
A6	-00	润滑系统（总论）	指发动机/动力装置外部的润滑油储存设施,包括进油与回油管、润滑油泵、过滤器和安装在动力装置外部的热交换设备
	-10	储存装置	指用来储存发动机与/或传动部分的润滑油的部分,包括润滑油箱、供油系统、机油箱、放油装置等
	-20	分配装置	指用来分配进入发动机的润滑油的部分,包括油管、润滑油泵、过滤器、阀体等
	-30	指示装置	指用来监视发动机与/或传动部分润滑油的状况(流量、温度与压力)的部分,包括信号发射器、指示器、接线、压力预警系统等
A7	-00	传动系统（总论）	指用来从发动机将动力传递给驱动机构的部分,包括离合器、变矩器、变速箱。如完整的传送也可包括转向装备与制动器。还包括差动器与动力外送器
	-10	变速箱	指用来改变从动力单元到传动装置的速率与扭矩的部分,包括操纵控制与制动组件
	-20	转向控制组件	指以分立方式通过传动系统改变驱动到车辆行驶部分。例如,履带车辆
	-30	制动组件	指以分立的方式通过车辆传动系统施加制动力。例如,履带车辆
	-40	辅助驱动/动力外送器	指以辅助方式从发动机获得动力,包括带有差速器的转换变速箱
	-50	离合器	指当作为独立组件安装时,用来切断或接合发动机传递动力的一种方法(对安装在飞轮上的离合器,见 A21000)
	-60	驱动轴	指用来连接发动机到驱动装置输出动力的部分,包括套筒连接、传动轴、万向接头、驱动器等
	-70	扭矩变矩器	指用来改变发动机到驱动装置扭矩的部分
	-80	差动器	指用来改变发动机到驱动装置或车轮的传送旋转方向一种方法,对于轮式车辆,包括驱动轴、轮毂等

（续）

系统	子系统	名称	定　义
A8	-00	自动/远程引导/数字控制系统（总论）	自动和远程引导及数字自动控制系统（DACS）是指安装在车辆上的设备（硬件/软件）。这些设备自动地或通过远距离操作来规划并控制车辆的速度与方向，包括含有感应、处理和显示图像数据的设备。例如，立体视频系统、激光扫描器、多重感应融合算法与处理器、图像加验算法与处理器等。也包含有智能分析和计划功能的设备。例如，自动通道规划器、图像理解算法与处理器、计算机辅助驱动算法与处理器、DACS 和处理器等
	-10	控制部件	指处理与控制部件，包括中央处理器、模拟数字转换器、相关软件、内存板、伺服单元、激发器、接线等
	-20	传感器	特指与自动/远程引导系统或 DACS 输入有关的传感器
	-30	指示器	系统这一部分用来指示/监视自动/远程引导系统或数字自动控制系统，包括指示器、接线等
A9	-00	控制装置（驱动装置）（总论）	指用来对车辆进行启动、停止、驾驶与一般控制操作的装置，包括随车诊断系统
	-10	脚控制装置	指用脚对车辆进行启动、停止、操纵和一般控制操作装置，包括踏板组件（离合器、制动器、加速器等）、相关联接、电缆、液压/气压线路、主辅油缸、闸瓦、衬垫等
	-20	手控制装置	指用手对车辆进行启动、停止、操纵和一般控制操作，包括停止/启动、操纵（车轮、方向舵等）和制动控制装置等
	-30	辅助控制装置	指辅助控制装置及相关系统。例如，可包括屏幕清洗设备、风挡刮水器和可调整后视镜
	-40	推进控制系统	指监视与/或控制发动机速度与性能的系统
	-50	仪器仪表系统	指用来监视/报告车辆系统的运行状况的系统（硬件/软件），包括驾驶员仪表、警示灯和状态监控系统
B0	-00	结构（总论）	系统框架与/或系统的基本结构构成，包括承载零部件
B1	-00	外壳/框架（总论）	指为承受当车辆穿越各种地形时所产生的使用应力提供结构完整性的车辆主要承载零部件，可以是简单的轮式车辆框架，也可以是更复杂的主战车辆的外壳，不仅能满足结构要求，还能提供装甲防护。包括各种结构子组件和附件。例如，牵引支架、起吊装置、缓冲器、车门和格栅。也包括其他子系统。例如，悬挂装置、武器炮塔、驾驶室、特种设备、负载等

（续）

系统	子系统	名称	定　义
B1	−10	内部配置	指安装在外壳/框架内部的部件,包括支架、螺柱焊接、地板和绝缘面板
	−20	外部配置	指底盘以及安装在外壳/框架外部的部件,包括托架、螺栓焊接、踏板、缓冲器、挡泥板、车窗等
	−30	舱门/舱口盖	指在外壳/框架内的或安装在其上的装填/进出舱和舱口盖,包括炮弹装填口、驾驶员和乘员车门、舱口盖、锁、把手、驾驶员/操作员防护帽、通风装置与挡风玻璃等
	−40	座椅	指直接安装在外壳/框架上的座椅
	−50	饮水箱	指用来给驾驶员和乘员提供饮用水的系统,直接安装在外壳/框架上的饮水箱,包括水箱、进水口、过滤器、水管、密封圈、阀体、通风口、排水管等
	−60	进舱门盖板	指安装在外壳/框架上的部分,包括防护装置、插栓、排水/检查盖,也包括装甲板组件
	−70	机枪托架/俯角横杆	指安装在外壳/框架上的机枪托架与俯角横杆
	−80	壁脚板/支架/防溅板	指直接安装在外壳/框架上的壁脚板、支架和防溅板,包括钢板与关联装置、托架、牵引附加装置等
B2	−00	车身/驾驶室（总论）	指安装在底盘或框架上的主要部件,构成完整的车辆,使其具有规定的任务能力,包括容纳人员、货物以及需要放置操作人员附近的相关子系统的组件
	−10	内部配置	指安装在车身/驾驶室内部的部件,包括面板、托架、扣钩、计器板、仪表板、螺柱焊接、内部窗口等
	−20	外部配置	指安装在车身/驾驶室外部的部件,包括外部驾驶室组件、面板、托架、柱头螺栓、踏板、窗口、闭锁机械装置
	−30	舱门/舱口盖	指在车床/驾驶室内部或直接安装在车身/驾驶室上的装载/进出舱口和车门,包括装料门、驾驶员车门和乘员车门、舱口盖、锁、把手等
	−40	座椅	指直接安装在车身/驾驶室上的座位与相关配置。例如,包括座椅、安全带
	−50	饮水箱	指直接安装在车身/驾驶室上,用来给驾驶员与乘员提供饮用水的装置,包括水箱、进水口、过滤器、水管、密封圈、阀体、出水口、排水装置等

（续）

系统	子系统	名称	定　义
B2	-60	观察孔盖板	指直接安装在车身/驾驶室上的部分
	-70	装载舱	指用来装载货物或容纳乘员的部分,包括遮盖物和支撑物
	-80	辅助系统	指在车身/驾驶室内部或直接安装在车身/驾驶室上的辅助控制装置及相关系统
B3	-00	悬挂/履带/车轮（总论）	指用来在地面上或地面附近产生牵引力、推力和升力,使车辆适应高低不平路面的部分,包括车轮、履带和提供牵引与控制功能的操纵机构,也包括弹簧、减振器、裙板及其他悬挂装置的履带调整机构,不包括特殊操纵机构
	-10	悬挂装置	指使车辆适应无规律变化的地面的装置,包括液氨单元、减振器、片簧与卷簧、气压悬挂装置等。对于气垫船,还包括起重机械装置、裙板等
	-20	负重轮/轮毂组件	指分配车辆对地面的名义压力的组件,对于轮式车辆,包括向地面传递牵引力的轮子和转动的轮子、负重轮、轮毂组件、轮胎、阀体、内胎等
	-30	链轮齿轮组件	指将牵引力传递给履带的组件
	-40	履带组件	指履带与联接组件
	-50	惰轮	指用于调整履带的组件,包括惰轮与履带张紧装置
	-60	滚轴组件	指履带滚轴引导组件
	-70	轮轴	指不包括在传动系统内的非驱动轴,包括轮轴臂、联接组件、轴承等
B4	-00	炮塔组件（总论）	指需提供给战斗车辆作战室的结构组件与设备,包括炮塔装甲、电磁兼容防护板、炮塔圈、集电环、以及附加装置,如闭能装置、旋转炮塔、乘员室、武器与 C^3I 设备
	-10	内部配置	指安装在炮塔内部,包括饮水箱、潜望镜、面板、支架、弹夹、螺柱焊接等
	-20	外部配置	指安装在炮塔外部,包括冷却水箱、火炮护盖、防溅板、托架、螺柱焊接等
	-30	舱口盖	指安装在炮塔上的舱口盖,包括装填舱口、乘员舱口、联接锁、把手、固定装置等,不包括旋转炮塔舱盖
	-40	座椅	指安装在炮塔内的座椅
	-50	环形组件	指为方便炮塔旋转的环形轨道及回柱/滚子轴承座圈部件

（续）

系统	子系统	名称	定 义
B4	-60	炮塔顶部	指主要用于观察的顶部观察孔与圆形舱口盖,能够旋转,提供进出入舱口
	-70	升降/转动变速箱	指安装在炮塔内壁上的使炮塔升降和转动的变速箱
	-80	旋转组件	指炮塔旋转部件,包括驱动与滚筒组件、RBJ 配件等
	-90	辅助装置	指在炮塔内部或直接安装在炮塔上的辅助控制器与相关部件。例如,包括洗涤/擦拭设备、仰角锁、位置指示器、调整镜等
B5	-00	结构与组合(总论)	指电气/自动化软件系统的结构部分。包括结构、底盘、架子等
	-10	结构与底盘	指电气/自动化软件系统的架构或底盘
	-20	架子	指电气/自动化软件系统的托架
	-30	装置/配件	指电气/自动化软件系统的托架中的装置与配件,包括备用面板、滑动装置、连接杆、防振装置、护栏、电缆箱与标识装置等
	-40	封装装置	指电气/自动化软件系统通过使用复合陶瓷进行封装的装置
B6	-00	场所(总论)	指安装或安置电气/自动化软件系统的由实物构建的场所,包括如边界线、建筑物、房间、雷达罩与坚固场所
	-10	建筑物	指安置电气/自动化软件系统的建筑物
	-20	雷达罩	指安置电气/自动化软件系统中的雷达罩
	-30	掩体	指电气/自动化软件系统的掩体,包括如地下掩体、电缆与电磁防护拱顶、安全场所和其他存储地点
	-40	坚固场所	指安装和安置电气/自动化软件系统的坚固场所
B7	-00	桅杆(总论)	指为天线提供支持的竖立构件,包括如桅杆、塔及防护装置
	-10	桅杆	指需要依靠支撑物的竖立构件
	-20	塔	指不需要依靠支撑物的竖立构件
	-30	防护装置	指用以防护桅杆、塔与天线的装置和设备

（续）

系统	子系统	名称	定　义
B8	−00	容器（总论）	指作为电气/自动化软件系统的一部分的集装箱,包括国际标准化组织集装箱、船舱和箱子
	−10	国际标准化组织集装箱	指作为电气/自动化软件系统的一部分的国际标准化组织集装箱
	−20	船舱	指作为电气/自动化软件系统的一部分的船舱
	−30	箱子	指作为电气/自动化软件系统的一部分的箱子与盖子
C0	−00	武器（总论）	指用于防御或进攻的系统或设备
D0	−00	电气系统（总论）	指能够产生、分配与/或控制电力的系统或设备
D1	−00	可移动电气系统（发动机/动力系统）（总论）	指发动机/动力系统的电气或电子系统,包括接线、在线可更换单元、传感器、照明灯、电池、发电机等
	−10	发电机	指发动机/动力系统舱内产生电力的设备,并且这些设备不直接安装在发动机/动力系统上,包括交流发电机、直流发电机、发电机控制面板等
	−20	电池	指直接安装在发动机/动力系统舱内的电池组件,包括电池、绝缘工具箱、电池组件、连接线等
	−30	仪器仪表	指直接安装在发动机/动力系统舱内的仪器仪表系统与和设备,包括转速计、速度计、仪表盘、电子电路面板、控制发射机等
	−40	照明灯	指直接安装在发动机/动力系统舱内的照明系统与设备,包括检查灯等
	−50	接线	指直接安装在发动机/动力系统舱内的接线与电缆,包括电线
	−60	电气设备	指直接安装在发动机/动力系统舱内的电气设备,包括激发器、发动机控制与点火系统
	−70	分配装置	指直接安装在发动机/动力系统舱内的电气分配系统与设备,包括控制器、开关、继电器、调节器等
	−80	保护装置	指直接安装在发动机/动力系统舱内的电气保护系统与设备,包括保险丝、熔线、跳闸开关等
	−90	控制装置	指直接安装在发动机/动力系统舱内的控制系统与设备,包括控制器、开关、继电器、调节器等

（续）

系统	子系统	名称	定 义
D2	−00	可移动电气系统（外壳/框架）（总论）	指外壳/框架上的电气或电子系统,包括内部和外部线束、连接和分配盒、在线可更换单元、传感器和照明系统,也包括与发动机电源组、发电和启动系统有关的接口与连接装置
	−10	内部电气系统	指外壳/框架上的内部电气或电子系统,包括线束、连接和分配盒、在线可更换单元,也包括与发动机、电源组、发电和启动系统有关的接口和连接装置
	−20	电池	指与外壳/框架有关的电池设备,包括蓄电池箱、绝缘材料工具箱、电池组件、连接条等
	−30	内部照明	指安装在外壳/框架内的照明设备
	−40	外部电气系统	指外壳/框架上的外部电气或电子系统,包括外部照明系统、喇叭、闪光标灯
	−50	接线	指外壳/框架上连接发动机/动力系统的接线、电缆和扣钩,包括接线、扣钩与连接器等
	−60	电气设备	指外壳/框架上的电气设备,包括激发器、擦拭控制器、加热器、蒸煮罐、喇叭、无线电接收装置与辅助装置
	−70	分配装置	指外壳/框架上相关的电力分配、连接系统,包括控制器、开关、继电器、调节器等
	−80	保护装置	指外壳/框架上的电气保护系统与设备,包括保险丝、保险丝面板、熔线、跳闸开关等
	−90	控制装置	指外壳/框架上的控制系统与设备,包括控制器、开关、继电器、调整器等
D3	−00	可移动电气系统（车身/驾驶室）（总论）	指车身/驾驶室的电气或电子系统,包括接线、LRU、传感器与照明系统
	−10	发电装置	指车身/驾驶室的发电系统与设备,包括发电机控制面板
	−20	电池	指车身/驾驶室的电池设备,包括蓄电池箱、绝缘材料工具箱、电池组件、连接条等
	−30	仪器仪表	指的是车身/驾驶室的仪器仪表系统与设备,包括仪表板、电子电路板、控制发射器等
	−40	照明设备	指车身/驾驶室的照明系统与设备,包括检查灯、顶灯、聚焦灯、尾灯、侧灯、指示器、面板灯、引导灯

（续）

系统	子系统	名称	定　义
D3	-50	接线	指车身/驾驶室的接线与电缆,包括接线、接地装置等
	-60	电气设备	指车身/驾驶室的电气设备,包括激发器、擦拭控制器、加热器、蒸煮器和喇叭
	-70	分配装置	指车身/驾驶室的电气分配系统与设备,包括控制器、开关、继电器、调节器等
	-80	保护装置	指车身/驾驶室的电气保护系统与设备,包括保险丝、保险丝面板、熔线、转辙器等
	-90	控制装置	指车身/驾驶室的控制系统与设备,包括控制器、开关、继电器、调节器等
D4	-00	可移动电气系统（炮塔）（总论）	这一部分指的是炮塔的电气或电子系统,包括接线、LRU、传感器和照明系统
	-10	发电设备	指炮塔的发电系统与设备,包括发电机控制面板
	-20	电池	指炮塔的电池设备,包括蓄电池箱、绝缘材料工具箱、电池组件、连接条等
	-30	仪器仪表	指炮塔的仪器仪表系统与设备,包括仪表板、电子电路、控制发射器等
	-40	照明设备	指炮塔的照明系统与设备,包括检查灯、顶灯、尾灯、侧灯、指示器、面板灯、引导灯
	-50	接线	指炮塔的接线与电缆,包括接线、接地导线装置等
	-60	电气设备	指炮塔的电气设备,包括激发器、擦拭控制器、加热器、蒸煮器与喇叭
	-70	分配装置	指炮塔的电气分配系统与设备,包括控制器、开关、继电器、调节器等
	-80	保护装置	指炮塔的电气保护系统与设备,包括保险丝、保险丝面板、熔线、转辙器等
	-90	控制装置	指炮塔的控制系统与设备,包括控制器、开关、继电器、调节器等
D5	-00	电源（总论）	指为不可移动的设备提供能量的系统、子系统、装置和设备,包括例如,交流电源、直流电源、外部电源与保护装置
E0	-00	通信系统（总论）	指传送信息的系统或装置

137

（续）

系统	子系统	名称	定　　义
E1	-00	通信系统（总论）	指在电气/自动化软件系统内部的装置,用以发送和接收数据,包括如固定的、战术的与移动的系统
	-10	特高频/超高频/极高频设备	指电气/自动化软件系统的超高频信号的通信设备(不包括卫星),包括如发射机、接收机、天线、信号处理、调制解调器等
	-20	甚高频设备	指电气/自动化软件系统中甚高频信号的通信设备。包括如发射机、接收机、天线、信号处理设备、调制解调器等
	-30	高频设备	指电气/自动化软件系统中高频信号的通信设备,包括,如发射机、接收机、天线、信号处理设备、调制解调器等
	-40	低频设备	指电气/自动化软件系统中低频信号的通信设备。包括发射机、接收机、天线、信号处理设备、调制解调器等
	-50	数字设备	指电气/自动化软件系统中数字/数据信号的通信设备,包括如数据处理设备与直流电线路凹槽
	-60	音频/视频设备	指电气/自动化软件系统的音频和视频信号的通信设备。包括如电话、传真机、播音系统、调制解调器和音频线凹槽
	-70	卫星设备	指电气/自动化软件系统中通过卫星进行通信的设备,包括如卫星地面站、固定式、便携式与手提式卫星地面终端
	-80	指挥和控制设备	指电气/自动化软件系统中用以指挥和控制的设备,包括如网络和系统控制中心及其他指挥和控制子系统
	-90	信号分配设备	指电气/自动化软件系统中用以分配信号的设备,包括如交换矩阵、组合器、分配器、集电环和转接器
E2	-00	联接设备（总论）	指电气/自动化软件系统中提供联接的设备。包括如陆上电缆、双线式馈线、波导、内部和外部联接电缆、光纤和接线设备
	-10	陆上电缆	指电气/自动化软件系统中通过陆上电缆提供联接的设备
	-20	双线式馈线	指电气/自动化软件系统中通过双线式馈线提供联接的设备
	-30	外部联接设备	指电气/自动化软件系统提供外部联接的设备
	-40	内部联接设备	指电气/自动化软件系统中提供内部联接的设备
	-50	光纤	指电气/自动化软件系统通过光纤提供联接的设备
	-60	修补设备	指电气/自动化软件系统中在通联区域内提供修补/转换的设备,包括如外场插座仪表板
	-70	电力电缆	指电气/自动化软件系统中提供电力联接的设备

（续）

系统	子系统	名称	定　义
E3	－00	天线 （总论）	指电气/自动化软件系统中发射和接收电磁波的设备
	－10	特高频/超高频/ 极高频设备	指电气/自动化软件系统以超高频发射与接收电磁波的设备
	－20	甚高频	指电气/自动化软件系统中以甚高频发射与接收电磁波的设备
	－30	高频	指电气/自动化软件系统中以高频发射和接收电磁波的设备
E4	－00	电磁安防设备 （总论）	指提供暴风雨防护系统的部件,包括如箱子与拱顶
	－10	箱盒	指电气/自动化软件系统中提供电磁安防的箱盒
	－20	拱顶	指电气/自动化软件系统中提供电磁安防的拱顶
F0	－00	导航设备 （总论）	指用以确定、引导、操控或者标示方位或路线的系统或装置
F1	－00	导航系统 （总论）	指电气/自动化软件系统中,为系统提供范围、方位与/或海拔信息的设备
	－10	雷达	指电气/自动化软件系统中利用雷达原理提供范围、方位与/或海拔信息的设备,包括如防空、精确定位和跟踪雷达
	－20	无线电导航设备	指电气/自动化软件系统中利用调制的无线电波提供范围、方位与/或海拔信息的设备,包括如信标、助降与方向定位装置
	－30	激光	指电气/自动化软件系统中利用激光原理提供范围、方位与/或海拔信息的设备
	－40	卫星	指电气/自动化软件系统中利用卫星提供范围、方位与/或海拔信息的设备,包括如卫星及地面配置
	－50	磁导航设备	指电气/自动化软件系统中利用磁原理提供范围、方位与/或海拔信息的设备,包括如罗盘
	－60	热导航设备	指电气/自动化软件系统中利用热感应或红外原理提供范围、方位与/或海拔信息的设备
	－70	光导航设备	指电气/自动化软件系统中利用可见光提供范围、方位与/或海拔信息的设备

（续）

系统	子系统	名称	定　义
G0	−00	监控设备 （总论）	指用以感知环境的系统或装置
G1	−00	监控系统 （总论）	指电气/自动化软件系统中进行感知、监视以及提供警报(如果需要)与环境数据的部分，包括如雷达、声纳、热监视和光监视设备及环境工艺技术设备
	−10	雷达	指电气/自动化软件系统中利用雷达原理的设备
	−20	声纳	指电气/自动化软件系统中利用声纳原理的设备
	−30	热监控设备	指电气/自动化软件系统中利用热成像/强化和温度监视原理的设备，包括如电控恒温器与红外探测器
	−40	光监控设备	指电气/自动化软件系统中利用光与/或激光原理的设备，包括如闭路电视系统
	−50	磁监控设备	指电气/自动化软件系统中利用磁原理的设备
	−60	声监控设备	指电气/自动化软件系统中利用声原理的设备
	−70	压力监控设备	指电气/自动化软件系统中利用压力感知原理的设备
	−80	近距监控设备	指电气/自动化软件系统中通过近距感知技术运作的设备
	−90	环境监控设备	指电气/自动化软件系统中提供环境数据的设备，包括如空气质量(核生化,烟尘)和气象(风力)监控设备
H0	−00	操纵系统（总论）	指用于引导或控制行进方向的系统或设备
H1	−00	操纵装置 （总论）	指电子/自动化软件系统中的控制与/或导向的组件与设备的集合，包括如发动机、变速箱、驱动器与回转装置
	−10	发动机	指电子/自动化软件系统中的动力驱动装置，其影响系统的移动与/或方向
	−20	变速箱	指电子/自动化软件系统中的动力传动装置，其改变扭力、速度与/或系统运动方向
	−30	驱动	指电子/自动化软件系统中用以链接发动机、变速箱和相关装置的设备，其影响系统的移动与/或方向
	−40	回转装置	指电子/自动化软件系统中最终的驱动链接，其用以驱动系统
	−50	控制系统	指电子/自动化软件系统中用以控制系统移动与/或移动的装置

（续）

系统	子系统	名称	定　义
J0	−00	通风、加热和冷却系统（总论）	指用于控制环境的系统或设备
J1	−00	通风、加热和冷却系统（总论）	指通过加压、加热、冷却、控制湿度、过滤和处理空气/气体，以调节电子/自动化软件系统环境的组件与设备，包括如冷却、加热、通风、输送与密封设备
	−10	增压设备	指电子/自动化软件系统中提供对空气/气体增压的设备，包括如充气系统、控制与指示系统
	−20	分配设备	指电子/自动化软件系统中引入与分配空气/气体的设备，包括如冷却架、密封圈、除雾设备、送风机、管道与入口
	−30	加热设备	指电子/自动化软件系统中提供加热过的空气/气体的设备，包括如加热组件、控制与指示系统
	−40	冷却设备	指电子/自动化软件系统中提供冷却过的空气/气体的设备，包括如冷却组件、控制和指示系统
	−50	温控设备	指电子/自动化软件系统中用以控制空气/气体的温度的设备，包括如感应装置、转换装置与指示器
	−60	湿度/空气控制设备	指电子/自动化软件系统中用以控制空气/气体的杂质的设备，包括如控制湿度与/或臭氧浓度、过滤放射性物质和除去化学/生物污染物的设备
	−70	冷却液	指电子/自动化软件系统中为冷却系统装置提供冷却液的组件与装置
K0	−00	液压系统（总论）	指用于产生、分配与/或控制液压（或气压）的系统或设备
K1	−00	液压设备（总论）	指电子/自动化软件系统中用于产生、分配与/或控制液压的设备
	−10	主设备	指电子/自动化软件系统中用于产生、分配与/或控制主要的液压的设备，包括如储液罐、阀、泵和管道。不包括在他处分类的使用系统或者它们的连接阀
	−20	辅助设备	指电子/自动化软件系统中划为辅助的、应急的或备用的设备，其用作主液压系统的补充或替代
	−30	指示器	指电子/自动化软件系统中用以监控它的状态，包括如传感器、指示器与警报系统
	−40	支持设备	指电子/自动化软件系统中使用液压升降的其他组件

（续）

系统	子系统	名称	定 义
K2	–00	气压系统 （总论）	指电子/自动化软件系统中用于产生、分配与/或控制气压（包括真空）的系统
	–10	主设备	指电子/自动化软件系统中用于产生、分配与/或控制主要的气压(包括真空)的设备,包括如储气罐、阀、泵和管道。不包括在他处分类的使用系统或者它们的连接阀
	–20	辅助设备	指电子/自动化软件系统中划为辅助的、应急的或备用的设备,其用作主气压系统的补充或替代
	–30	指示器	指电子/自动化软件系统中用以监控其状态装置,包括如传感器、指示器和警报系统
	–40	增压设备	指电子/自动化软件系统的中用以电缆、波导管或其他设备加压的设备,包括如脱水器与压缩机
L0	–00	电子系统 （总论）	指使用于不明确包含在其他系统内的电子/自动化软件与/或硬件的系统或设备
L1	–00	放大器/衰减器 （总论）	指电子/自动化软件系统的装备或设备,用以增强或减弱信号、电压或电流的强度。它应用于不明确包含在其他系统中的设备
	–10	音频设备	指电子/自动化软件系统的装备或设备,用在音频(到30000Hz)的范围内的频率增强或减弱信号、电压或电流的强度的设备
	–20	能量产生设备	指电子/自动化软件系统的装备或设备,用以大于或者相当于5W的能量来增强或减弱信号、电压或电流的强度的设备
	–30	无线电设备	指电子/自动化软件系统的装备或设备,用在无线电频率的范围内的频率增强或减弱信号、电压或电流的强度的设备
L2	–00	滤波器 （总论）	指电子/自动化软件系统中用以通过或拒绝信号、电压或电流的设备。它应用于不明确包含在其他系统中的设备
	–10	低通设备	指电子/自动化软件系统的装备与设备,用于通过低频信号,阻止通过高频信号
	–20	高通设备	指电子/自动化软件系统的装备与设备,用于通过高频信号,阻止通过低频信号
	–30	频段通过设备	指电子/自动化软件系统的装备与设备,用于通过特定频段的信号
	–40	频段阻止设备	指电子/自动化软件系统的装备与设备,阻止通过特定频段的信号

（续）

系统	子系统	名称	定 义
L3	-00	计算机/逻辑硬件模拟设备（总论）	指电子/自动化软件系统的装备与设备，用以处理或储存模拟数据。其应用于不明确包含在其他系统中的设备
	-10	处理器	指电子/自动化软件系统的装备与设备，用于处理信号、电压或电流，包括如混频器、转换器、解码器、微波装置（包含耦合器、空腔谐振器与循环器）
	-20	输入设备	指电子/自动化软件系统的装备与设备，用于提供输入模拟数据，包括如声音耦合器、工作点、模拟控制与麦克风
	-30	输出设备	指电子/自动化软件系统的装备与设备，提供输出模拟数据，包括如耳机、扩音器、可移动的输出设备
	-40	数据储存设备	指电子/自动化软件系统的装备与设备，用以存储模拟数据，包括如录音与录像机
	-50	多路器	提电子/自动化软件系统的装备与设备，用以多路传输与/或转换信号，包括如时间分配多路器和转换多路器
	-60	比较器/鉴别器/综合器	指电子/自动化软件系统的装备与设备，用以比较、区分与/或集成信号
L4	-00	计算机/逻辑硬件数字设备（总论）	指电子/自动化软件系统的装备与设备，用以处理或储存数字数据。其应用于不明确包含在其他系统中的设备
	-10	处理器	指电子/自动化软件系统的装备与设备，用以接收数字数据和用于对数字数据进行逻辑运算与/或算法
	-20	输入设备	指电子/自动化软件系统的装备与设备，用于提供输入数字数据，包括如读卡机、键盘、数字操纵杆、鼠标与扫描仪
	-30	输出设备	指电子/自动化软件系统的装备与设备，用于提供输出数字数据，包括如打印机、绘图器与显示器
	-40	数据储存设备	指电子/自动化软件系统的装备与设备（非闪存），用于储存数据与/或指令，包括如软盘、硬盘和光盘、磁带与 CD－ROM
	-50	闪存	指电子/自动化软件系统的装备与设备，用于储存数据与/或指令，包括如内存、只读存储器与虚拟存储器
	-60	控制设备	指电子/自动化软件系统的装备与设备（非闪存），用于控制内部与/或外部的处理程序

（续）

系统	子系统	名称	定　义
L5	−00	光电设备（总论）	指电子/自动化软件系统的装备与设备,用于产生和探测高于无线电频谱(包括红外线、紫外线和 X 射线)的发射。其应用于没有明确包含在其他系统中的项目
	−10	光纤设备	指电子/自动化软件系统的装备与设备,用于接入与/或增强光缆的传输性能,包括如适配器、驱动器、中继器与光纤环路(ITLs)
	−20	测量设备	指电子/自动化软件系统的装备与设备,用于测量光,包括如光度计
	−30	探测设备	指电子/自动化软件系统的装备与设备,用于探测光,包括光电元件与照相机
	−40	发射设备	指电子/自动化软件系统的装备与设备,用于发光,包括如灯泡、激光器与发光二极管
	−50	转换设备	指电子/自动化软件系统的装备与设备,用于转换光,包括如电子束分裂器与反射镜
L6	−00	振荡器/波形产生器(总论)	指电子/自动化软件系统的装备与设备,用于产生各式或可转换的波形,包括振荡器、定时子系统与时钟。其应用于没有明确包含在其他系统中的项目
	−10	多变器	指电子/自动化软件系统的装备与设备,用于持续从一种状态转换或振荡到另一状态
	−20	双稳器	指电子/自动化软件系统的装备与设备,其能在两种状态之间转换
M0	−00	辅助系统（总论）	指电子/自动化软件系统的装备与设备,为主系统或设备提供服务与/或支持。其应用于没有明确包含在其他系统中的项目
M1	−00	适配器（总论）	指电子/自动化软件系统的装备与设备,用于调整系统到某特定的应用
M2	−00	灭火器（总论）	指电子/自动化软件系统的装备与设备,用于提供警报与/或处理火情,包括如探测与灭火设备
	−10	探测设备	指电子/自动化软件系统的装备与设备,用于感应出现的过量的热、烟与火焰
	−20	指示器	指电子/自动化软件系统的装备与设备,用于指示出现的过量的热、烟与火焰
	−30	防护设备	指用于对电子/自动化软件系统灭火的装备与设备

144

（续）

系统	子系统	名称	定　义
N0	－00	生存设备（总论）	指用于探测危险、提供防护、生存与安全逃离的系统或设备
N1	－00	表面处理设备（总论）	指为电子/自动化软件系统提供抗腐蚀防护的装备与设备，包括如上漆设备、电镀设备、涂层设备与压层设备
N2	－00	侵扰防护设备（总论）	指对电子/自动化软件系统提供警示和防护侵扰的装备与设备
	－10	探测	指对电子/自动化软件系统提供探测侵扰的装备与设备
	－20	警示	指对电子/自动化软件系统提供警示侵扰的装备与设备
	－30	防护	指对电子/自动化软件系统提供防护侵扰的装备与设备
N3	－00	核、生、化防护设备	指对电子/自动化软件系统提供核、生、化的探测、防护和提供生存力的装备和设备。其应用于没有明确包含在其他系统中的项目和包含正压与净化系统，NBC探测与警报装置，排除污染装置与防化服。同样也可以包含环境控制装置，如加热与冷却设备等
	－10	探测设备	指对电子/自动化软件系统提供探测核生化的装备与设备
	－20	警示设备	指对电子/自动化软件系统提供警示核生化的装备与设备
	－30	防护设备	指对电子/自动化软件系统提供核生化防护的装备与设备
P0	－00	特种设备（总论）	指用于提供特定任务能力的系统或装置
P1	－00	特种装置/系统（总论）	指能够为电子/自动化软件系统提供特定能力的装备与设备
	－10	特种恢复设备	指能够使能力得到恢复的特种设备，包括起重机与牵引设备
	－20	特定功用设备	指能够达成特定能力的有特定功用的装置，包括补给设备、空降设备、起重机、侧边装货设备等
	－30	特定目的设备	指能够达成特定任务的有特定目的的装置，包括如国际标准化组织集装箱体和装置及其他特种用途车辆
	－40	安装设备	指用于安装与特定功用相关的系统的设备
	－50	便携设备	指要求修好系统使其能够运输（这不是它的主要方式运动）
	－60	冷冻防护设备	指用于在不利天气状况下，防护装备与/或人员的设备

（续）

系统	子系统	名称	定　义
P2	-00	软件 （总论）	指不能够链接到在 SNS 内的其他方面的软件和与电子/自动化软件系统相关的项目
Q0	-00	用具、陈设设备 （总论）	指用于提供可居住性、可操作性的设施，而又不明确包含在其他系统中的功能件或设备
Q1	-00	储存（总论）	指用于储存操作设备与/或个人设备的装置
Q2	-00	完整装备清单 （总论）	指用户使用与维护系统所需设备的详细列表，包括所有固定和不固定设备、备件、工具和操作人员手册
	-10	生产 CES	指 CES 的生产版本
	-20	服务 CES	指 CES 的服务版本
	-30	综合 CES	指 CES 的综合版本
R0	-00	训练 （总论）	指可交付的训练服务、装置、附件、帮助、设备与设施，其用于使培训人员获得足够的知识与技能，从而能够以最大的效率操作与维护系统。包括与可交付的训练设备的设计、研制与生产，以及进行训练服务有关的工作
R1	-00	训练服务（总论）	指可交付使用的训练服务，用于使培训人员获得足够的知识与技能，从而能够以最大的效率操作与维护系统
	-10	装置/附件/帮助	指可交付使用的训练装置/附件/帮助，用于使培训人员获得足够的知识与技能，从而能够以最大的效率操作与维护系统
	-20	训练设备	指可交付使用的训练设备，用于使培训人员获得足够的知识与技能，从而能够以最大的效率操作与维护系统
	-30	训练设施	指可交付使用的训练设施，用于使培训人员获得足够的知识与技能，从而能够以最大的效率操作与维护系统
S0	-00	修理、测试和保障设备（总论）	指用来维持使用能力的系统、设备与设施
S1	-00	修理设施 （总论）	指能够使不能使用的电子/自动化软件系统得到修理、编程、测试、校准并能重新使用

（续）

系统	子系统	名称	定 义
S2	-00	通用保障设备（总论）	指用于保障与维护电子/自动化软件系统的通用装置和设备,其不是直接用于执行任务。通用保障设备必须出现在防务部门(MOD)目录中用以支持其他系统(如政府提供的设备)。同样,如果需要,也包含获得的额外的大量的此种设备,用以支持将电子/自动化软件系统引入操作服务
S3	-00	测试和测量设备（总论）	指特殊或特定的测试和测量设备,允许操作员或维护员评估系统的操作环境,包括特定的诊断器、放映器或质量评价设备、中间级或基础级的维护设备。包括,如安装与维护测试装置,机内测试/机内测试设备(BIT/BITE)、通用测试设备(GPTE)和专用类型测试设备(STTE)
	-10	安装测试和测量设备	指用在系统安装和试车过程中的测试与测量设备
	-20	维护测试和测量设备	指用在系统校正和预防性维护中的测试与测量设备
	-30	机内测试/机内测试设备	指内置测试与测量设备,用于监视与/或测试系统的操作与/或状态
	-40	专用类型测试设备	指特定类型的测试与测量设备。专用类型测试设备不存在防务部门目录中用以保障其他系统(如,非政府提供的设备(GFE))
	-50	通用测试设备	指通用的测试与和测量设备,其必须存在防务部门目录中用以保障其他系统(如,政府提供的设备)。如果需要,它同样包含获得的额外的大量的此种设备,用以支持将电子/自动化软件系统引入操作服务
	-60	无损检测和专用类型测试设备	指对电子/自动化软件系统内的系统与装置进行不解体测试与测量的设备,包括如超声波设备、染料渗透测设设备和X射线测试设备
S4	-00	保障和装卸设备（总论）	指可使用的工具与处理设备,用于保障电子/自动化软件系统。例如,地面保障设备、机械搬运设备与软件保障设备

B.4 航空专用技术信息 SNS 代码定义示例

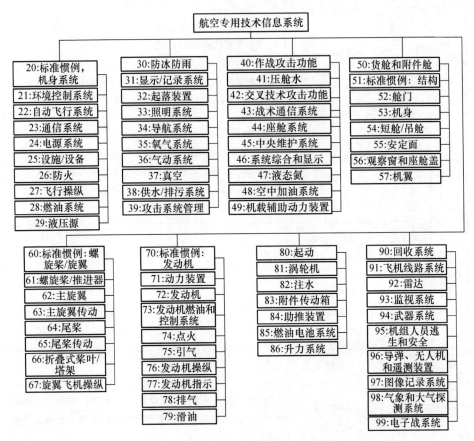

图 B-4 航空专用技术信息 SNS 代码图

表 B-4 航空专用技术信息 SNS 代码定义示例[3,11,20]

系统	子系统	名称	定 义
20		标准惯例,机身系统	该系统包含有关机械、电气、电子工程方面的标准惯例。这些惯例可用于多个机身系统任务,其中这些任务未在第 21 章~第 49 章中给出。未包含那些被归类为标准商业惯例和只被应用于制造业的惯例/程序。项目中的具体惯例必须要包含到相应的机身系统中,成为程序的一个部分
	-00	总论	适用于机身系统所有章节的标准惯例
	-10 ~ -90		-10 ~ -90 节描述了标准惯例。制造商或其合伙人可设定该号,以使其与多个相关机体系统的通用标准惯例相适应

（续）

系统	子系统	名称	定　义
21		环境控制系统	该组单元和组件通过增压、取暖、制冷、控制湿度、过滤和处理空气等一系列手段,实现在压力密封下机身区域的通风。包括座舱增压器、冷却设备、加热器、加热器燃料系统、膨胀涡轮、阀门、收集器、管道和密封舱等。也包括座舱盖和舱门密封、抗荷、除雾、波导管增压等
	-00	总论	
	-10	压缩	可供应压缩空气的系统部分及其控制单元。包括与压缩机有关的各种控制和指示系统、线路系统等。不包括用于机舱增压的压力控制和指示系统
	-20	分配	用于引导并分配空气的系统部分。包括设备架冷却系统、座舱盖/舱门密封系统、抗荷系统、除雾系统、波导管增压系统,以及诸如通风机、通风口、管道、进气口、阀门、线路等。不包括压控和温控阀门
	-30	压控	用于控制机身内部压力的系统部分。包括控制阀、安全阀、指示器、开关、放大器、线路等
	-40	供暖	供应暖气的系统部分及其控制单元。包括加热设备、燃料系统及其控制单元、与操作加热器有关的点火指示系统、线路等项目。不包括温控和指示系统
	-50	制冷	供应冷气的系统部分及其控制单元。包括制冷设备、与操作冷却器有关的指示系统、线路等。不包括温控和指示系统
	-60	温控	用于控制空气温度的系统部分。包括控制阀、热传感装置、开关、指示器、放大器、线路等
	-70	湿度/空气污染物控制	该系统部分被用于控制空气湿度、控制臭氧浓度、过滤空气调节过程中产生的放射性碎片和化学/生物污染物,并使用除臭剂、杀虫剂处理空气等
	-80	液体/气体冷却剂	该部分组件为设备冷却系统提供液体/气体冷却剂
	-90	综合环控系统（ECS）	该系统部分提供了以下几项集成功能:调节空气,制冷,供暖,为空气加压,过滤放射性、生物、化学污染物,应急通风。这些功能可保证人员和组件在较为稳定的温度下工作。该系统部分包括航空电子设备(组件架)的冷却

（续）

系统	子系统	名称	定 义
22		自动飞行系统	该部分单元和组件可实现飞机的自动飞行控制。包括控制方位、航向、飞行姿态、高度、速度的单元和组件
	−00	总论	
	−10	自动驾驶仪	该系统部分使用无线电/雷达信号、航向和垂直参照系、大气数据(全静压)、飞行航行计算数据或是手动输入系统数据的方式,通过调整俯仰、横滚、偏航轴或机翼升力特性来自动控制飞机飞行路线,并为飞行路线引导提供目视提示(即集成飞行指引仪)。包括电源装置、连锁装置以及实现放大、计算、积分、控制、伺服、指示和警告等功能的装置。例如,计算机、伺服系统、控制面板、指示器、警告灯等
	−20	速度 − 姿态修正	该系统部分借助自动配平、马赫配平或稳定速度和马赫感应之类的手段,通过修正速度和失配状态的影响来自动保持飞行状态。包括实现传感、计算、伺服、指示、内部监控和警告等功能的装置
	−30	自动油门	该系统部分通过对油门大小的自动控制,输出与各飞行阶段和各飞行姿态相符合的发动机功率。包括实现传动、传感、计算、放大、控制、伺服以及警告等功能的装置。例如,放大器、计算机、伺服系统、限位开关、离合器、齿轮箱(也叫变速箱)、警告灯等
	−40	系统监控	该系统部分提供了分离式监控或外部监控/远距读数(用于维修或其他目的)功能,该系统部分与内部系统监控(用于系统集成机组人员警告)没有直接联系。包括实现传感、计算、指示和警告功能的装置以及控制面板等
	−50	气动载荷减缓	该系统部分自动为突风载荷/扰动、气动增加/减缓/抑制以及驾驶控制等进行修正或配置。包括实现传感、计算、作动、指示、内部监控和警告等功能的设备
23		通信系统	该组单元和组件为飞机上任意两个位置之间,以及飞机与飞机之间、飞机与地面台站之间提供了一组通信手段。包括语音通信组件、数据 C − W 通信组件、PA(乘客广播)系统、机内通信系统和磁带放声机 − 电唱机
	−00	总论	
	−10	语音通信	该系统部分利用将声音调制成电磁波的方式实现空空、空地设备之间信息的传送/接收。包括 HF(高频)、VHF(甚高频)、UHF(超高频)或其他频段的飞机电话,通信发送和接收设备

（续）

系统	子系统	名称	定　义
	-15	卫星通信	该系统部分利用的是卫星通信系统（SATCOM）进行通信
	-20	数据传输和自动呼叫	该系统部分利用脉冲编码传输信息。包括电传打字机、选择呼叫系统、空地选择呼叫系统、ACARS（飞机通信寻址与报告系统）等
	-30	旅客广播与娱乐	该系统部分被用于向乘客提供广播和娱乐。包括放大器、扬声器、手持机、播放器、控制面板等设备，也包括音频、视频和电影设备
	-40	对讲机	该系统部分可供飞行人员和地面人员使用以实现飞机上不同区域之间的通信。包括放大器、电话听筒等设备。不包括驾驶舱内的对讲机系统，它是整个综合系统的一部分
23	-50	音频集成和语音指挥系统	该系统部分控制通信和导航接收器的输出到机组人员的耳机和扬声器中，并控制机组人员麦克风的输出到通信发射机上。包括音频选择器控制面板、麦克风、耳机、驾驶舱扬声器等设备。也包括那些由机组操作人员所使用的组成语音控制系统的有关设备（不包括关联飞机系统的那些组件）
	-60	静电释放	该系统部分被用来释放静电
	-70	音频和视频监控	该套设备通过记录或是监控机组人员或乘客的谈话或行动以达到安全的目的。包括录音机、电视机、监视器等
	-80	综合自动调谐	该系统部分通过手动输入命令或是预先编写集成飞行系统指令的方式，实现通信和导航发送机/接收机工作频率的综合控制。包括综合频率选择面板、数字频率控制计算机、综合频率显示面板等设备
24		电源系统	该组电子单元和组件可产生、控制 AC/DC 电，并通过次级汇流条为其他系统提供 AC/DC 电源。包括发电机、继电器、变流器、蓄电池等。也包括可提供多路复用的电源，以及电线、开关、连接器等电气标准件
	-00	总论	
	-10	发电机驱动	驱动发电机按规定转速旋转的一套机械设备。包括滑油系统、连接装置、驱动指示和警告系统、冲压空气涡轮等
	-20	交流发电机	该系统部分被用于产生、整流、控制和指示交流电源。包括变流器、交流发电机、控制和整流组件、指示系统等设备，以及除主汇流条之外的所有线路系统

151

（续）

系统	子系统	名称	定 义
24	-30	直流发电机	该系统部分被用于产生、整流、控制和指示交流电源。包括发电机、变压器、整流器、电池、控制与整流组件、指示系统等设备，以及除主汇流条之外的所有线路系统
	-40	外部电源	该系统部分位于飞机内部，可把外部电源连接到飞机的电力系统。包括插座、继电器、开关、线路、警告灯等设备
	-50	交流电（AC）负载分配	该系统部分为 AC 电源和使用系统之间提供连接电路。包括主汇流条、次级汇流条、主系统电路断路器、电源系统装置等设备
	-60	交流电负载分配	该系统部分为 DC 电源和使用系统之间提供连接电路。包括主汇流条、次级汇流条、主系统电路断路器、电源系统装置等设备
	-70	电气监控和保护	该系统部分使用地面电源开关系统向飞机或地面供电、提供航空电子低冷保护系统、基本 28V 直流汇流条监控系统和系统监控。也包括飞机地面插座
	-80	电源多路复用	一组提供电源多路复用的单元或组件。包括计算机、远程终端以及传送电力控制信号的相关接口
	-90	多用途设备	该组单元或组件适用于多个系统或系统接口，如接线盒、继电器板、接线板等
25		设施/设备	驾驶舱和乘客舱中的那些可移动的设施和设备。包括应急设备、餐饮设备和舆洗洁具。不包括那些专门安排在其他章节中的设备构成
	-00	总论	
	-10	驾驶舱	该舱位于地板之上，在前客舱和前部随压圆拱之间。包括飞行员座椅、飞行平台、飞行员检查清单、食品盒、衣柜、帘幕、手册、电子设备架、备用灯泡、保险丝等设备或物品。不包括货舱
	-20	客舱/工作舱	容纳乘客和乘务员的区域。包括不带更衣间的休息室。包括座椅、操作台、设备架、卧铺、舱顶储物箱、帘幕、墙面板、地毯、杂志架、屏风、壁挂温度计、备用灯泡、保险丝等设备或物品
	-30	备餐间/厨房	储存和制作食物和饮料的地方和场所。包括活动式和固定式橱柜、烤箱、冰箱、垃圾箱、碗碟架、咖啡机和分装器、食品容器、插座、线路等设备或物品

（续）

系统	子系统	名称	定　义
25	−40	盥洗间	内设座便器、梳妆台和洗漱池的卫生间和更衣室。包括镜子、座椅、橱柜、分配装置、插座、线路等设备或物品。洗漱池和座便器在"系统38"中介绍
	−50	附加舱	乘客和机组人员使用的附加舱室。包括机组休息舱、卧铺舱等舱室
	−60	应急设备	该组设备在应急程序中使用。包括撤离设备、救生筏、救生衣、应急定位发射机、水下定位装置、急救包、恒温箱、氧气袋、医用担架、着陆照明弹和信号弹、减速伞、疏散信号系统等设备或物品。不包括灭火器、氧气设备或面罩
	−70	项目自定义	
	−80	隔离层和内衬	用于隔热和隔声的覆盖物。包括驾驶舱隔离层、客舱隔离层和附加舱室的隔离层等
26		防火	该组固定便携式的单元和组件被用于探测指示起火、冒烟，并可储存、喷发灭火剂，以保护飞机免受火灾。由筒体、瓶头阀、喷射软管等部件组成
	−00	总论	
	−10		该系统部分用于感应并指示物体过热、烟雾或起火
	−20		该系统部分被用于灭火，分为固定式和便携式两种
	−30		该系统部分被用于感应、指示和防止火焰蔓延到燃油系统，以免引起爆炸
27		飞行操纵	该组单元和组件用于控制飞机的飞行姿态特性，也包括对主、副飞行操纵面和增升系统的运行和检修，但不包括对控制面结构的检修，这部分包含在结构系统当中。包括驾驶杆手柄、舵蹬、变速器、操纵杆、钢索、连杆、液压阀、作动筒、控制单元、控制与指示装置、计算机、变换器、变压器、传感器、显示装置、陀螺仪、加速计、伺服系统、警告系统以及操纵面锁定装置等设备。包括旋翼系统中的旋翼飞机旋翼操纵
	−00	总论	
	−10	侧滚控制	该系统部分控制飞机的翻滚轴。包括驾驶盘、钢索、助力器、连杆、操纵面、指示器等设备
	−20	偏航控制	该系统部分控制飞机的偏航轴。包括舵蹬、调整片操纵轮、钢索、助力器、连杆、操纵面、位置指示器等设备

（续）

系统	子系统	名称	定　义
	-30	俯仰操纵	该系统部分控制飞机的俯仰轴。包括驾驶杆、抖杆器、失速自动改出装置、调整片操纵轮、钢索、助力器、连杆、操纵面、位置指示器、失速警告系统等设备
	-40	水平安定面	该系统部分控制水平安定面/鸭翼的位置和运动。包括操纵手柄、钢索、螺旋作动筒、电动机、警告系统、连杆、操纵面、位置指示器等设备
	-50	襟翼	该系统部分控制后缘襟翼的位置和运动。包括操纵手柄、钢索、作动筒、警告系统、连杆、操纵面、位置指示器等设备
27	-60	扰流板、阻力板和可变整流罩	该系统部分控制扰流板、阻力板和可变整流罩的位置和运动。包括操纵手柄、钢索、警告系统、连杆、扰流板、阻力板、位置指示器等设备
	-70	防风锁和阻尼器	该系统部分对飞机在地面时操纵面被风吹动进行保护。不包括借助飞行操纵助力系统的操纵锁定
	-80	增升装置	该系统部分控制可变开度的缝翼、前缘襟翼以及其他用于增加气动升力的类似辅助装置的位置和运动。包括操纵手柄、钢索、传动装置、连杆、警告系统、操纵面、位置指示器等设备。不包括后缘襟翼
	-90	主飞控系统（PFCS）	该系统部分将所有的控制和常见计算方法集中到多组主飞控面。包括飞行操纵计算机、飞行数据聚集器、侧驾驶杆、母线耦合器、速率陀螺测试仪、加速器等设备
28		燃油系统	该组单元和组件被用于储存燃油并向发动机输送燃油。包括用于活塞式发动机的发动机驱动燃料泵（包括油箱或软油箱、油门筏、增压泵等）和排油装置。包括整体油箱和翼尖油箱的漏油检测和密封。不包括结构章节中的整体油箱和翼尖油箱的结构和燃油箱垫板，也不包括对燃油流量的检测、检测信号的传输和指示，该部分在系统 73 中
	-00	总论	，
	-10	储存	该系统部分被用于储存燃油。包括油箱密封、软油箱舱、通气系统、油泵导油装置、油舱和油箱之间的连通件、机翼上的加油口和口盖等。也包括蓄油器供油增压系统和不属于"分配系统"的油箱内蓄油器

（续）

系统	子系统	名称	定 义
28	−20	分配	该系统部分被用于从加油接头向储存系统分配燃油，以及从储存系统向动力装置燃油快卸接头分配燃油。包括燃油管路、油泵、油门阀、控制开关等设备
	−30	放油	该系统部分被用于在飞行期间向机外排放燃油。包括燃油管路、油门阀、控制开关、放油槽等设备
	−40	指示	该系统部分被用于指示燃油油量、油温和油压。包括油箱内用于增压系统的压力警告系统。不包括发动机燃油流量和压力
	−50	空中加油	该系统部分为实现空中加油提供方法和手段。包括通道门操纵/作动，受油器、燃油储存分配系统或是与标准燃油分配系统的接口、流量控制和指示器，以及与空中加油机的音频互连装置。包括手动传输和加油控制，但不包括已安装于飞机上的基于油量和重心约束的自动系统（见系统28−60，燃油/重心管理）
	−60	燃油/重心管理	该系统部分用于在空中和地面加油时操纵燃油分配以维持一个安全的重心配置。利用油量和存储数据来计算飞机的重心。包括进行空中和地面加油操作时的燃油油量和重心指示
29		液压源	该组单元和组件可在压力作用之下（包括泵、调节器、管路、液压阀等）为公共点（歧管）提供液压流体，以便为其他已定义的系统再次分配液压流体
	−10	主液压源	该系统部分被用于储存并传送液压流体给使用系统。包括油箱、蓄压器、阀门、泵、操纵杆、开关、钢索、管路、线路、外部接头等设备。不包括用于使用系统的供给阀
	−20	辅助液压源	该系统部分被归类为辅助、应急或是备用液压源，被用于补充或代替主液压系统。包括独立于主液压源的油箱和蓄压器、手动泵、辅助泵、冲压空气涡轮机、阀门、管路、线路等设备
	−30	指示	该系统部分被用于指示液压流体的油量、温度和压力。包括信号传送器、指示器、线路、警告系统等
30		防冰防雨	该组单元和组件提供了预防和处理飞机各部位结冰和积水的方法和手段。包括酒精泵、阀门、燃料箱、螺旋桨/旋翼防冰系统、机翼加温器、水管加温器、空速管加温器、进气口加温器、挡风玻璃雨刷和挡风玻璃电加热和热空气防冰控制装置。不包括挡风玻璃本身 对于使用空气作为防冰介质的涡轮式动力装置，关于发动机防冰的内容在系统75中介绍

（续）

系统	子系统	名称	定　义
30	-00	总论	
	-10	机翼	该系统部分被用于消除或预防机翼表面结冰。包括机翼、尾翼和挂架的翼剖面
	-20	进气道	该系统部分被用于消除或预防进气道内或周围结冰。包括动力装置整流罩防冰
	-30	空速管和静压管	该系统部分被用于消除或预防空速管和静压管系统结冰
	-40	机窗、挡风玻璃、座舱盖和舱门	该系统部分被用于消除或预防机窗、挡风玻璃、座舱盖和舱门上结冰、积冰、结霜和积水
	-50	天线和天线罩	该系统部分被用于消除或预防天线和天线罩上结冰
	-60	螺旋桨/旋翼	该系统部分被用于消除或预防螺旋桨或旋翼上结冰。包括直至旋转装配件的所有组件，但不包括旋转装配件
	-70	水管	该系统部分被用于预防供水管和排水管结冰
	-80	探测	该系统部分被用于探测并提示是否结冰
31		显示/记录系统	以图片形式介绍所有的仪器、仪表板和操纵台。以程序化的形式介绍为其他独立系统的状态提供视觉或听觉预警的那些系统。包括记录、储存或计算其他独立系统数据的单元，把各显示仪器集成到中央显示系统的单元/系统，以及与任何特定系统都无任何关联的仪器
	-00	总论	
	-10	仪表板和控制板	介绍所有固定面板或可移动面板以及所带的可替换组件。例如，仪表、开关、断路器保险丝等。也会对仪表板减振器和其他面板做一般性介绍
	-20	独立仪表	该组仪表、单元和组件与特定系统没有关联。包括倾斜仪、时钟等设备
	-30	记录仪	该组系统和组件被用来记录与特定系统无关的数据。包括飞行记录仪、运行状况或维修记录仪、视频图像记录仪等
	-40	通用计算机	该组系统和组件被用于计算源自不同系统的数据，计算时不偏重于任何一个系统。包括数字核心航电系统（DCAS）、储存检查表、应急程序、操作规章等，以及综合仪表系统。例如，将发动机、飞机动力和中央警告系统综合到一起显示

（续）

系统	子系统	名称	定　义
31	−50	中央警告系统	该组系统和组件对独立系统中的状态给出了听觉或视觉上的警告。包括主警告或飞行警告系统、中央仪表警告系统、音响发生器、报警器等
	−60	显示系统	该组系统或组件对独立系统中的状态给出了视频显示
	−70	自动数据报告系统	该组系统或组件被用于从独立系统中收集并计算数据，并自动传输该数据。包括 ASDAR（飞机卫星数据中继系统）系统和组件
32		起落装置	该组单元和组件能够使得飞行在地面或水面支撑和驾驶，并使得飞机能够在飞行过程中将起落架收起。包括尾橇、拦阻钩、着陆辅助设备、减速伞、刹车、机轮、浮筒、滑橇、舱门、缓冲支柱、轮胎、连杆、位置指示和警告系统。也包括有关起落驾舱门操纵和维修方面的内容，但不包括其结构（见系统52）
	−00	总论	
	−10	主起落架及其舱门	该系统部分主要为飞机在地面上提供支撑。包括缓冲支柱、转向杆、阻力支柱、舱门、连杆、连接螺栓等设备
	−20	前起落架/尾橇和舱门	该系统部分为飞机的前部/尾部在地面上提供支撑。包括缓冲支柱、阻力支柱、舱门、连杆、连接螺栓等设备
	−30	收放机构	该系统部分被用于收放起落架和开关起落架舱门。包括作动机构、悬挂配平装置、防过度操纵装置、上位及下位锁、操纵开关、阀门、电动机、钢索、线路、管路等设备
	−40	机轮和刹车	该系统部分使飞机在地面上能够滑行和停止，并在起落架收起后停止机轮转动。包括轴承、轮胎、阀门、减压器、旋轴密封装置、防滑装置、压力指示器、管路等设备
	−50	转弯操纵	该系统部分被用于在地面时控制飞机运动的方向。包括作动筒、操纵器、转弯开锁装置等设备
	−60	位置和警告	该系统部分被用于指示和警告起落架/舱门的位置。包括开关、继电器、信号灯、指示器、报警器、线路等设备
	−70	辅助起落架	该装置的用途是使飞机在地面保持稳定，并防止发生触地损坏。包括缓冲支柱、滑橇、机轮等设备
	−80	减速伞	该系统部分的用途是在飞机着陆时帮助减慢飞机的速度
	−90	拦阻钩/着陆辅助设备	该系统部分被用于收、放拦阻钩并指示拦阻钩的位置。另一种可选择的功能是提供着陆辅助。例如，直升机绞盘降落系统和鱼叉系统

（续）

系统	子系统	名称	定 义
33		照明系统	该组单元和组件(由电力驱动)可提供飞机外部和内部照明,如着陆灯、滑行灯、航行灯、防撞灯、冰条灯、主警告灯、乘客阅读和机舱顶灯等。包括照明设备、开关和线路。不包括针对单个系统的警告灯或自发光标牌。不包括灯管/灯泡(见系统25) 注意:对那些没有客舱且驾驶舱能被合理划分的飞机,可使用子系统-20辅助划分
	-00	总论	
	-10	驾驶舱	该照明子系统位于地板之上、前客舱和前部承压圆拱之间。不包括货舱。包括主照明和后备照明,以及对于工作区域的照明控制、面板、仪表、夜视镜(NVG)、照明模式选择和灯光测试。包括主警告灯和警告灯亮度调节系统,该部分没有集成到系统31-50中的中央音响或显示系统
	-20	客舱	客舱照明子系统为乘客乘坐区域和备餐间/厨房、卫生间、休息室和更衣室提供照明。包括直接和间接照明、乘客呼叫系统、舱内灯标等设备
	-30	货舱和服务舱	这两个舱的照明子系统为货舱或行李舱以及各种组件或附件的储存间提供照明
	-40	外部照明	该照明子系统为飞机外部提供照明。包括着陆灯、导航灯、位置指示灯、机翼照明灯、防撞灯、礼仪灯、滑行灯等
	-50	应急照明	该照明子系统是分离且独立的,用途是在主电源系统失效时提供照明。包括充电式手电筒、手提灯等设备
34		导航系统	该组单元和组件提供飞机的导航信息。包括VOR(甚高频全向信标,也称无线电信标)、空速管(也称总压管)、静压管、ILS(仪表着陆系统)、飞行指挥仪、罗盘、指示器等
	-00	总论	
	-10	飞行环境数据	该系统部分被用于检测环境状态并使用这些状态数据影响导航。包括中央大气数据计算机、总/静压系统、大气温度、爬升率、空速、高速警告、高度、高度报告、高度表修正系统、大气紊流检测系统等设备
	-20	姿态和方位	该系统部分使用地磁力或惯性力检测并显示飞机的方位或姿态。包括传感设备、计算设备、指示设备和警告设备,如磁罗盘、垂直和方位基准、磁航向系统、姿态指示系统、符号发生器、转弯和倾斜、转弯速率、放大器、指示器等。包括未与自动驾驶仪计算机连接成一体的飞行指引仪

（续）

系统	子系统	名称	定　义
34	−30	着陆和滑行辅助	该系统部分为飞机进场、着陆和滑行提供引导。包括定位信标、下滑道、仪表着陆系统、信标机、指引仪地面引导系统等设备
	−40	独立定位	该系统部分不依靠地面站或地球卫星系统而独立提供定位所需的信息。包括惯性导航系统、气象雷达、多普勒导航、电子测高计/雷达高度计、近地警告、防撞、星体跟踪等设备。也包括六分仪/八分仪等
	−50	相关定位	该系统部分主要是依靠地面站或地球卫星系统提供定位信息。包括 DME(测距设备)、应答机、无线电罗盘、LORAN(远距离无线电导航系统)、VOR(甚高频全向信标机)、ADF(自动测向仪)、OMEGA(奥米伽远程导航系统)、全球定位系统、敌我识别系统等设备
	−60	飞行管理计算	该系统部分结合导航数据来计算或管理飞机的地理位置或理论航迹。包括航迹计算机、飞行管理计算机、性能数据计算机、相关联的控制显示单元、警告报警器等设备
35		氧气系统	该组单元和组件可储存、生产、调节、指示、传送和控制氧气,以向乘客和机组人员供应。包括氧气瓶、安全阀、关闭阀、出气口、调压器、面罩、手提式氧气瓶等
	−00	总论	
	−10	空勤组	该系统部分向空勤人员提供氧气
	−20	乘客	该系统部分向乘客提供氧气
	−30	便携式供氧设备	该系统部分可独立进行氧气供应,并可在飞机上运送移动
	−40	机载制氧系统	该系统部分可生产氧气以分配给其他子系统使用
36		气动系统	该组单元和组件(管道和阀门)被用于把大量压缩空气从动力源输送到连接点,以供应空调、增压系统、除冰系统等其他系统
	−00	总论	
	−10	分配	该系统部分被用于为使用系统分配高、低压空气。包括管道、阀门、作动器、热交换器、操纵装置等设备。不包括到使用系统的供应阀
	−20	指示	该系统部分被用于指示气动系统的温度和气压。包括温度警告系统和气压警告系统

（续）

系统	子系统	名称	定 义
37		真空	该系统部分被用于生产、传送和调节负压。包括真空泵、调节器、通至歧管的管道等,包括歧管
	-00	总论	
	-10	分配	该系统部分被用于向使用系统分配负压空气
	-20	指示	该系统部分被用于指示空气压力。包括压力警告系统
38		供水/排污系统	该组单元和组件是固定式的,其中一部分用于储存和传送淡水以供使用,另一部分用于将污水和污废物排走。包括洗漱池、卫生间用具、储水罐、阀门等
	-00	总论	
	-10	饮用水	该系统部分被用于储存并传送饮用水。如果该水也用于洗涤,则也包括洗涤用水系统
	-20	洗涤用水	该系统部分被用于储存并传送非饮用的洗涤用水
	-30	污废物处理	该系统部分被用于排放污水和污废物。包括洗漱池、厕所、冲洗系统等设备
	-40	供气	该系统部分可在多个子系统中共用,其用途是为供水槽加压以确保供水
39		攻击系统管理	该组功能和硬件被用于攻击系统管理。包括数字信息网络、人-机通信管理(包括基于知识的辅助)、储存管理等
	-00	总论	
	-10	体系管理	基于任务和任务完成阶段的总体架构及其管理
	-20	攻击系统功能	基于任务的类型和所处的不同阶段对攻击系统的不同功能进行管理。本节中,对于这些功能的分类标明了任务期间对其活动的管理
	-30	攻击系统资源	列出了攻击系统中的全部有效资源,并按照其任务和所处的不同阶段对这些资源的作用进行了介绍
	-40	人-机通信总则	由系统侧管理人-机通信(包括基于知识的功能)
	-50	数字网络	与数字网络(如 MIL-1553B 或 Stanag-3810)有关的硬件和软件。对利用数字网络进行交换的管理也进行了介绍
	-60	其他信息网络	攻击系统中需要的其他网络,如视频信号网络、消隐信号网络等
	-70	储存管理	机身内部用于储存管理的硬件和软件

（续）

系统	子系统	名称	定　义
		作战攻击功能	该组功能和硬件为攻击系统提供作战辅助。包括与这些功能相关的技术功能
	－00	总论	
	－10	导航功能	包括定位(带有更新功能)、飞行管理,进场和着陆管理等
	－20	掠地飞行	包括地形跟随和障碍规避管理
	－30	自我保护	包括防御机动和威胁对抗战术设计
	－40	信息交换和协作	为进行信息交换将成块信息进行精化处理,以实现与包括AWACS型飞机在内的其他飞机和地面或舰面武器系统进行协作
40	－50	识别	基于自主、外部(通过协作可获得)识别手段对空中或地面、水面目标进行识别
	－60	空对空功能	与空对空攻击相关的火力控制功能。该功能可按需要分为控制航炮射击、控制近距导弹、中距或超视距导弹发射(针对单目标或多目标攻击)。该组功能通常应用在武器探寻器及其计算机和飞机传感器及其计算机之间。 该部分也包括武器发射之后的空对空导引管理(以引导或帮助武器攻击目标)
	－70	空对地功能	与空对地攻击相关的火力控制功能。该功能可按需要分为控制炸弹投放、火箭或导弹发射(近距、中距或发射后不受控型)。该组武器可被制导或不被制导。该组功能通常应用在武器跟踪头及其计算机和飞机传感器及其计算机之间。 将来也会将机上制导管理考虑进来
		压舱水	该组单元或组件可储存、平衡、控制、注入、排出和倾倒压舱水。不包括38系统中的单元或组件
	－00	总论	
41	－10	储存	该系统部分储存水的唯一目的是提供飞机压载。包括可移动水罐(软水槽)、互连式平衡管、加注口阀等
	－20	放水	该系统部分用于在飞行期间倾倒压舱水。包括遥控/手动阀门、手动/自动控制装置等
	－30	指示	该系统部分被用于指示压舱水的水量、状态和相关分配情况

（续）

系统	子系统	名称	定 义
42		交叉技术攻击功能	该组功能和硬件被用于执行攻击。本章中的这组技术功能在许多攻击系统作战功能中是通用的,因此处于各攻击系统的"交叉点"
	-00	总论	
	-10	任务系统控制和管理	该组功能负责对计划行动进行规划并做出决策,对资源消耗进行优先级管理等
	-20	弹道管理	该组功能负责处理由所执行的作战任务给定的弹道约束,并负责确定精确弹道以(由自动驾驶仪)跟随或指示(给飞行员)
	-30	攻击系统兼容性管理	该组功能负责所有发送方与接收方之间(包括无线电、电子对抗装置 ECM、雷达、机外挂载、激光设备等)的电磁兼容性管理
	-40	战术态势感知	该组功能负责建立战术环境知识,并负责调用给其他功能(如火力控制)使用。战术态势感知所基于的信息来自飞机传感器、武器探寻器、协同作战单元等
	-50	任务准备	该内置功能用于处理飞行前的给定数据,并将这些数据发送给其他攻击功能使用
	-60	任务恢复	该内置功能用于处理所有功能数据,以便以后重演全部任务或部分任务
	-70	警告和告警管理	该组功能负责对机组人员或地面人员发出不良事件的警告。此处提供与任务阶段和飞机状态相对应的准确信息,内容只有各系统的警告结果和需注意的情况,以及过滤处理(包括基于过滤器的知识)的结果
42		综合模块化航空电子系统	该部分概括了一些计算设备,该组计算设备能够对传统上由专用硬件实现的功能,转而由应用软件代替。实际的系统功能分别囊括于各自系统之中
	-00	总论	
	-20	核心系统	
	-30	网络组件	

（续）

系统	子系统	名称	定　义
		战术通信系统	该组单元和组件可为机内机组人员之间、飞机之间以及飞机与地面站之间提供通信。包括声音、C－W（连续波）通信组件，PA（机内广播）系统，内部通话系统和录音机/电唱机
	－00	总论	
	－10	UHF（特高频）、SHF（超高频）、EHF（极高频）	该系统部分利用 UHF、SHF、EHF 载波进行通信。包括发射机、接收机、控制面板、选择呼叫解码器、天线等设备
	－20	VHF（甚高频）	该系统部分利用 VHF 载波进行通信。包括发射机、接收机、控制面板、选择呼叫解码器、天线等
	－30	HF（高频）	该系统部分利用 HF 载波进行通信。包括发射机、接收机、电源、控制面板、天线、天线连接器等设备
	－40	LF（低频）、VLF（超低频）	该系统部分利用 LF、VLF 载波进行通信。包括发射机、接收机、电源、控制面板、天线、天线连接器等设备
43	－50	音频集成系统	该系统部分将通信接收器和导航接收机的信号输出到机组人员的耳机和扬声器上，并将机组人员麦克风的信号输出到通信发射机上。包括音频选择器控制面板、麦克风、耳机、扬声器等设备
	－60	数字式通信	该系统部分使用 C－W（连续波）实现飞机与飞机之间以及飞机与地面站之间通信。包括电传打字机、调制解调器、键盘、加密装置等设备
	－70	多路传输和音频开关	该系统部分为飞机和地面站之间提供电话通信。包括电话和多路传输设备
	－80	对讲机和旅客广播	该系统部分被用于向乘客进行广播，也用于飞机上不同区域之间的机组人员相互通信。包括放大器、扬声器、耳机、控制面板、音频、视频和胶片设备。不包括驾驶舱内的对讲机系统（该部分是该集成系统的一部分）
	－90	卫星通信	该系统部分为飞机提供卫星通信。包括接收机、发送机、调制解调器、放大器等

（续）

系统	子系统	名称	定　义
44		座舱系统	该组单元和组件提供乘客娱乐的功能,并提供机内通信以及飞机座舱与地面站的通信。包括声音、数据、音乐和视频传送装置。不包括 SATCOM(卫星通信)、HF、VHF、UHF、以及所有发射/接收设备、天线等(该部分包含在系统23或系统46)
	−00	总论	
	−10	座舱核心系统	该系统部分实现对座舱系统的控制、操作、测试和监视功能进行集成,并增加座舱的舒适度(例如,有源噪声控制)。包括控制器、座舱控制面板、手持机、标牌、扬声器等设备
	−20	机上娱乐系统	该系统部分向乘客提供音乐、视频、新闻、游戏等娱乐设施。包括控制器、座舱控制面板、音频和视频设备等设备
	−30	外部通信系统	该系统部分由乘客和舱内机组人员使用,被用于实现空对空或空对地数据或信息的收发。包括电话、电传、调制解调器、AM/FM 无线电单元等设备
	−40	座舱大容量储存系统	该系统部分储存和处理座舱相关数据,如系统配置数据、多媒体程序等。包括控制单元、终端、键盘、磁盘驱动器、打印机、调制解调器等设备
	−50	座舱监视系统	该系统部分被用于监视座舱的某些区域。包括监控摄像机、监视器等设备。不包括外置反恐设备或外置视频监视设备(该部分包括在系统23)
	−60	其他座舱系统	该系统部分支持其他座舱功能
45		中央维护系统(CMS)	该组单元、组件及其关联系统与多路飞机系统之间的接口。包含故障检测与隔离程序,该程序使用中央计算机复杂或标准故障隔离程序将故障定位至单个系统或是某个组件
	−00	总论	
	−04 ～ −19	CMS/飞机总体	中央维护系统与飞机总体系统的接口,与飞机有关的维护功能的识别
	−20 ～ −44 −46 ～ −49	CMS/机身系统	中央维护系统与机身系统的接口,与机身系统有关的维修功能的识别
	−45	中央维护系统	该系统部分与其他飞机系统、航线执行机构、无线电通信相连接的接口。包括计算机、储存设备、控制和显示设备

（续）

系统	子系统	名称	定 义
45	–50 ～ –59	CMS/结构	中央维护系统与结构之间的接口,与结构相关的维修功能识别
	–60 ～ –69	CMS/螺旋桨	中央维护系统与螺旋桨之间的接口,与螺旋桨有关的维修功能识别
	–70 ～ –89	CMS/动力装置	中央维护系统与动力装置之间的接口,与动力装置有关的维修功能识别
	–91 ～ –99	CMS/武器系统	中央维护系统与武器系统之间的接口,与武器系统有关的维修功能识别

注:选择子系统编号和子子系统编号应与相应的系统接口匹配。例如,45-21-XX 标识了由中央控制系统提供的所有空调系统的监控和测试,并且提供使用中央维护系统进行这些维修功能的指导。对不能覆盖在系统 45 中的详细测试,进行了适当的交叉引用,并在系统 21 中给出。类似的,45-32-XX 标识了由中央维护系统提供的所有关于起落装置的监控和测试。45-45-XX 标识了中央控制系统本身

系统	子系统	名称	定 义
46		系统综合和显示	该飞机主系统从多路数据源采集、处理和显示数据。此处多路数据源包括飞行控制、导航计算、大气数据计算、警告、发动机参数等
	–00	总论	
	–10	采集	该组单元和组件采集用于综合和处理的数据。不包括本章中用于采集数据的系统/子系统
	–20	处理和综合	该组单元和组件对来自不同数据源的数据进行综合和处理,并将输出信号传送到显示和警告设备。包括接口、中央处理单元、数据总线控制
	–30	显示	包括警告显示单元和远程显示装置
	–40 ～ –79	系统综合软件包	该组子子系统提供关于以下软件包的信息,这些软件包适用于飞机上的多个系统、并被列为多系统应用软件。万一其他系统中的计算机发生故障,其中的相同软件包会被送入负责该系统管理的计算机中,并提供故障计算机的备份(即使提供备份的计算机与需要备份的系统没有正常连接)
		信息系统	该系统的物资项目分类码必须与第 4 章中 4.3.3 节中的相一致。该组单元和组件可对传统的纸张、微型胶片、单片缩影胶片提供的数字信息进行存储、更新和检索操作。包括专门用于信息存储和检索功能的设备。例如,电子图书馆大容量存储器和控制器。不包括用于其他用途和与其他系统共享的已安装单元和组件。例如,驾驶舱中的打印机或通用显示器

注:对于该系统应依据 4.3.3 节用于器材项目分类码

（续）

系统	子系统	名称	定　义
46	−00	总论	
	−10	飞机通用信息系统	
	−20	驾驶舱信息系统	该部分属于机上信息系统的一部分,用于为驾驶舱系统、驾驶舱机组人员和驾驶操作提供支持和帮助
	−30	维修信息系统	该部分属于机上信息系统的一部分,用于为所有的机上维修系统功能、维修技术人员和地面维修活动提供支持和帮助
	−40	客舱信息系统	该部分属于机上信息系统的一部分,用于为客舱、舱内操作和乘务员提供支持和帮助
	−50	其他信息系统	该部分属于机上信息系统的一部分,用于为其他与驾驶舱、客舱和维修无关的用户操作提供支持和帮助
47		液态氮	该组单元和组件被用于生成、储存、分配和调节液态氮到两个或多个使用系统。包括调节器、线路、歧管等。不包括使用系统(即系统 21 −80)中的液态氮操作组件
	−00	总论	
	−10	生成/储存	该系统部分生成、储存氮。包括氮气瓶、蓄气瓶、蓄压器等。不包括管路、泵、阀门、控制装置等
	−20	分配	该系统部分被用于向使用系统分配氮气。包括管路、泵、阀门、调节器等
	−30	控制装置	该氮气控制装置按规定的数量向分配组件和使用系统供应氮气。包括操纵杆、开关、钢索等
	−40	指示	该系统部分指示氮气的流速、温度和压力。包括变送器、指示器等设备
48		空中加油系统	该组单元和组件用于在飞行期间储存、传送燃油到受油飞机。包括专门用于空中加油的燃油储存单元、分配单元、控制装置和传感装置等。包括与其他系统的接口,但不包括与其他系统有关的两用设备。 注:当系统和组件即用于操纵系统又用于加油系统时,该系统和组件被视为燃油系统(系统 28 −00)
	−00	总论	
	−10	储存	该系统部分储存专用于空中加油时的燃油。包括油箱密封、软油箱、通风系统、软油箱和油箱的内部连接装置、过翼漏斗连颈和口盖等。也包括储油泵系统和不属于分配系统的油舱内储油器

（续）

系统	子系统	名称	定　　义
48	－20	分配	该系统部分被用于从加油口向储存系统分配燃油,并从储存系统向受油飞机分配燃油。包括管道、泵、阀门、控制装置等设备
	－30	传送	该系统部分从分配部分接收燃油,并将燃油导入到受油飞机。包括加油伸缩桁杆、加注嘴或加油软管、加油锥管、伸缩桁杆操纵面、传动筒、提升系统和装载系统。不包括操作控制装置
	－40	控制装置	该系统部分控制从加油机向受油飞机传输燃油。包括操作控制装置、指示器、飞机间通信设备
	－50	指示	该系统部分被用于指示燃油油量、温度和压力。包括储存和分配区域内关于泵压的警告系统
	－60	放油	该系统部分用于在飞行期间向机外排放燃油。若加油机放油系统在系统28－30已被使用,则与之相关的接口可放在本系统中。包括管道、控制装置、指示器、放油槽等
49		机载辅助动力装置	机载辅助动力装置(发动机)是安装在飞机上的、用于产生并提供辅助电力、液压、气动或其他动力中的一种或几种组合动力。包括动力和传动部分,燃油、点火和控制系统,也包括线路、指示器、管道、阀门和到动力单元的管路。不包括直流发电机、交流发电机、液压泵等设备,或是其他向飞机各系统提供动力的连接系统
	－00	总论	
	－10	动力装置	定义参见系统71
	－20	发动机	定义参见系统72
	－30	发动机燃油和控制装置	定义参见系统73
	－40	点火和起动	定义参见系统74和80
	－50	进气	定义参见系统75
	－60	发动机操纵	定义参见系统76
	－70	发动机指示	定义参见系统77
	－80	排气	定义参见系统78
	－90	滑油	定义参见系统79

（续）

系统	子系统	名称	定　　义
50		货舱和附件舱	这两个舱室用于储存货物和各种组件和附件。包括用于装卸货物的系统和其他货物相关系统。不包括系统 53 中的飞机结构
	－00	总论	
	－10	货舱	该舱用于储存货物
	－20	货物装载系统	该组系统中的组件被安装在飞机上，用于装载/卸载货物、货物固定、运货引导和调整。包括传动系统、滚轴、闩、束缚网等
	－30	货物相关系统	该组系统与货物装载/卸载相关。包括飞机配载系统、货物装载排列系统等。不包括货物装载系统
	－40	空投	该组设备用于空投货物或人员。包括操作平台、降落伞和减速伞、货物释放和传送装置、稳定索、固定强民、绞车、跳伞绳等
	－50	附件舱	该舱被用于存放各种组件和附件。包括轮舱、尾部－液压－电气/电子设备架、主电瓶安装架等
	－60	隔离材料	该隔离层被用于隔热、隔声。包括货舱、附件舱、隔离层等
51		标准惯例:结构	该系统包括适用于多项结构任务的标准惯例、通用程序和典型修理,这些部分没有包括在系统 52 至 57 中。未包含那些被归类为标准商业惯例和只被应用于制造业的惯例/程序。对于特定应用的惯例被作为程序的一部分包括到了相应的结构章节中
	－00	总论	适用于所有结构章节的标准惯例。给出飞机主要结构分解图、主要和二级结构图、主区域数据和尺寸数据、限制区域图表、分区图、口盖和面板标识、术语表
	－10	检查、清理及气动光滑度	给出损伤分类的定义。凹痕、裂纹、划痕、腐蚀等的处理。飞机的气动光滑度要求,允许的外形容差、裂缝和不匹配的数据
	－20	工艺方法	用于飞机修理的专业工艺方法。除了要求的特殊规定外,不会包括通用工程惯例。与个别修理有关的独特工艺,诸如焊接规范等包含在相应的修理程序之中,在此仅供参考
	－30	材料	给出了用于飞机修理的挤压型材、冷弯型材、板材、密封剂、黏结剂和特殊材料在内材料(金属和非金属)的说明。如果可能,也包括允许的替代品和供应源等

（续）

系统	子系统	名称	定　义
51	-40	紧固件	给出了紧固件类型、材料和尺寸的说明。包括钻孔准备在内的紧固件安装和拆除程序、紧固件强度值和替代数据等
	-50	飞机修理的支撑和校直检查程序	飞机在修理期间减轻载荷的支撑程序。包括支撑的位置和所需地面设备的外廓尺寸
	-60	操纵面配平	修理后调整操纵面整体平衡的程序。适当情况下，单独的修理将包含在它们自身的配平操作指南中
	-70	修理	适用于通用的典型修理，不限于某个 S1000D 系统
	-80	电焊接	关于飞机结构的电焊接以及子系统与飞机结构的电焊接
52		舱门	舱门是用于人员出入和用于密封机身内其他结构的可移动单元。包括客舱门、机组人员登机门、货舱门、紧急出口等。也适当包含了与舱门控制有关的电力系统和液压系统
	-00	总论	
	-10	客舱门/机组人员登机门	用于乘客以及机组人员上、下机的舱门。包括构架、锁闭机构、把手、隔层、内覆层、操纵装置、整体台阶、应急撤离滑梯、扶手、连接/悬挂接头等设备
	-20	紧急出口	正常情况下作为出口但易于疏散的出口舱门。包括构架、锁闭机构、把手、隔层、内覆层、操纵装置、连接/悬挂接头等设备
	-30	货舱门	主要用于进出货舱的外部舱门。包括构架、锁闭机构、把手、隔层、内覆层、操纵装置、整体台阶、应急撤离滑梯、扶手、连接/悬挂接头等设备
	-40	保养门和其他舱门	主要用于保养飞机系统与设备的外部舱门。包括构架、锁闭机构、把手、隔层、内覆层、操纵装置、整体台阶、扶手、连接/悬挂接头等设备
	-50	机内舱门	安装于机身内固定区域的舱门。包括构架、锁闭机构、把手、内覆层、连接/悬挂接头等设备。不包括安装于可移动区域的舱门（该部分包含在系统 25 中）
	-60	登机梯	与入口舱门联合使用但不作为入口舱门一部分的登机梯。登机梯的主要结构是舱门，被包含在相应的章节中。包括构架、作动机构、操纵装置、扶手、连接/悬挂接头等设备
	-70	舱门警告	该系统部分被用于指示舱门是否被关闭且被正确锁闭。包括开关、指示灯、电铃、喇叭等设备。不包括起落架舱门警告（包含在系统 32 中）
	-80	起落架舱门	用于密封起落架舱门的结构。包括构架、锁闭机构、把手、隔层、内覆层、操纵装置、连接/悬挂接头等设备

（续）

系统	子系统	名称	定 义
53		机身	组成设备舱、客舱、飞行机组舱、货舱、以及飞机外壳和吊舱的那些构件和相关组件。包括蒙皮、隔框、长杆、地板梁、地板、承压圆、排水管、尾锥、机身到机翼和机尾的整流带、安装/连接接头、装载帘、钢索、软补偿油箱等。也包括用于机外挂载厢的结构式和移动式吊挂架。不包括武器吊挂架（包含在系统94 – 30中）
	– 00	总论	
	– 10 ~ – 90	机身部分	完整的机身包括蒙皮、主要构架、次要构架和整个机身的整流装置（按结构差别分组，并按机身部分的位置突出）。该部分的位置定义由协作制造商或按其他适当分工从机头到机尾按次划分。不包括系统 25 中的可移动隔壁和系统 27 中可变整流罩的功能和维护
54		短舱/吊舱	该组结构单元及其相关组件被用于为动力装置和转子总成提供安装和储存的手段。包括蒙皮、飞机纵梁、隔框、长桁、壳体、排水管、舱门、短舱整流片、安装/连接接头等。也包括动力装置整流罩的结构,进气道的结构部分（不论其是否集成到飞机上）。不包括没有集成到机身上的排气系统结构部分
	– 00	总论	
	– 10 ~ – 40	短舱部分	包括蒙皮、主要构架、次要结构、整流片和按结构差别归类并按专门的短舱命名强调的整个短舱的整流罩。该部分的位置定义由协作制造商或按其他适当分工按次划分
	– 50 ~ – 80	吊舱	包括蒙皮、主要构架、次要结构、整流片和按结构差别归类,并按专门的吊舱命名强调的整个吊舱的整流罩。该部分的位置定义由协作制造商或按其他适当分工按次划分
	– 90	进气管理	由调节和引导进气道气流的组件和提供发动机空气粒子分离（EAPS)的组件组成
55		安定面	水平安定面和垂直安定面。包括升降舵、方向舵、辅助安定面和导流片的结构
	– 00	总论	
	– 10	水平安定面或鸭翼	能够安装升降舵的水平尾翼或鸭翼。包括梁、肋、桁条、蒙皮、口盖、翼梢、安装/连接接头等

（续）

系统	子系统	名称	定　义
55	-20	升降舵	升降舵是一个可移动机翼,安装于水平安定面或鸭翼,用于俯仰操纵。包括梁、肋、桁条、蒙皮、口盖、调整片、配平装置、安装/连接接头等
	-30	垂直安定面	安装有方向舵的垂直机翼。包括梁、肋、桁条、蒙皮、口盖、翼梢、安装/连接接头等
	-40	方向舵	方向舵是可移动机翼,安装于垂直安定面,用于偏航操纵。包括梁、肋、桁条、蒙皮、口盖、调整片、配平装置、安装/连接接头等
	-50	辅助安定面和导流片	固定在机身上的辅助安定面和导流片。包括梁、肋、桁条、蒙皮、口盖
56		观察窗和座舱盖	机身舱和飞机机组舱的观察窗和座舱盖。包括挡风玻璃,也包括安装于舱门上的窗户。相关的电气/液压/气动作动系统也被包括进来
	-00	总论	
	-10	驾驶舱	机组人员在该舱中驾驶飞机。包括透明材料及其滑动式和固定式边框的窗户、挡风玻璃和座舱盖、把手、锁定装置、相关的电气/液压/气动作动系统等设备。不包括舱门或检查/观查窗
	-20	机身舱	该舱用于承载乘客、战斗组机组人员或是货物等。包括休息室、洗手间、备餐间/厨房和衣帽间。包括透明材料、边架、防霜板等设备
	-30	舱门	驾驶舱和机身舱的舱门。包括透明材料及其边框等。不包括紧急出口窗户
	-40	检查窗/观察窗	包括用于检查飞机内部及其周围的舱室和设备的窗户,用于天文领航的天体观察窗、空中加油操作人员观察窗。包括透明材料及其边框等设备
57		机翼	飞机飞行中支撑飞机中央翼、外翼构件及其相关组件和构件。包括梁、肋、桁条、壳体、排水管等设备,以及关于整体油箱、襟翼、前缘襟翼、副翼或升降副翼(包括调整片)和扰流板的结构。也包括用于承载外挂物的固定式和可拆卸挂架。不包括系统 94-30 中的武器挂架

（续）

系统	子系统	名称	定　义
	-00	总论	
	-10	中央翼	包括中央翼的蒙皮、主要构架、整流片、整流罩以及安装/连接接头
	-20	外翼	包括外翼的蒙皮、主要构架、整流片、整流罩以及安装/连接接头
	-30	翼尖	包括翼尖的蒙皮和构架以及安装/连接接头
	-40	前缘和前缘装置	包括机翼前缘以及移动式前缘翼的蒙皮和构架。例如,副翼、壳体、安装/连接接头等
57	-50	后缘和后缘装置	包括机翼后缘的蒙皮和构架以及移动式后缘翼。例如,副翼和安装/连接接头
	-60	副翼、升降副翼和襟副翼	包括副翼、升降副翼、襟副翼和整流片的蒙皮和构架,配平设备和安装/连接接头等
	-70	扰流板	该扰流板安装在机翼上,包括扰流板的蒙皮和构架、减速板、减升板、安装/连接接头等
	-80	折叠翼	该系统可控制主机翼结构中的某个部分在地面上的移动,包括连杆机构、作动筒、锁、指示/警告系统等。 注:该部分描述了机翼折叠系统,请不要与系统 66 中的"桨叶/塔架折叠"相混淆
60		标准惯例:螺旋桨/旋翼	该部分包括一些关于机械、电气/电子工程方面的标准惯例,这些标准惯例适用于多项螺旋桨/旋翼维修任务(没有包含在系统 61 至系统 69 中)。未包含那些被归类为标准商业惯例和只被应用于制造业的惯例/程序。项目中的特定惯例应包含到相应的螺旋桨/旋翼章节,成为程序的一个部分
	-00	总论	适用于所有螺旋桨/旋翼章节的一些标准惯例
	-10 ~ -90		-10 至 -90 部分描述了标准惯例。对于与多个螺旋桨/旋翼相关的通用标准惯例,制造商或承制方可为其分配恰当的子子系统编号
61		螺旋桨/推进器	整套机械或电动螺旋桨、泵、电动机、调速器、交流发电机和位于发动机外部或与发动机成一体的、用于控制螺旋桨的桨叶角那些单元和组件,包括螺旋桨转子同步器和推进器函道总成,以及机械组件整流罩、定子、矢量系统等

（续）

系统	子系统	名称	定　义
61	-00	总论	
	-10	螺旋桨总成	给出了用于旋转的系统部分,发动机螺旋桨轴除外,包括桨叶、桨帽、桨毂、毂盖、滑环、除冰套、分配阀等
	-20	控制装置	该系统部分控制螺旋桨桨叶的桨距,包括调速器、同步器、开关、线路、钢索、拉杆等设备。不包括与螺旋桨总成一起旋转的部件。也包括推进器矢量传动系统的有关单元和组件,以及飞行板操纵、驱动电动机、变速器、驱动轴、同步轴等
	-30	制动	该系统部分被用于缩短发动机断电后螺旋桨的停止运转时间,包括制动机构、拉杆、滑轮、钢索、开关、线路、管路等
	-40	指示	该系统部分被用于指示螺旋桨系统或推进器系统的运行或活动,包括指示灯、开关、线路等设备
	-50	推进器函道	完整的函道总成,包括矢量驱动附件、整流装置、静子、齿轮箱外壳等
62		主旋翼	桨毂部件和旋翼桨叶,包括旋转斜盘组件,以及不与变速器连成一体的旋翼轴部件。不包括旋翼防冰系统(见系统30,防冰防雨)
	-00	总论	
	-10	旋翼桨叶	旋翼桨叶部件,包括用于防冰的加热套(电阻器)
	-20	旋翼桨毂	包括桨叶折叠系统在内的完整旋翼桨毂,桨叶套、桨轴、减振器、桨毂整流罩。如果旋翼桨毂和轴构成一个不可拆的装配件,那么也包括旋翼轴和旋转斜盘
	-30	旋转控制,旋翼轴/旋转斜盘部件	包括倾斜变杆和旋转斜盘部件(如果不在"-20节"中包含)
	-40	指示	该系统部分指示旋翼系统的工作情况和运转状态,包括指示灯、测量仪表、开关、线路等设备
63		主旋翼传动	包括向旋翼传输动力的所有组件:发动机联轴器组件、传动轴、离合器和自由旋转部件、变速器,以及它们的组件、系统单元和锁紧件
	-00	总论	
	-10	发动机/变速器联轴器	发动机和主变速器之间、变速器与变速器之间、离合器与自由旋转部件之间(如果适用)的传动轴

（续）

系统	子系统	名称	定义
63	-20	变速器	驱动旋翼的系统部分,包括机械动力启动、附件传动,但不包括附件本身(交流发电机、液压泵等),以及变速器润滑系统和旋翼制动器(如果旋翼制动器是变速器的一部分)
	-30	固定和连接装置	包括吊杆、振动阻尼系统,提供变速器到机身的连接
	-40	指示	该系统部分指示旋翼系统的工作情况和运转状态。包括指示灯、测量仪表、开关、线路等设备
64		尾桨	该装置在飞机上以几乎与对称面平行的方式旋转,并向与主旋翼扭矩相反的方面传送定量的推力,以此来保证偏航控制,包括桨叶和旋翼桨毂。不包括旋翼除冰系统(见系统 30,防冰防雨)
	-00	总论	
	-10	桨叶	桨叶部件,包括用于除冰的加热垫(电阻丝)。 注:对于整体单元,只使用一节
	-20	旋翼桨毂	机尾旋翼桨毂。 注:对于整体单元,只使用一节
	-30	旋转控制	包括倾斜控制杆、连杆和相关组件
	-40	指示	该系统部分指示旋翼系统的工作情况和运转状态,包括指示灯、测量仪表、开关、线路等设备。 注:对于整体单元,只使用一节
65		尾桨传动	包括所有向尾桨传送动力的组件,包括驱动轴、轴承、变速器
	-00	总论	
	-10	轴	包括传动轴、轴承、柔性联轴器
	-20	变速器	包括中间减速器和尾部减速器
	-30	项目不可用	
	-40	指示	该系统部分指示旋翼系统的工作情况和运转状态,包括指示灯、测量仪表、开关、线路等设备
66		折叠式桨叶/塔架	整个系统提供旋翼桨叶和尾部塔架自动或手动折叠、伸展的功能。 注:按照本章所制定的程序也会影响到其他章节中描述的组件

（续）

系统	子系统	名称	定　　义
66	-00	总论	
	-10	旋翼桨叶	该系统部分可实现旋翼桨叶的折叠与伸展,包括永久安装在飞机上的机械式、液压式和电动式组件
	-20	尾部塔架	该系统部分可实现尾部塔架的折叠与伸展,包括永久安装在飞机上的机械式、液压式和电动式组件
	-30	控制和指示	该系统部分用于控制折叠/伸展的顺序,并指示系统的运行状态,包括控制单元、指示灯、指示器、线路等
67		旋翼飞机操纵	该系统用于手动控制直升机的飞行姿态,包括用于总桨距、周期变矩、航向控制、伺服控制的操纵连杆和操纵钢索及其相关系统、配平装置以及指示和监视系统。 注:本章包括用于旋翼操纵的全部装备,包括本系统中没有描述的相关设备。例如,自动驾驶仪、伺服控制单元、自动配平装置(系统 22)、桨距拉杆、梁、旋转斜盘(系统 62 和系统 64)
	-00	总论	
	-10	旋翼操纵	该系统部分通过控制旋翼桨叶的攻角来控制飞行姿态,包括总距杆、周期变距和相应的拉杆以及钢索操纵、连接器和复合装置以及模拟感觉系统等,也包括操纵位置指示系统
	-20	反扭矩旋翼操纵（偏航操纵）	该控制部分可控制直升机的航向(偏航操纵)。包括尾桨操纵踏板、相关连杆和钢索操纵、构成偏航操纵通路的双臂曲柄以及操纵位置指示系统
	-30	伺服控制系统	该系统部分确保输出动力源到旋翼伺服控制系统中。包括伺服控制系统运行所需的减压阀、电磁阀、止回阀、蓄压器和设备,伺服控制装置,用于监视和指示伺服控制系统运行状态的系统
70		标准惯例: 发动机	该章包含一些关于机械、电子、电气等领域的标准工程惯例,这些惯例适用于多个发动机任务功能(这些任务功能没有包含在系统 71 至系统 84 中),不包括标准商业惯例和仅适用于制造业的惯例/过程。对于具体应用的惯例,被作为工序的一部分包含到发动机章节中的相关部分
	-00	总论	适用于所有发动机及其相关系统的标准惯例
	-10	标记和掩模	该部分包括标记和掩模处理以及任何要求的关于过程和产品的测试

(续)

系统	子系统	名称	定 义
70	−20	清洁和涂层清理	该部分包括化学清理过程和机械清洁过程,化学清理涂层和机械清理涂层的过程
	−30	检查	该部分包括检查程序。例如,硬度测量、荧光透视、涡流检测等,包括任何要求的关于过程和产品的测试
	−40	修理原则	该部分包括多种适用于发动机零部件修理(如铆接、加工、热处理)的过程,包括任何要求的关于过程和产品的测试
	−50	表面处理	该部分包括在零部件涂料施工之前的表面处理过程(例如,喷砂蚀刻法),或是更改表面硬度的过程(例如,玻璃丸喷丸法)
	−60	涂料施工	该部分包括在发动机部件上涂料的工序。例如,镀镍、氧化膜、润滑涂层,包括任何要求的关于过程和产品的测试
	−70	装配	该部分包括在发动机装配期间使用的方法。例如,锁定法,包括任何要求的关于过程和产品的测试
	−80	拆卸	该部分包括在发动机拆卸期间使用的方法。例如,安装失败时的要求和对于专检的要求
71		动力装置	完整的动力装置包括发动机、进气道、安装托架、整流罩、进气口、整流罩通风片
	−00	总论	包括概括性的信息、限制和工序,也包括关于发动机更换、试车、外部安装的备用动力装置等内容,同时也包括动力装置安装、拆卸等内容
	−10	整流罩	该部件为动力装置装置周围的可拆卸外壳,包括功能性和维修性方面的部件,附件整流罩、整流罩通风片、整流罩支架、连接和锁定机构等,不包括与机身集成于一体的结构,该部分包括在相关的结构章节中
	−20	安装托架	该托架是由组装或是锻造而成,被用于支撑发动机,并为将发动机连接到短舱或吊舱提供支撑,包括发动机安装支架、减振器、支撑连杆、安装螺栓等
	−30	防火隔层	本部分的防火隔墙和防火隔层安装在动力机组或是在其周围,用途是将火隔离在防护对象之外,不包括系统54中的防火墙
	−40	连接接头	该组接头和支架被用于支撑动力机组内的设备及其周围的设备

（续）

系统	子系统	名称	定　义
71	−50	电气线束	包括电力电缆、导线管、插头、插座等，这些组件被用于几个动力系统，并且被束在一起以方便动力装置的拆卸和安装，不包括属于其他系统的线路
	−60	进气道	动力系统中的该部分用于引导并能（或不能）改变进入发动机中的空气流量。包括机头环形整流罩、进气口、压气机风扇整流罩、埋入式发动机进气道、涡流发生器、作动筒、操纵把手、钢索、线路、管路、连杆、舱门、警告系统、位置指示器等，不包括与机身形成一体的结构，该部分包括在相关章节中
	−70	发动机排放机构	该组组件和部件被用于从动力装置及其附件中排放多余流体。包括排放管路、歧管、油箱、火焰消除器、排放口、支架等，也包括集成于动力装置整流罩或安装在动力装置整流罩上的相关组件
	−80	发动机辅助系统	该组组件和部件被用于向发动机传送压缩机灌洗液，包括用于关于压缩机放气的管路、阀门、控制装置、压缩器停止引气后的供气管路等
72		发动机	该组单元和组件被用于将燃油空气混合物转化为动力。对于简单的涡轮发动机，包括进气道、压气机、扩散器、燃烧室、涡轮机、排气装置；对于活塞式发动机，包括增压器、离合器、离合器控制阀、汽缸、汽缸导流片、进气管、曲轴总成等 用于传送动力到传动轴和附件传动装置（如果存在），包括减速器、齿轮传动链、延伸轴和扭矩 在发动机的基本功能内，为发动机之外的其他系统提供动能。包括附件传动装置、提前点火机构的机械部分、从螺旋桨调速器衬垫到螺旋桨轴的输油管、BMEP（平均有效制动压力）部分等 被用于控制和引导润滑液从发动机的进口接头到出口接头。包括发动机泵（压力泵和吹洗泵）、减压阀、油滤、油路（包括内部的和外部的）等
		涡轮发动机/涡轮螺旋桨发动机,管道风扇/无管道风扇	
	−00	总论	包括一般性信息、限制和工序。在发动机手册中包括拆卸、清洗、检查、装配、测试等方面的项目

（续）

系统	子系统	名称	定 义
72	－10	减速齿轮,轴段（涡轮螺旋桨发动机与/或前置式齿轮传动推进器）	发动机中的该部分包含了传动轴和减速齿轮。包括柔性安装附件传动等。如果适用,该部分也使用机械力通过齿轮传动系统,来驱动前置推进器以产生大部分的动能。包括推进器叶片、作动系统、减速齿轮、传动轴等
	－20	进气道	空气通过该部分进行到压气机,包括导向叶片、套筒、机匣等
	－30	压气机	空气在该部分中被压缩,包括机匣、叶片、内环、转子、扩压器等。也包括静子叶片的维修等内容,但不包括可调静子叶片的运行等内容(见系统 75 – 30)。不包括压气机引气系统
	－40	燃烧室	空气和燃料在该部分中被混合并燃烧,包括燃烧室体、机匣等
	－50	涡轮段	该部分包括涡轮,以及涡轮喷器、涡轮转子、机匣等
	－60	附件传动	用以驱动附件的机械动力启动,包括安装在发动机上的减速器、齿轮、密封、泵等,但不包括远距离安装的减速器(见系统 83)
	－70	外函道	该部分用于将正常的发动机气流(无论是冲压的还是经压缩的空气)分流,主要目的是增加发动机的推力或减小单位燃油的消耗
	－80	推进器(后置式)	该部分包括一个推进器,用以产生大多数的动能。推进器可以是涡轮机驱动也可以是齿轮传动,包括推进器涡轮机、推进器叶片、叶片驱动、旋转机架与/或静止机架
	－90	多系统硬件	该部分由多个上面给定的子系统(例如,燃气发生器、核心发动机)组成
		活塞式发动机	
	－00	总论	包括一般性信息、限制和工序。在发动机手册中包括拆卸、清洗、检查、装配、测试等方面的项目
	－10	前段	该部分包括螺旋桨桨轴和减速齿轮,包括驱动前置式附件的设备等
	－20	动力段	该部分包括曲轴、主连杆和连杆附件、凸轮、凸轮传动齿轮、推杆导向器、滚轮、托板等
	－30	汽缸段	该部分包括汽缸、阀门、活塞、推杆、进气管道、导流板等,也包括摇臂组件、阀门弹簧等

（续）

系统	子系统	名称	定　义
72	-40	增压器段	该部分包括机匣、屏蔽板、废气涡轮增压器（PRT）连接及传动、叶轮及传动、附件驱动、衬套等
	-50	润滑	该组单元和组件被用于向整个发动机分配燃油，包括前、后增压泵、回油泵、过滤器、阀门等，也包括在系统79中没有包括的滑油管路，但不包括在发动机内形成整体通路的设备
73		发动机燃油和控制系统	对于涡轮发动机，该组单元和组件以及相关的机械系统或电子电路可控制流向主快卸接头之上的发动机的燃油和推力增压器的燃油，也测量燃油流速，传送并指示单元信息，不论该单元位于快卸接头之前还是之上。 包括协调装置或是具有相同作用的部件、发动机燃油驱动泵和过滤器、主燃油控制装置和推力增压器控制装置、电子温度基准调节器、温度基准阀、燃油歧管、燃油喷嘴、燃油加浓系统、速度控制开关、继电器箱总成、电磁排水阀、燃烧器排水阀等。 对于活塞式发动机，该组单元和组件向发动机传输配量的燃油和空气。燃油部分包括化油器或从进油口到排放喷嘴的主控制器、喷油泵、化油器、喷油嘴、燃油启动器。空气部分包括从进气道到回气道的单元，也包括叶轮室
	-00	总论	
	-10	分配	该系统部分位于从主快卸接头到发动机之间，用于将燃油分配至发动机燃烧段和推力增压器，包括管路、泵、温度调节器、阀门、过滤器、歧管、喷嘴等。不包括主燃油调节器或推力增压器的燃油控制
	-20	控制	该主燃油调节器可测量流入发动机和到推力增压器的燃油油量，包括液压与机械相结合的燃油控制装置或电力燃油控制装置、操纵杆、作动筒、钢索、滑轮、连杆、传感器、阀门等设备，这些设备都是燃油控制单元的组件
	-30	指示	该系统部分被用于指示燃油的流量、油温、油压。包括传感器、指示器、线路等，不包括作为发动机综合仪表系统中的指示器（见系统77-40）

（续）

系统	子系统	名称	定 义
74		点火	该组单元和组件产生、控制、提供或分配一个电流,以点燃位于活塞式发动机汽缸中、或是燃烧室中、或是涡轮式发动机推力增压器中的燃油空气混合物,包括感应式振动器、磁电机、开关、铅滤波器、分配器、电汽接线、火花塞、点火继电器、激励器和点火提前电子部分
	−00	总论	
	−10	供电电源	该系统部分可产生电流以点燃在燃烧室和推力增压器中的燃油混合物,包括磁电机、分配器、启动点火线圈、激励器、变压器、储存电容器、编排器等设备
	−20	分配	该系统部分从电源传导高压或低压电流到火花塞或点火器,包括系统中作为独立部分的磁电机和分配器之间的线路,以及点火导火索、高压引线、用于低压系统中的线圈、火花塞、点火器等
	−30	开关	该系统部分可将电源转换为不工作状态,包括点火开关、线路、插头插座等
75		引气	对于涡轮发动机,该组外部单元和组件以及集成的基本发动机部件合在一起,可将空气引导至发动机的不同部分,并能将空气引导至延伸轴和扭矩计组件(如果有),包括用于控制通过发动机气流的压气机放气系统、冷却空气系统和用于发动机防冰的空气加热系统,不包括飞机防冰系统、发动机启动系统和排气辅助空气系统
	−00	总论	
	−10	发动机防冰	该系统部分通过放气的方式消除并预防发动机上结冰,但并不包括动力装置整流罩上的防冰(见系统30),包括阀门、管路、线路、调节器等。电气防冰见系统30
	−20	冷却	该系统部分用于发动机及其附件的通风,包括阀门、管路、线路、引射泵、涡流扰流器等
	−30	压气机控制	该系统部分被用于控制通过发动机的气流,包括调速器、阀门、作动筒、连杆等,也包括可调静子叶片的操作,但不包括维修(维修见系统72−30)
	−40	指示	该系统部分被用于指示空气系统中的温度、气压、控制位置等信息,包括发送器、指示器、线路等设备
	−50	进气道异物清除	该系统部分被用于清除进气道中的异物

（续）

系统	子系统	名称	定　义
76		发动机操纵	该发动机操纵装置可控制发动机的运行,包括与应急停车相连接的单元和组件。对于涡轮螺旋桨发动机,包括连杆、协调装置或其相同功能器件的控制装置、从位标器到螺旋桨调速器的控制装置、燃油控制单元或其他被控单元。对于活塞式发动机,包括对增压器的控制装置,不包括在其他章节里明确列出的单元和组件
	-00	总论	
	-10	功率控制	该系统部分对主燃油控制装置或协调装置进行操控,包括对于涡轮螺旋桨发动机上螺旋桨调节器的控制装置,以及连杆、钢索、操纵杆、滑轮、开关、线路等,不包括单元自身
	-20	应急停车	该系统部分可在执行应急程序期间控制流入、流出发动机液体的流量,包括操纵杆、钢索、滑轮、连杆、开关、线路等,不包括单元自身
77		发动机指示	该组单元、组件及其相关系统被用于指示发动机的运行状态,包括指示器、发送器、分析器等。对于涡轮螺旋桨发动机,包括相位检测器,不包括明确包括在其他章节中的系统或设备,但指示器作为综合发动机仪表系统中的一部分时除外(系统77-40)
	-00	总论	
	-10	功率	该系统部分直接或间接指示发动机的功率或推力的有关状态信息,包括平均有效制动压力(BMEP)、压力比、每分钟转数等
	-20	温度	该系统部分指示了发动机的当前温度,包括汽缸头、排气(涡轮出口)等
	-30	分析器	该系统部分利用仪表或示波器等设备对发动机性能或状态进行分析,包括信号发生器、线路、放大器、示波器等
	-40	综合发动机仪表系统	该系统部分被作为一个整体模型来接收几个或所有的发动机运行参数,并将这些参数传送到机组人员显示装置的中央处理器中,包括显示单元、传送器、接收器、计算机等

（续）

系统	子系统	名称	定　　义
78		排气	该单元和组件控制发动机向外排放废气。对于涡轮发动机,包括基本发动机外部的单元。例如,反推力器和噪声抑制器。 对于活塞式发动机包括加力燃烧室、排气管、卡箍,不包括废气驱动涡轮
	-00	总论	
	-10	集气管/排气管	该系统部分可从汽缸或涡轮中收集排放的废气,包括集气环、排气管道、可变管道、作动筒、管路、连杆、线路、位置指示器、警告系统等。既不包括动力回收涡轮、涡轮增压器等,也不包括作为尾喷管系统的消声器或反推力器
	-20	消声器	该系统部分可减小排放废气产生的噪声,包括管路、挡板、护罩、作动筒、管路、连杆、线路、位置指示器、警告系统等。 当消声器是尾喷管系统的一个组成部分时,属于系统78-10
	-30	反推力器	该系统部分被用于改变废气排放的方向以提供反向推力。包括瓣板、连杆、操纵杆、作动筒、管路、线路、指示器、警告系统等。 当反推力器是尾喷管系统的一个组成部分时,属于系统78-10
	-40	补充空气	该系统部分可调节和控制排气系统中的补充空气气流,包括三级进气门、作动筒、连杆、弹簧、管路、线路、位置指示器、警告系统等
	-50	加力燃烧室	该系统部分可在飞机起飞和飞行阶段按飞行员的指令提供额外的推力,包括线、环、导管、作动筒、连杆、线路、指示器、警告系统等,不包括动力装置外部的加力燃烧室(见系统84中的助推装置)
	-60	耗散/偏转	该系统部分可稀释发动机排气或改变其排放方向使其远离飞机,以减少红外特征并降低废气温度
79		滑油	该组单元和组件位于发动机的外部,用于储存润滑油并将润滑油输入、输出到发动机,包括从润滑发动机出口到入口的所有单元和组件,也包括入口和出口接合件、油箱、散热器、旁通阀、辅助滑油系统等
	-00	总论	
	-10	储存	该系统部分用于储存滑油,包括油箱、加注系统、内部计量器、挡油圈、油槽和放油管等,不包括作为发动机整体中的油箱部分

（续）

系统	子系统	名称	定 义
79	-20	分配	该系统部分用于将滑油从发动机中导入、导出,包括管路、阀门、温度调节器、控制系统等
	-30	指示	该系统部分用于指示滑油的油量、油温和油压,包括发送器、指示器、线路、警告系统等。若指示器作为综合发动机仪表系统中的一部分,则不包括该指示器(系统77-40)
80		启动	该组单元、组件及其相关系统用于启动发动机,包括电气、冲压空气或其他启动器系统。不包括系统74中的点火系统
	-00	总论	
	-10	启动	该系统部分用于执行起动运转过程中的起动部分,包括管路、阀门、线路、起动器、开关、继电器等
81		涡轮机	仅适用于活塞式发动机,包括在发动机外的动力回收涡轮部件和涡轮增压器单元
	-00	总论	
	-10	动力回收	该涡轮机从排放的废气中抽取能量并耦合到曲轴
	-20	涡轮增压器	该涡轮机从排放的废气中抽取能量并驱动空气压缩机
82		注水	该组单元和组件可为注水系统提供水或水混合物,并测量注入的流量,包括水箱、泵、调节器
	-00	总论	
	-10	储存	该系统部分被用于储存水或水混合物,包括水箱密封、软式容器的固定、通气系统、单元水箱及水箱的连接装置、加注系统等
	-20	分配	该系统部分被用于从水箱或单元水箱中向发动机注入水或水混合物,包括管路、交输系统、泵、阀门、控制装置等
	-30	排放和清洗	该系统部分被用于排放水和清洗本系统,包括管路、阀门、控制装置等
	-40	指示	该系统部分被用于指示水或水混合物的水量、温度和压力。包括发送器、指示器、线路等
83		附件传动箱	该组单元和组件安装在距发动机较远的地方并通过一个驱动轴与发动机连接,可驱动多种类型的附件,不包括直接连接到发动机且直接与发动机相邻的那些附件驱动(参见系统72)

（续）

系统	子系统	名称	定　义
83	-00	总论	
	-10	传动轴段	该系统部分被用于从发动机向齿轮传输动力,包括传动轴、适配器、密封件等
	-20	传动箱段	该箱包含齿轮系和齿轮轴,包括齿轮、轴、密封件、油泵、冷却器等
84		助推装置	该组单元和组件独立于主推进系统,可提供短持续时间的额外推力,包括固体或液体推进器、控制装置、指示器等
	-00	总论	
	-10	喷气起飞助飞器	该组单元和组件用于喷气起飞、助飞系统
85		燃油电池系统	该组单元和组件运用电气化学转换过程,从燃油(阳极)和氧化剂(阴极)中产生电力,包括反应物和反应产物供应/排放设备、燃料电池堆、电力输出设备、冷却和加热设备、中央控制和监视子系统
	-00		
	-10	燃料电池堆	该系统部分执行从燃油和氧化剂转化为电力电能、热能和废气的电化转换过程,包括燃料电池、接头配件、线路以及所有连接至其他燃料电池子系统上的设备
86		升力系统	该组单元和组件与主推力系统结合在一起民,共同为飞机实现短距起飞和垂直降落(STOVL)提供了矢量垂直推力,也包括为在 STOVL 模式下的飞机提供稳定性的那些单元和组件
	-00	总论	
	-10	升力风扇	该系统部分为在 STOVL 飞行状态下的飞机提供升力,包括齿轮箱、离合器和相关附件
	-20	传动轴	该系统部分可将动力从发动机传送到 STOVL 升力系统
	-30	可变截面喷管	该系统部分可控制 STOVL 风扇的出风,并从管道将风输出,以为 STOVL 飞机提供升力
	-40	侧滚控制	该系统部分可在 STOVL 飞行配置下,通过控制主发动机产生并输送风的方式,控制飞机的横滚姿态
90		回收系统	该系统包含用于回收飞机及其相关设备的系统、单元和组件
	-00	总论	

（续）

系统	子系统	名称	定　义
90	－10	降落伞回收系统	该系统部分使用降落伞及其相关配置设备回收飞机及其相关设备,包括主伞包、漏斗形减速伞包、弹射装置、启动装置、开伞装置和解锁装置
	－20	冲击缓减系统	该系统部分可缓减飞机所受的冲击震动,包括挤压式的碰撞衰减器、气囊、制动火箭着陆减震系统、启动装置、展开装置和减震器箱
	－30	排序系统	该系统部分提供了回收的顺序,包括计算机、接口、发射机、电信号等
	－40	定位系统	该系统部分提供了飞机着陆后的定位信息,包括计算机、发射机、天线等
91		飞机线路系统	包括适用于多个系统或系统接口的多用途图表、简图和列表。例如,接线图、备用线图、接线盒图、分离插头图、管道和布线图、硬管图、软管图、系统集成图、可重用软管组件表、控制电缆表、多系统耗材表等
92		雷达	该组单元和组件由多功能雷达系统组成,用在战斗机(通常是前置式)、海上巡逻飞机、机载报警与控制系统(AWACS)型飞机上
	－00	总论	
	－10	频率发生器	该系统部分给出用作基准频率的原始信号(微波、时钟信号等)
	－20	发射	该系统部分用于完成波形输出功能
	－30	接收	该系统部分用于感应收集电磁信号,对被收集信号的频率进行转换,或是生成视频率信号
	－40	处理	该组计算资源被用于信号处理、数据处理、雷达系统管理或是与其他飞机系统上的处理功能进行 I/O 信息交换
	－50	波束控制	该系统部分可将波束指向空间内任意方向。该部分可以是基于机械操纵或是电子操纵
	－60	电源和供电安全	该系统部分负责供电,并负责所有起动阶段和当前工作状态的保护功能,(例如,切断电源)
	－70	调节	该系统部分负责为不同模块进行冷却和增压
	－80	机内测试	该系统部分用于故障检测和状态报告 该部分的内容必须与系统 45 - 92 - XX 相结合后再确定

（续）

系统	子系统	名称	定　义
93		监视系统	该组单元和组件用于感测周围环境,并处理、显示、记录结果信息
	-00	总论	
	-10	数据处理	该系统部分可对采集信号进行计算、转换和储存
	-20	数据显示	该系统部分可对传感器的采集信息进行数据显示
	-30	记录	该系统部分可记录下传感器的采集信息
	-40	识别	该系统部分对传感器的采集信息进行标识
	-50	红外传感器	该系统部分使用热敏装置采集信息。例如,红外传感器、红外成像仪和探测器
	-60	激光传感器	该系统部分使用激光设备采集距离测量、标识等的信息
	-70	监视雷达	该系统部分使用雷达进行监视或测绘,包括天线、接收器、发射机、指示器等。 注:系统 93 - 70 被用于导航监视雷达(例如,运输机上的气象雷达)。大型多功能雷达见系统 92
	-80	磁传感器	该系统部分用于感应磁场异常,包括磁力计、放大器、计算机、指示器等
	-90	声纳传感器	该系统部分用于感应水下目标,包括调制器、计算机、变换器、指示器等
94		武器系统	该组单元和组件可获取目标并投放弹药
	-00	总论	
	-10	武器投放	武器投放系统由弹药投放、发射或弹射所需的全部设备组成,包括计算机、显示设备、控制设备、弹药管理设备等
	-20	项目自定义	
	-30	武器挂载	该武器挂载系统提供运输和投放/发射武器所需的内部连接设备,包括适用于武器装配的多用途挂架、专用挂架、弹射架、发射器等
	-40	项目自定义	
	-50	射击	射击系统由所有的航炮和发射必备的设备组成
	-60	项目自定义	
	-70	武器控制	该组单元和组件被用于选定和捕获目标,包括做出武器投放决策(目标指示)所需的雷达、计算机、显示设备等

（续）

系统	子系统	名称	定 义
95		机组人员逃生和安全	该组单元和组件包括从机身弹射或抛射出来的座椅、舱门、座舱盖、密封舱等,也包括安全和救生设备
	-00	总论	
	-10	弹射座椅	该系统部分用于将机组人员或乘客从机身中逐个弹射出来
	-20	应急离机口/座舱盖	该逃生系统中的此部分包括应急舱门和带有微型引爆索的座舱盖,不包括系统56中的舱门及其开启机构
	-30	密封舱弹射	该逃生系统中的此部分可在人机分离后向飞机机组人员提供一种保护环境
	-40	项目自定义	
	-50	球形救生包	该系统部分用于在非计划分离着陆后,保证飞机机组人员的生命
	-60	冲击保护装置和漂浮	该系统部分为人员/装备提供冲击保护
	-70	密封舱飞行	该系统部分用于在密封舱或容器从机身弹射和抛射出来后,控制密封舱或容器的姿态和航向
96		导弹、无人机和遥测装置	该组单元和组件用于发射和控制导弹、无人机
	-00	总论	
	-10	地对地导弹	该系统部分被用于发射并控制地对地导弹
	-20	地对空导弹	该系统部分被用于发射并控制地对空导弹
	-30	无人机	该系统部分被用于发射和控制无人机
	-40	遥测装置	该系统部分被用于对除导弹、无人机或假目标之外的目标遥测
97		图像记录系统	该组单元和组件可在胶卷、录像带、磁盘或磁带上记录事件。不包括属于其他系统或子系统的记录系统
	-00	总论	
	-10	攻击摄像机	该系统部分被用于记录空中攻击的结果
	-20	炸弹舱系统摄像机	该系统部分被用于记录仪器数据和炸弹投放过程
	-30	火力控制摄像系统	该系统部分被用于记录火箭或火炮的相关情况

（续）

系统	子系统	名称	定　义
97	-40	仪器仪表摄像系统	该系统部分被用于记录测量计、刻度盘、显示器的显示信息
	-50	航程摄像系统	该系统部分被用于航程摄像，包括前置相机系统和倾斜相机系统等
	-60	航空侦察摄像系统	该系统部分被用于航空侦察
	-70	图像记录器	该系统部分被用于储存磁盘、磁带（如 VCR）上的图像
98		气象和大气探测系统	该组单元和组件可实现对自然产生的或是人为制造的大气、引力和磁力现象进行测量，并记录相关的测量结果
	-00	总论	
	-10	天气	该系统部分用于测量并记录湿度、温度、云、风等有关天气情况的数据
	-20	晴空湍流	该系统部分被用于探测、测量并记录有关晴空湍流的数据
	-30	污染物	该系统部分被用于探测、测量并记录大气中的污染物颗粒
	-40	磁力/重力	该系统部分被用于探测、测量并记录地球磁力和重力
99		电子战系统	该组单元和组件可对敌方防御探测设备和通信链路（战术或非战术）进行探测、分析，并使其受到干扰或失效
	-00	总论	
	-10	有源电磁干扰	该系统部分的工作频率范围在 $1Hz \sim 100GHz$。该子系统具有接收、分析、发射电磁信号的能力
	-20	项目自定义	
	-30	无源电磁干扰	该系统部分工作在无源元件或没有辐射单元的电磁环境下
	-40	项目自定义	
	-50	电子情报	该系统部分用于收集电子情报，包括接收器、处理器/分析器和记录器
	-60	项目自定义	
	-70	红外	该系统部分工作于红外线频段或范围，并具有接收、分析和发射红外线的能力
	-80	激光	该系统部分工作于激光频段或范围，并具有接收、分析和发射激光的能力

B.5　战术导弹专用技术信息 SNS 代码定义示例

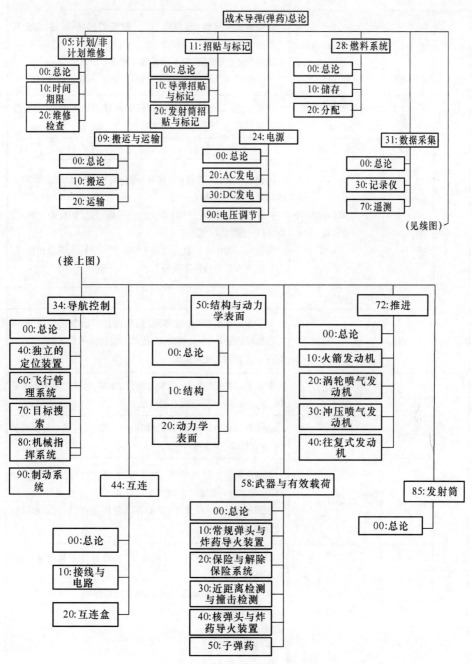

图 B-5　战术导弹专用技术信息 SNS 代码图

表 B-5　战术导弹专用技术信息 SNS 代码定义示例[3,10]

系统	子系统	名称	描述
00		战术导弹(或弹药)总论	完整的战术导弹(或弹药)的一般信息,包括描述、主要尺寸等。 战术导弹(或弹药)安全的说明与程序。 关于保障战术导弹(或弹药)所需的技术出版物的信息
	-00	战术导弹(或弹药)描述	战术导弹(或弹药)的总体描述和带插图的外形尺寸,包括与导弹相关的,如训练弹、模拟弹等
	-10	未给出	
	-20	战术导弹(或弹药)安全性	确保战术导弹(或弹药)储存、准备与维修活动安全所采取的必需的说明与程序。 关于战术导弹(或弹药)安全性的一般信息,如危险部位、危险组件、危险区域等。 指使用与操作防护及安全装置如防护罩、插头、安全扣针、安全标记等所必需的使用说明
	-30	未给出	
	-40	技术出版物	关于保障战术导弹(或弹药)所需的技术出版物信息,如可应用出版物清单、出版物指南、技术出版物编码系统,处理与更新技术出版物的使用说明
05		计划/非计划维修	制造商所建议的检查、维修与翻修的时间期限。关于战术导弹(或弹药)维修策略的一般信息
	-00	总论	战术导弹的总体描述与带插图的外形尺寸,包括与导弹相关的,如训练弹、模拟弹等
	-10	时间期限	制造商建议的战术导弹(或弹药)的使用与/或储存的寿命期限,或组件可以承受的时间期限。 依照战术导弹(或弹药)的储存或使用条件,制造商建议的维修周期
	-20	维修检查	制造商建议的战术导弹(或弹药)的维修检查与监视,依照以下条件: • 战术导弹(或弹药)的储存与使用条件 • 维修级别 或以下条件: • 非正常事件 • 暴露在非正常条件下

（续）

系统	子系统	名称	描　　述
09		搬运与运输	包括搬运战术导弹（或弹药）的所有必需的程序，以插图的形式显示挂点与支点
	－00	总论	
	－10	搬运	储存与运输容器中搬运战术导弹（或弹药）的程序，包括有关所需的设备，如铲车、起重系统等的信息
	－20	运输	关于运输处于储存和空中、公路、铁路、舰船运输容器中的战术导弹（或弹药）的信息，可以参考第一节中的安全信息
11		招贴与标记	指在战术弹药情况下，所有战术导弹、储存与运输容器、发射用集装箱的招贴、标签与标记。 包括显示位置和每个招贴、标签或标记含义的插图
	－00	总论	
	－10	导弹招贴与标记	指对于战术导弹地面维护、标识、搬运、注意、警告等所要求的招贴、标签与标记。 指那些为战术导弹在其容器中的储存标识、搬运、注意、警告等的招贴、标签与标记
	－20	发射筒招贴与标记	指在战术弹药的情况下，那些为地面维护、标识、搬运、注意、警告等所要求的招贴、标签与标记
24		电源	指为战术导弹其他系统产生、控制与调节 DC/AC 电力的所有电源装置。 不包括集成于战术导弹其他系统中的供电装置
	－00	总论	
	－10	未给出	
	－20	AC 发电	产生与控制 AC 电力的电子装置，如交流发电机等
	－30	DC 发电	产生与控制 DC 电力的电子装置，如电池组、蓄电池等
	－40 ～ －80	未给出	
	－90	电压调节	指调整与转变电力的单元，如换流器、电压发生器、变压器等
28		燃料系统	指所有的储存和输送燃料到发动机的单元与部件
	－00	总论	
	－10	储存	指储存燃料的单元与部件，如密封缸、囊型单元、管路系统、装填回路等
	－20	分配	指分配燃料到发动机燃烧室的单元与部件，如管路、泵、温度与压力调节阀、阀门、过滤器和喷嘴等

（续）

系统	子系统	名称	描 述
31		数据采集	指提供测量、记录与传送战术导弹功能数据的所有单元与部件
	−00	总论	
	−10 ～ −20	未给出	
	−30	记录器	在空降训练与搜索导弹时，记录目标探测过程中的运行数据的单元与部件。如需要时，也包括其他类型的记录器
	−40 ～ −60	未给出	
	−70	遥测	为射击训练在操练导弹情况下，测量与传送战术导弹自由飞行段功能数据序列至一个地面跟踪站的单元与部件
34		导航控制	根据目标数据控制导弹轨迹，以操纵导弹飞向目标的单元与部件，包括确定与控制导弹的位置、方向、飞行姿态和飞行高度的装置
	−00	总论	
	−10 ～ −30	未给出	
	−40	独立的定位装置	指配备有传感器能确定导弹的位置、方向、高度与姿态的机械与电子的单元，包括所有类型的传感器与相关的电子箱，如惯性引导系统（惯性引导单元、加速器、陀螺仪）、高度计等，也包括全球定位系统（GPS）
	−50	未给出	
	−60	飞行管理系统	结合引导和导航数据计算/控制导弹的地理位置，以确定导弹的理论飞行路线和控制导弹弹道（方位与垂直参考系，计算或引入弹道参数、操纵命令等），包括计算机、程序装置、命令生成器等
	−70	目标搜索	指提供导弹与点火控制系统之间通信和/或参与目标搜索（探测、定位与跟踪）的单元与部件，包括雷达、搜索器、接收器、发射器、应答器、激光抵消探测器、有线制导系统、代码转换器等
	−80	机械指挥系统	指将信号转换为机械动作，提供控制导弹弹道的单元与部件，包括各种类型的无控制表面的激发器、喷射拦截装置、无线电引导控制系统、液压/气压控制系统等。不包括推进 SNS 中的定向喷嘴
	−90	制动系统	指一些战术导弹（或弹药）中的提供导弹自由飞行阶段临时制动的单元与部件

（续）

系统	子系统	名称	描 述
44		互连	指建立电连接（低频、高频、超高频等）和低温连接（战术导弹、设备及单元之间）的单元与部件,也包括战术导弹的外部链接
	−00	总论	
	−10	接线与电路	指达成电气连接的单元与部件,如电线、电缆、带状电缆、光纤、同轴电缆等。还用于传输高压气体至冷却红外探测器的单元与部件,如真空管、管道、安全阀、减压阀等
	−20	互连盒	指用于集中和分配电子及制冷系统的单元与部件
50		结构与动力学表面	指构成战术导弹弹体的所有构件与相关部件,还包括连接到战术导弹弹体并允许在空气中运动的所有固定的和移动动力学表面
	−00	总论	
	−10	结构	外壳、管道、头部与尾部的整流器、面板、框架、保护带、紧固件、加强剂、附件、整流罩、进气口等,不包括系统属于结构设备的结构件。例如,推进单元和搜索器等,而这些已包含于相应系统中
	−20	动力学表面	包括机翼、稳定翼与控制表面等,也包括可收缩或可折叠的翼机和稳定翼的伸展或延伸系统
58		武器与有效载荷	指武器弹头从保险装置解除保险到击发这一系列过程所涉及的单元与部件,也包括自主弹药子系统和其他自主单元,如红外视频照相机等
	−00	总论	
	−10	常规弹头与炸药导火装置	容纳与引爆高烈性材料的单元与部件,包括所有类型的弹头、引信与引爆剂等
	−20	保险与解除保险系统	指用于弹头保险、解除保险至击发的机械与电子装置,包括保险与解除保险机制、电起爆器、保险栓等
	−30	近距离检测与撞击检测	指当红外或无线电检测到近距离目标后,启动弹头火药系的装置。例如,近炸引信,还包括在撞击到目标后控制弹头火药系发射的装置
	−40	核弹头与炸药导火装置	指容纳和起爆高爆炸性核物质的单元与部件
	−50	子弹药	指在弹道末端由某些战术导弹排出其内置的弹头、火箭发射机与制导系统等的自主子弹药

193

（续）

系统	子系统	名称	描　　述
72		推进	指用于战术导弹推力的所有单元与部件,包括矢量喷嘴
	-00	总论	
	-10	火箭发动机	指由燃烧室、排气喷管与固体推进装料组成的吸气式反应推进发动机。燃烧产生的炙热气体通过喷管后膨胀,包括主火箭发动机、加速火箭发动机、喷射发动机以及它们的部件
	-20	涡轮喷气发动机	由压缩机、扩散装置,燃烧室、涡轮与喷嘴组成的发动机,燃气混合物经燃烧后产生炙热气体,该气体通过喷管后得以膨胀,包括发动机及其他部件
	-30	冲压喷气发动机	指由喷射器、燃烧室与喷管组成的无涡轮的发动机,空气经动力效应而被压缩,燃气混合物经燃烧后产生炙热气体,该气体通过喷管后得以膨胀,包括发动机及其他部件
	-40	往复式发动机	指燃气混合物在汽缸里被活塞压缩,点燃后将活塞的直线运动转化为推进器的运动的发动机,包括发动机及其他部件
85		发射筒	指适合于战术弹药,包括用于保护、维护、发射战术导弹的所有机械的、电子的、烟火的系统
	-00	总论	

B.6　地面车辆专用技术信息 SNS 代码定义示例

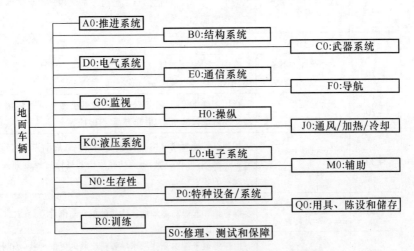

图 B-6　地面车辆专用技术信息 SNS 代码图

表 B-6　地面车辆专用技术信息 SNS 代码定义示例[3,10]

系统	子系统	名称	描　　述
A0		推进系统	
	-00	总论	指产生与传递动力的系统或设备
A1		动力装置	
	-00	总论	指能独立地产生与传递动力的系统，包括诸如主发动机、传动系统与接口系统等，子系统可以包括冷却、燃料、进气与排气、润滑油、辅助与电力等
	-10	主发动机	指以柴油、汽油、电力等形式产生动力并输送至传动系统的系统。例如，包括发动机飞速轮、离合器组件、冷却、燃料、进气与排气、润滑油、附件与电力系统等
	-20	传动系统	指用于将动力从发动机传递给驱动轮，包括扭矩变矩器、变速箱，以及飞轮、离合器组件、操纵与制动装置，还包括差速器与动力切断装置
	-30	动力装置接口	指连接发动机和传动系统的装配组件，以及冷却、燃料、进气和排气、润滑油、辅助和电子系统等，也包括相关传动组件
A2		动力装置（总论）	
	-00	总论	指产生并传递动力并将其传递到传动系统的分立设备。例如，包括飞轮与离合器组件
	-10	发动机	指以柴油、汽油、电力等形式产生动力并输送至传动系统的系统。例如，包括发动机飞速轮、离合器组件、冷却、燃料、进气和排气、润滑油、附件与电力系统等
	-20	冷却系统	指用来维持动力装置合适的运行温度的系统，包括冷却空气导管、冷却液泵、散热器、冷热气自动调节机、风扇和相关的热交换设备
	-30	燃料系统	指用来将燃料输送至动力单元，包括燃料储存设备、燃料泵、过滤器、传送管、排出与中止阀、燃料喷射泵与喷射器
	-40	进排气系统	指用来向动力单元提供空气，并将燃烧后的废气排出发动机外部，包括管道、过滤器、连接器、密封垫、涡轮增压器/增压器、消声器与催化换流器
	-50	润滑系统	指用来向动力单元以及与动力单元润滑系统相关的外部部件提供润滑油，包括传送和返回管道、泵、过滤器、冷热气自动调节机和单独安装的热交换器

（续）

系统	子系统	名称	描　　述
A2	-60	电气系统	指提供或使用与动力单元有关的电力的系统,包括启动电动机、交流发电机、直接安装在发动机上的电动机,也包括火花塞、配电器、镀锡卷板与铅条
	-70	辅助系统	指辅助控制器、关联系统和在动力装置内部或直接安装在动力装置上的部件。例如,发动机托架
	-80	液压系统	指提供或使用与动力单元有关的液压的系统,包括液压泵、阀体、管道、液压箱,也包括和动力装置液压系统有关的外部组件
A3		发动机冷却系统（总论）	
	-00	总论	该系统包括冷却空气管道、冷却液泵、充满液体的冷却器、风扇和相关的热交换设备
	-10	流体系统	流体系统指的是充满液体(水或油)的冷却系统,包括散热器、风扇、管运和相关的热交换设备
	-20	进气系统	指冷却空气管道、风扇和相关的热交换设备
A4		燃料系统（总论）	
	-00	总论	指包括油箱、过滤器、油管、排污装置、阀体、喷油泵与喷油嘴的系统
	-10	储存系统	指用来储存燃料的部分,包括油箱、进油口、密封圈、阀体、通风孔与排水装置
	-20	分配系统	指用来分配燃料的部分。例如,包括过滤器、限流器、阀体、控制器与输油管
	-30	启动系统	指用来启动和给燃料增压的部分。例如,可包括提升泵、增压泵与冷启动系统
	-40	燃料喷射系统	指用来给汽缸喷射燃料的部分。例如,包括喷油嘴、燃料喷射器、燃料泵和汽化器
	-50	指示	指用来监视燃料的流量、温度和压力的部分。例如,包括发射器、指示器、接线与压力预警系统
	-60	排烟与排出存油	指给燃料系统排烟的部分,并且排出不必要的存油

（续）

系统	子系统	名称	描 述
		进排气系统（总论）	
A5	-00	总论	指供应和过滤进入发动机的空气,并且将废气排出的系统,包括过滤器、管道、连接器、消音器、催化式排气净化器和安装在动力装置外部的管道
	-10	进气系统	指供应和过滤进入发动机的空气,包括预滤器、主过滤器、连接管道,也包括空气制冷/制热系统和冷热气自动调节机
	-20	收集器	指用来收集发动机废气的部分。例如,包括管道、接送、垫圈等
	-30	噪声抑制装置	系统中用来消除发动机排气产生的噪声的部分。例如,可包括消音器、隔音板、遮护板
	-40	排放控制系统	指用来减少或消除发动机废气排放的部分。例如,包括催化式排气净化器和排气尾管
		润滑系统（总论）	
A6	-00	总论	指发动机/动力装置外部的润滑油储存设施,包括进油和回油管、润滑油泵、过滤器和安装在动力装置外部的热交换设备
	-10	储存系统	指用来储存发动机与/或传动部分的润滑油的部分,包括润滑油箱、供油系统、机油箱、放油装置等
	-20	分配系统	指用来分配进入发动机的润滑油的部分,包括油管、润滑油泵、过滤器、阀体等
	-30	指示系统	指用来监视发动机与/或传动部分润滑油的状况(流量、温度和压力)的部分,包括信号发射器、指示器、接线、压力预警系统等
		传动系统（总论）	
A7	-00	总论	指用来将动力传递给行驶系统的部分,包括离合器、扭矩变矩器、变速箱、差生器、切断动力装置,也包括属于传动系统的操纵器和制动器
	-10	变速箱	指用来改变从动力单元到传动部分的速率和扭矩的部分,包括操纵控制和制动组件

（续）

系统	子系统	名称	描 述
A7	−20	操纵控制组件	指以独立的方式改变从传动系统到车辆行驶部分的动力（例如，履带车辆）
	−30	制动组件	指以独立的方式通过车辆传动系统施加制动力（例如，履带车辆）
	−40	辅助驱动/动力切断装置	指以辅助的方式从发动机获得动力的系统,包括带有差速器的转换变速箱
	−50	离合器	当作为独立组件安装时,用来切断或接合发动机传递到传动系统的动力（对安装在飞轮上的离合器,见 A21000）
	−60	驱动轴	指用来连接发动机到行动部分的动力输出的部分,包括套筒连接、传动轴、万向接头和驱动器
	−70	扭矩变矩器	指用来改变发动机到行动部分的扭矩的部分
	−80	差速器	指用来改变发动机到行动部分或车轮的半轴旋转方向的部分。对于轮式车辆,包括驱动轴、轮毂
A8		自动/远程引导/数字控制系统（总论）	
	−00	总论	指安装在车辆上自动地或通过远距离操作来规划并控制车辆的速度和方向的设备（硬件/软件）,包括含有感应、处理和显示图像数据的设备。例如,立体视频系统、激光扫描器、多重感应融合算法和处理器、图像加验算法和处理器等。也包含有智能分析和计划功能的设备。例如,自动通道规划器、图像理解算法和处理器、计算机辅助驱动算法和处理器、数字自动控制系统（DACS）和处理器等
	−10	控制	指处理与控制部件,包括中央处理器、模拟数字转换器、相关软件、内存板、伺服单元、激发器、接线等
	−20	传感器	特指与自动/远程引导系统或 DACS 输入有关的传感器
	−30	指示器	指用来指示/监视自动/远程引导系统或数字自动控制系统的部分,包括指示器、接线等
A9		控制装置（驱动装置）（总论）	
	−00	总论	指用来对车辆进行启动、停止、驾驶和一般控制操作的部分,包括随车诊断系统

（续）

系统	子系统	名称	描　述
A9	−10	脚控制装置	指用脚对车辆进行启动、停止、操纵和一般控制操作的装置，包括踏板组件(离合器、制动器、加速器等)、相关联结、电缆、液压/气压线路、主辅油缸、闸瓦、衬垫等
	−20	手控制装置	指用手对车辆进行启动、停止、操纵和一般控制操作的装置，包括停止/启动、操纵(车轮、方向舵等)和制动控制装置等
	−30	辅助控制装置	指辅助控制装置及相关系统，包括屏幕清洗设备、风挡刮水器和可调整后视镜
	−40	推进控制系统	指监视与/或控制发动机速度和性能的系统
	−50	仪器仪表系统	指用来监视/报告车辆系统的运行状况的系统(硬件/软件)，包括驾驶员仪表、警示灯和状态监控系统
B0	−00	结构(总论)	
		总论	指系统框架与/或系统的基本结构构成，包括承载零部件
B1		外壳/框架(总论)	
	−00	总论	指车辆主要承载零部件，其为承受当车辆穿越各种地形时所产生的使用应力提供结构完整性。其可以是简单的轮式车辆框架，也可以是更复杂的主战车辆的外壳，不仅能满足结构要求，还能提供装甲防护，包括各种结构子组件和附件。例如，牵引支架、起吊装置、缓冲器、车门和格栅，也包括其他子系统。例如，悬挂装置、武器炮塔、驾驶室、特种设备、负载等
	−10	内部配置	指安装在外壳/框架内部的部件，包括支架、螺柱焊接、地板和绝缘面板
	−20	外部配置	指底盘以及安装在外壳/框架外部的部件，包括托架、螺栓焊接、踏板、缓冲器、挡泥板、车窗等
	−30	舱门/舱口盖	指在外壳/框架内的或安装在其上的装填/进出舱和舱口盖，包括炮弹装填口、驾驶员和成员车门、舱口盖、锁、把手、驾驶员/操作员防护帽、通风装置和挡风玻璃
	−40	座椅	指直接安装在外壳/框架上的座椅
	−50	饮水箱	指用来给驾驶员与乘员提供饮用水的系统，饮水箱直接安装在外壳/框架上，包括水箱、进水口、过滤器、水管、密封圈、阀体、通风口、排水管等
	−60	进舱门盖板	指安装在外壳/框架上，包括防护装置、插栓、排水/检查盖，也包括装甲板组件

199

（续）

系统	子系统	名称	描述
B1	−70	机枪托架/俯角横杆	指安装在外壳/框架上的机枪托架和俯角横杆
	−80	壁脚板/支架/防溅板	指直接安装在外壳/框架上的壁脚板、支架和防溅板,包括钢板和关联装置、托架、牵引附加装置等
B2		车身/驾驶室（总论）	
	−00	总论	指安装在底盘或框架上以构成完整的车辆,并使其具有规定的任务能力的主要部件,包括容纳人员、货物、以及需要放置大操作人员附近的相关系统的组件
	−10	内部配置	指安装在车身/驾驶室内部的部件,包括面板、托架、扣钩、计器板、仪表板、螺柱焊接、内部窗口等
	−20	外部配置	指安装在车身/驾驶室外部的部件,包括外部驾驶室组件、面板、托架、柱头螺栓、踏板、窗口、闭锁机械装置
	−30	舱门/舱口盖	指在车床本体/驾驶室内部或直接安装在车身/驾驶室上的装载/进出舱口与车门,包括装料门、驾驶员车门与乘员车门、舱口盖、锁、把手等
	−40	座椅	指直接安装在车身/驾驶室上的座位和相关配置,包括座椅安全带
	−50	饮水箱	指直接安装在车身/驾驶室上用来给驾驶员和乘员提供饮用水的部分,包括水箱、进水口、过滤器、水管、密封圈、阀体、出水口、排水装置等
	−60	观察孔盖板	指直接安装在车身/驾驶室上
	−70	装载舱	指用来装载货物或容纳乘员,包括遮盖物与支撑物
	−80	辅助系统	指位于车身/驾驶室内部或直接安装在车身/驾驶室上的辅助控制装置及相关系统
B3		悬挂/履带/车轮（总论）	
	−00	总论	指用来在地面上或地面附近产生牵引力、推力和升力,使车辆适应高低不平的路面,包括车轮、履带和提供牵引和控制功能的操纵机构,也包括弹簧、减震器、裙板及其他悬挂装置的履带调整机构,不包括特殊操纵机构

（续）

系统	子系统	名称	描　述
B3	−10	悬挂装置	指使车辆适应无规律变化的地面,包括液氨单元、减震器、片簧和卷簧、气压悬挂装置等。对于气垫船,还包括起重机械装置、裙板等
	−20	负重轮/轮毂组件	指用于分配车辆对地面的名义压力的部分,对于轮式车辆,包括向地面传递牵引力的轮子和转动的轮子、负重轮、轮毂组件、轮胎、阀体、内胎等
	−30	链轮组件	指用于将牵引力传递给履带的部分
	−40	履带组件	指履带与联结组件
	−50	惰轮	指用于调整履带,包括惰轮和履带张紧装置
	−60	滚轴组件	指履带滚轴引导组件
	−70	轮轴	这一部分指的是不包括在传动系统内的非驱动轴,包括轮轴臂、联接组件、轴承等
B4		炮塔组件（总论）	
	−00	总论	指需提供给战斗车辆作战室的结构组件和设备,包括炮塔装甲、电磁兼容防护板、炮塔圈、集电环,以及附加装置,如闭能装置、旋转炮塔、乘员室、武器和 C^3I 设备
	−10	内部配置	指安装在炮塔内部的部分,包括饮水箱、潜望镜、面板、支架、弹夹、螺柱焊接等
	−20	外部配置	指安装在炮塔外部的部分,包括冷却水箱、火炮护盖、防溅板、托架、螺柱焊接等
	−30	舱口盖	指安装在炮塔上的舱口盖的部分,包括装填舱口、乘员舱口、联接锁、把手、固定装置等,不包括旋转炮塔舱盖
	−40	座椅	指安装在炮塔内的座椅
	−50	环形组件	指方便炮塔旋转的环形轨道及回柱/滚子轴承座圈部件
	−60	炮塔顶部	指顶部观察孔和圆形舱口盖,以观察为主要目的的,能够旋转,提供进出入舱口
	−70	升降/转动变速箱	指安装在炮塔内壁上的使炮塔升降和转动的变速箱
	−80	旋转组件	指炮塔旋转部件,包括驱动和滚筒组件、RBJ 组件等
	−90	辅助装置	指在炮塔内部或直接安装在炮塔上的辅助控制器和相关部件。例如,洗涤/擦拭设备、仰角锁、位置指示器、调整镜等

（续）

系统	子系统	名称	描述
C0		武器 （总论）	用于防御或进攻的系统或设备
	−00	总论	
C1		炮控系统 （总论）	
	−00	总论	指安装在车辆上能提供必要的智能使武器系统升降与转动，并能通过稳定系统控制炮塔和火炮驱动器的部分（硬件/软件），包括火炮位置指示器和传感器
	−10	安装	指炮控设备的安装
	−20	控制面板	指战斗车辆炮控设备的控制面板
	−30	动力供应	指战斗车辆炮控设备的动力供应
	−40	开关装置	指战斗车辆炮控设备的开关装置，包括修正装置、射击控制开关等
	−50	火炮控制器	指火控系统的控制系统，包括火炮操纵器、电动发动机、电机放大机、动力放大器
	−60	电动机	指炮控设备的电动机，包括提供火炮升降和转动的电动机
	−70	陀螺仪组件	指炮控设备的陀螺仪组件
	−80	辅助装置	指炮控设备的辅助部件和相关系统，包括套筒螺母组件、旋转位移装置、射击控制器四分仪、内部连接盒、接线、连接器等
C2		火控系统 （总论）	
	−00	总论	指安装在车辆上的武器射击所必需的设备（硬件/软件），包括雷达和其他搜索识别传感器、气象和跟踪设备、控制和显示器、火控计算机、计算机程序
	−10	计算机/接口	指计算机接口系统和火控系统相关设备，包括计算机/接口装置、程序安装设备等
	−20	控制/监控	指与火控系统相关的控制与监控设备
	−30	滤波器装置	指与火控系统相关的滤波器装置
	−40	传感器	指与火控系统相关的传感器，包括升降和旋转位移传感器、耳轴倾斜传感器、视角传感器等

（续）

系统	子系统	名称	描　述
C2	-50	射击手柄	指与火控系统相关的射击手柄
	-60	火控	指与火控系统相关的控制柄,包括车长和炮长控制箱、装填手安全箱等
	-70	辅助装置	指辅助零部件和相关系统,包括接线盒、电缆、连接器、维护设备等
C3		热成像（总论）	
	-00	总论	指为乘员提供红外图像,以用于侦察和武器制导的设备（硬件/软件）,包括热成像传感器头、驱动装置、处理器、供电装置和显示装置
	-10	传感器	指与热成像系统相关的传感器,包括扫描仪组件、红外望远镜、斜度传感器、聚焦望远镜等
	-20	处理	这一部分指的是和热成像系统相关的处理设备,包括符号装置、处理器等
	-30	显示设备	指与热成像系统相关的显示设备,包括双目观察器、指挥官和炮手显示装置、显示驱动装置等
	-40	控制设备	指与热成像系统相关的控制设备,包括伺服装置、指挥官和炮手控制装置等
	-50	转换器装置	指与热成像系统相关的转换器组件,包括隔离转换器装置
	-60	结构和框架	指与热成像系统相关的框架和基础结构,包括承载部件
	-70	辅助装置	指与热成像系统相关的辅助控制器和相关系统,包括洗涤/擦拭设备、电缆、连接器、维护设备等
C4	-00	热成像冷却系统（总论）	指给热成像系统提供冷却介质的设备,包括压缩机、管道、风扇、小型冷却器、空气过滤装置与循环冷却机械装置
	-10	压缩机	系统这一部分指的是冷却系统使用的压缩机,包括电动机、泵等
	-20	储存系统	指用于储存冷却剂的部分,包括水箱、装填系统、机油箱、排水装置等
	-30	分配系统	指用来分配冷却液的部分,包括管道、阀体等
	-40	指示系统	指监控冷却液的流量、温度与压力的部分,包括发射机、指示器、接线、警示系统等

（续）

系统	子系统	名称	描 述
C5		光学系统（总论）	
	-00	总论	指用于搜索、观察、辨认、跟踪、确定范围的瞄准系统,包括与系统相关的传感器和显示器
	-10	侦察设备	指光学侦察设备,包括观测潜望镜
	-20	观瞄设备	指光学瞄准设备,包括观察和瞄准潜望镜
	-30	十字刻线影像投影仪	指在瞄准装置内/上显示十字刻线影像的部分
	-40	观瞄装置	指在瞄准装置上显示十字刻线影像的部分
	-50	辅助装置	指光学瞄准系统的辅助控制器和相关系统,包括洗涤/擦拭设备、电缆、连接器、维护设备等
C6		武器/火炮（总论）	
	-00	总论	指用于向敌方目标射击或自卫的武器/火炮部件,包括火炮、轻武器、迫击炮等。火控、炮控与光学系统除外
	-10	炮管	指对发射后的射弹提供初始引导的组件
	-20	火炮后膛、药室/击发机构	指用于装弹和击发的部分,火炮后膛和射击机构包括在火炮框架内
	-30	底座	指用于安装炮管组件的部分,包括三角架和两脚架
	-40	反后坐力机械装置	指用来吸收弹药发射产生的能量的部分,包括复位器和反后座组件
	-50	抽尘装置	指用来驱散弹药发射产生的烟尘和气味的部分
	-60	次要装器安装	指次要武器的安装
	-70	瞄准	指用于小型武器、机关枪、便携式发射台的机械瞄准装置
	-80	辅助装置	指包括备用炮管和其他备件、弹夹、清洗工具箱与连发工具箱
C7		自动装填系统（总论）	
	-00	总论	指能够从储存位置挑选弹药,输送并装入武器系统(硬件/软件)的部分,包括储存架、输送/提升机构、撞击和弹射机构、液压和电气控制装置

（续）

系统	子系统	名称	描 述
C7	-10	储存	指包括弹药储存架、储存箱等
	-20	输送/提升	指从车辆储存位置挑选弹药并输送到武器系统的部分,包括输送/提升机构
	-30	装填	指武器装填方式,包括装填与退弹装置
	-40	控制装置	指武器装填系统的控制装置,包括专门的液压和电气控制器、安全设备
D0		电气系统（总论）	
	-00	总论	指能够产生、分配与/或控制电力的系统或设备
D1		电气系统（发动机/动力系统）（总论）	
	-00	总论	指发动机/动力系统的电气或电子系统,包括接线、在线可更换单元、传感器、照明灯、电池、发电机等
	-10	发电机	指发动机/动力系统舱内产生电力的设备,其又不直接安装在发动机/动力系统上的设备,包括交流发电机、直流发电机、发电机控制面板等
	-20	电池组件	指直接安装在发动机/动力系统舱内的电池组件,包括电池、绝缘工具箱、电池组件、连接线等
	-30	仪器仪表	指直接安装在发动机/动力系统舱内的仪器仪表系统与设备,包括转速计、速度计、仪表盘、电子电路面板、控制发射机等
	-40	照明灯	这一部分指的是直接安装在发动机/动力系统舱内的照明系统与设备,包括检查灯等
	-50	接线	指直接安装在发动机/动力系统舱内的接线和电缆,包括电线
	-60	电气设备	这一部分指的是直接安装在发动机/动力系统舱内的电气设备,包括激发器、发动机控制和点火系统
	-70	分配	指直接安装在发动机/动力系统舱内的电气分配系统与设备,包括控制器、开关、继电器、调节器等
	-80	保护	指直接安装在发动机/动力系统舱内的电气保护系统与设备,包括保险丝、熔线、跳闸开关等
	-90	控制	指直接安装在发动机/动力系统舱内的控制系统与设备,包括控制器、开关、继电器、调节器等

（续）

系统	子系统	名称	描 述
D2		电气系统（外壳/框架）（总论）	
	-00	总论	指外壳/框架上的电气或电子系统,包括内部和外部线束、连接和分配盒、在线可更换单元、传感器和照明系统,也包括与发动机电源组、发电和启动系统有关的接口和连接装置
	-10	内部电气系统	指外壳/框架上的内部电气或电子系统,包括线束、连接和分配盒、在线可更换单元,也包括与发动机、电源组、发电和启动系统有关的接口和连接装置
	-20	电池	指与外壳/框架有关的电池设备,包括蓄电池箱、绝缘材料工具箱、电池组件、连接条等
	-30	内部照明	指安装在外壳/框架内的照明设备
	-40	外部电气系统	指外壳/框架上的外部电气或电子系统,包括外部照明系统、喇叭、闪光标灯
	-50	接线	指外壳/框架上连接发动机/动力系统的接线、电缆和扣钩,包括接线、扣钩和连接器等
	-60	电气设备	指外壳/框架上的电气设备,包括激发器、擦拭控制器、加热器、蒸煮罐、喇叭、无线电接收装置和辅助装置
	-70	分配	指外壳/框架上相关的电力分配、连接系统,包括控制器、开关、继电器、调节器等
	-80	保护	指外壳/框架上的电气保护系统与设备,包括保险丝、保险丝面板、熔线、跳闸开关等
	-90	控制	指外壳/框架上的控制系统与设备,包括控制器、开关、继电器、调整器等
D3		电气系统（车身/驾驶室）（总论）	
	-00	总论	指车身/驾驶室的电气或电子系统,包括接线、外场可更换单元线路(LRU)、传感器和照明系统
	-10	发电	指车身/驾驶室的发电系统与设备,包括发电机控制面板
	-20	电池	这一部分指的是车身/驾驶室的电池设备,包括蓄电池箱、绝缘材料工具箱、电池组件、连接条等

（续）

系统	子系统	名称	描　　述
D3	－30	仪器仪表	指车身/驾驶室的仪器仪表系统与设备,包括仪表板、电子电路板、控制发射器等
	－40	照明	指车身/驾驶室的照明系统与设备,包括检查灯、顶灯、聚焦灯、尾灯、侧灯、指示器、面板灯、引导灯
	－50	接线	指车身/驾驶室的接线与电缆,包括接线、接地装置等
	－60	电气设备	指车身/驾驶室的电气设备,包括激发器、擦拭控制器、加热器、蒸煮器与喇叭
	－70	分配	指车身/驾驶室的电气分配系统与设备,包括控制器、开关、继电器、调节器等
	－80	保护	指车身/驾驶室的电气保护系统与设备,包括保险丝、保险丝面板、熔线、转辙器等
	－90	控制	指车身/驾驶室的控制系统与设备,包括控制器、开关、继电器、调节器等
D4	－00	电气系统(炮塔)(总论)	指炮塔的电气或电子系统,包括接线、可更换单元线路(LRU)、传感器和照明系统
	－10	发电	指炮塔的发电系统与设备,包括发电机控制面板
	－20	电池	指炮塔的电池设备,包括蓄电池箱、绝缘材料工具箱、电池组件、连接条等
	－30	仪器仪表	指炮塔的仪器仪表系统与设备,包括仪表板、电子电路、控制发射器等
	－40	照明	指炮塔的照明系统与设备,包括检查灯、顶灯、尾灯、侧灯、指示器(聚光灯)、面板灯、引导灯
	－50	接线	指炮塔的接线和电缆,包括接线、接地导线装置等
	－60	电气设备	指炮塔的电气设备,包括激发器、擦拭控制器、加热器、蒸煮器
	－70	分配	指是炮塔的电气分配系统与设备,包括控制器、开关、继电器、调节器等
	－80	保护	指炮塔的电气保护系统与设备,包括保险丝、保险丝面板、熔线、转辙器(跳闸开关)等
	－90	控制	指炮塔的控制系统与设备,包括控制器、开关、继电器、调节器等

（续）

系统	子系统	名称	描　　述
E0		通信（总论）	
	-00	总论	指传递信息的系统或设备
E1		通信系统 （总论）	
	-00	总论	指系统内部为车辆乘员或车外其他人员提供用于指挥、控制、发射/接收的信息和数据的设备（硬件/软件），包括无线电设备、微波和光纤通信线路，进行多车辆控制网络设备、内部通信联络系统和外部电话系统。当这些与乘员站设备和驾驶员自动显示设备构成一体时，它可包括导航系统和数据显示系统
	-10	特高频/超高频/极高频	指系统中利用特高频/超高频/极高频（UHF/SHF/EHF）载波进行通信的部分，包括发射机、接收器、控制装置和天线等
	-20	甚高频	指系统中利用甚高频载波进行通信的部分，包括发射机、接收机、控制装置和天线等
	-30	高频	指系统中利用高频载波进行通信的设备，包括发射机、接收器、控制器、天线等
	-40	低频	指系统中利用低频载波进行通信的设备，包括发射机、接收器、控制器、天线等
	-50	音频	指系统中利用语音进行通信的设备，包括内部通信联络系统、听筒、喇叭、开关、控制面板等
	-60	数字	指系统中利用数字/数据进行通信的设备，包括调制解调器、编码设备等
	-70	人造卫星 （卫星通信）	指系统中利用人造卫星进行通信的设备，包括发射机、接收器、控制器、天线等
	-80	光学（光纤通信）	指系统中利用光纤进行通信的设备，包括发射机、接收器、控制器、信号装置等
	-90	辅助装置	指辅助控制装置和相关系统，包括接线、连接器等
E2		敌我识别 （总论）	
	-00	总论	所有军种通用，可与其他用户交互。该设备（硬件/软件）能够识别敌我双方并传输信息，可以利用车辆通信系统
	-10	发送装置	指系统中用于发送敌我识别数据的部分
	-20	接收装置	指系统中用于接收敌我识别数据的部分
	-30	指示装置	指系统中用于显示敌我识别数据的部分

（续）

系统	子系统	名称	描　述
F0		导航 （总论）	
	－00	总论	指用于确定、引导、控制、规划车辆的位置和行进路线的系统或设备
F1		导航系统 （总论）	
	－00	总论	指安装在车辆内部，供乘员确定位置和规划行进路线的设备（硬件/软件），包括航位推测系统、惯性系统、全球定位系统（GPS）、路标识别计算与处理器
	－10	独立式	指导航系统中为确定位置提供信息的，不依靠地面装置或轨道卫星（硬件/软件）的部分，包括惯性制导系统、跟踪系统、六分仪等
	－20	非独立式	指导航系统中为确定位置提供信息的，主要依靠地面装置或轨道卫星的部分，包括全球定位系统与无线电罗盘等
	－30	计算	指导航系统中用开综合/处理导航数据，以便计算或控制车辆地理位置的部分，包括路线计算机、路标识别装置、处理器、显示器等
G0		监视 （总论）	指用于感知环境的系统或设备
	－00	总论	
G1		监视系统 （总论）	
	－00	总论	指用于感知周围环境并进行处理、显示和记录结果的所有设备(硬件/软件)和相关系统,包括气象设备。不包括专用的热成像系统或气象/大气系统
	－10	控制	指传感器系统中用于处理、控制和记录的部分,包括中央处理器、模拟/数字转换器、相关软件、储存单元等
	－20	指示	指系统中用于指示/监视传感器信息的部分,包括数据识别装置、指示器、显示面板等
	－30	记录	指系统中用于记录传感器信息的部分
	－40	光学/红外	指系统中用光学/热感应装置获取信息的部分,包括驾驶员、车长、炮手潜望镜、红外扫描器、热传感器、图像显示增强器。不包括专用的热成像系统或瞄准设备

（续）

系统	子系统	名称	描　　述
G1	−50	激光	指系统中用激光装置获取信息的部分,包括测距仪、目标识别装置等
	−60	雷达	指系统中用雷达装置获取信息的部分,包括天线、接收机、发射机、指示器等
	−70	磁	指系统中用磁感应器获取信息的部分,包括磁力计、放大器、处理器、指示器等
	−80	声纳	指系统中用声纳获取信息的部分,包括调制器、传感器、处理器、指示器等
	−90	声学	指系统中用声音来获取信息的部分,包括收听装置、放大器、处理器、指示器等
G2		气象学/大气研究（总论）	
	−00	总论	指用于提供、处理和记录气象数据的系统或设备
	−10	天气	指系统中用于检测、测量、处理或记录气象(湿度、温度、云层、风力风向等)数据的部分,包括湿度计、温度计、风速计等
	−20	空气湍流	指系统中用于检测、测量、处理或记录空气湍流数据的部分
	−30	污染物	指系统中用于检测、测量、处理或记录污染物颗粒的系统部分
	−40	磁场/重力(场)	指系统中用于检测、测量、处理或记录地球磁场或重力数据的部分
H0		操纵（总论）	
	−00	总论	指用于引导或控制行进方向的系统或设备
H1		操纵系统（总论）	
	−00	总论	该部分设备(硬件/软件)不包含在控制车辆方向的悬挂系统或驾驶员控制系统中,包括方向舵、推力装置、水陆两用车的修正阀等
	−10	方向舵	这一部分指的是(指)用于控制车辆方向的方向舵装置
	−20	修正阀	指用于控制车辆方向的修正阀装置
	−30	推力器	指用于控制车辆方向的推力装置

（续）

系统	子系统	名称	描述
J0		通风/加热/冷却 （总论）	
	－00	总论	指用于控制环境的系统或设备
J1		通风/加热/冷却系统 （总论）	
	－00	总论	指用于改变车辆内的微气候条件（加温或冷却）的子组件或部件，包括加温/冷却配套零部件，也包括不包含在核、生、化防护系统中的净化系统
	－10	压缩机	指提供压缩空气/气体的部分，包括与压力有关的控制和指示系统、空气系统等
	－20	分配	指用于引导和分配进气，包括设备支架冷却装置、密封圈、除雾装置、波导增压系统、送风机、管道、进气口
	－30	加热	指提供加热气体的部分，包括加热装置、接线等
	－40	冷却	指提供冷却气体的部分，包括冷却器、冷却器运转指示系统、接线等。不包括温度控制和指示系统
	－50	温度控制	指用于控制进气温度的部分，包括热量传感器、开关、指示器、接线等
	－60	湿度/空气	指用于控制空气的湿度和臭氧的浓度的部分，过滤放射性残骸和化学/生物污染物
	－70	冷却液	指向冷却系统供应冷却液的部分
K0		液压系统 （总论）	
	－00	总论	指用于产生、分配与/或控制液压（或气压）的系统或设备
K1		液压 （总论）	
	－00	总论	指安装在车辆内用于产生、分配和控制液压的系统或设备（硬件/软件）
	－10	主液压系统	指用于产生、储存、分配和控制液压的系统或设备，包括液压缸/油箱、阀体、液压泵、冷却器、管件。不包括其他地方定义的用户系统及其连接阀

装备 IETM 编码体系

（续）

系统	子系统	名称	描述
K1	-20	辅助液压系统	辅助液压系统又分为辅助系统、应急系统或备用系统，用以补充和替代主液压系统
	-30	指示	指发射台液压系统中用于监控液压系统和液体状况的部分，包括发射机、指示器、警示系统等
K2		气压系统（总论）	
	-00	总论	指安装在车辆内用于产生、分配或控制气压（包括真空）的系统与设备（硬件/软件）
	-10	主气压系统	指用于产生、储存、分配和控制气压的系统或设备，包括气压缸、阀体、气压泵、管件等，不包括其他地方定义的用户系统及其连接阀
	-20	辅助气压系统	辅助气压系统又分为辅助系统、应急系统或备用系统，用以补充和替代主气压系统
	-30	指示	指系统中用于监控气压系统状况的部分，包括发射装置、指示器、报警系统等
L0	-00	电子系统（总论）	该系统使用的是其他系统中未明确包含的电子/自动软件与/或固件
L1	-00	电子装置（总论）	指在车辆内部，使用其他系统中未明确包含的电子/自动软件与/或固件的系统或设备
M0		辅助（总论）	
		总论	
	-00	总论	指为主要系统或设备提供保养或保障的辅助系统
M1		辅助系统（总论）	
	-00	总论	指在车辆内（而非其他任何地方），为主要系统或设备提供保养或保障的辅助系统（硬件/软件）
N0		生存性（总论）	
	-00	总论	指用来提供危险探测、保护、生存和逃脱设施的系统或设备

212

（续）

系统	子系统	名称	描　　述
N1		防火系统（总论）	
	－00	总论	指给乘员提供可能的火灾威胁的系统(硬件/软件),包括灭火器、热感应器
	－10	检测	指系统中用于感知过热、烟尘或火焰的部分
	－20	指示	指系统中用于显示过热、烟尘或火焰的部分
	－30	灭火器	指系统中固定式或便携式的用于灭火的部分
N2		核、生、化（总论）	
	－00	总论	指在受到核生化武器攻击时,向车辆或乘员提供单人或集体的 NBC 检测、保护和生存能力的组件或部件,包括正压系统、净化系统、通风面罩、核生化探测和预警装置、排污设备、防化服,也包括环境控制设备,如加热器和冷却器
	－10	防护包	指防核、生、化的保护包裹
	－20	控制	指防核、生、化的保护控制装置
	－30	减缓装置	指专门用于核、生、化防护的减压装置
	－40	车门组件	指安装在车门和舱口盖上的核、生、化防护装置
	－50	辅助装置	指辅助控制器与相关系统。例如,包括接线、连接器、加热器、冷却器和导管
P0		特种设备/系统（总论）	
	－00	总论	用于提供特殊任务能力的系统或设备
P1		特种类型设备（总论）	
	－00	总论	指为实现某个特种任务能力而与外壳、炮塔、底盘、框架、车身、驾驶室相配合的专用设备(硬件/软件)。例如,包括翼片、吊杆、起重机、绞盘、机械手、操纵器等
	－10	结构	指与主组件(外壳、炮塔、底盘、框架、车身、驾驶室)相配合的专用硬件,包括滑动部件、框架绞盘、轨道、两脚架、平台
	－20	电气系统	指与主组件的专用硬件相关的电气系统,包括启动/恢复机构电气系统

（续）

系统	子系统	名称	描　述
P1	－30	液压	指与专用硬件相关的液压系统,包括产生、分配和控制系统
	－40	处理设备	指与主组件相配合的处理设备或系统,包括起重机、绞盘、底盘稳定器、支撑装置和激发器
	－50	辅助装置	指与主组件相配合的系统的辅助设备,包括轮脚架、专用工具、起重横梁和限制器
	－60	储存	指为主组件的操作设备进行储存供应的部分
P2		特种修复设备（总论）	
	－00	总论	指与炮塔/底盘/框架/车身/驾驶室相配合,用于恢复设备性能的专用修复设备(硬件/软件),包括起重机和牵引支架设备
P3		特种安装设备（总论）	
	－00	总论	指与炮塔/底盘/框架/车身/驾驶室相配合,用于实现安装功能的专用安装设备(硬件/软件),包括供应装置、起重装置、侧装载等
P4		特种用途设备（总论）	
	－00	总论	指与炮塔/底盘/框架/车身/驾驶室相配合,以使车辆实现特殊任务的专用设备。例如,包括 ISO 集装箱、运输车、指挥车、修理车、救护车和其他特种车辆
Q0		用具、陈设和储存（总论）	
	－00	总论	指用于提供可居住性、可操作性或排放储存设施,而又未明确包含在其他系统中的功能件或设备
Q1		储存（总论）	
	－00	总论	指在车体和炮塔内存放个人设备和操作设备的装置
	－10	充电箱	指存放充电箱的设施
	－20	炮弹	指存放炮弹的设施
	－30	弹药	指存放二级弹药与单兵弹药的设施

（续）

系统	子系统	名称	描述
Q1	−40	车身/驾驶室内部	指存放车身/驾驶室内部的设施
	−50	车身/驾驶室外部	指存放车身/驾驶室外部的设施
	−60	外壳/框架内部	指安装在外壳/框架内部的存放设施,包括驾驶舱、战斗舱、乘员舱、动力舱与传动舱
	−70	外壳/框架外部	指安装在外壳/框架外部的存放设施
	−80	炮塔内部	指安装在炮塔内部的存放设施
	−90	炮塔外部	指安装在炮塔外部的存放设施
Q2		完整设备清单（总论）	
	−00	总论	指用户使用和维护系统所需设备的详细列表,包括所有固定和不固定设备、备件、工具和操作人员手册
	−10	生产 CES	指 CES 的生产版本
	−20	服务 CES	指 CES 的服务版本
	−30	综合 CES	指 CES 的综合版本
R0		训练（总论）	
	−00	总论	指用来使培训人员获得足够的知识和技能的可交付的训练服务、装置、附件、帮助、设备和设施,从而能够使人员以最大的效率操作和维护系统,包括与可交付的训练设备的设计、研制和生产,以及进行训练服务有关的工作
R1		训练服务（总论）	
	−00	总论	指用来使培训人员获得足够的知识与技能的可交付的训练服务,从而能够使人员以最大的效率操作和维护系统
	−10	装置/附件/帮助	指用来使培训人员获得足够的知识和技能的可交付的训练装置/附件/帮助,从而能够使人员以最大的效率操作和维护系统
	−20	设备	指用来使培训人员获得足够的知识和技能的可交付的训练设备,从而能够使人员以最大的效率操作和维护系统
	−30	设施	指用来使培训人员获得足够的知识和技能的可交付的训练设施,从而能够使人员以最大的效率操作和维护系统

（续）

系统	子系统	名称	描　　述
S0		修理、测试和保障（总论）	
	−00	总论	指用于维持使用能力的系统、设备与设施
S1		动力系统修理设施（总论）	
	−00	总论	指对无法使用车辆动力系统进行修理（包括主要部件更换）、测试并使其恢复到可使用状态。动力系统修理设施是可运输的,包括用于修理的工具、装配架和相关固定设备
	−10	移动式	指对无法使用的车辆动力系统进行修理（包括主要部件更换）、试验并使其恢复到可使用状态的移动设施,不包括运输时所用的运输箱和相关设备
	−20	固定式	指车辆动力系统进行修理（包括主要部件更换）、试验并使其恢复到可使用状态的固定设施
S2		瞄准系统修理设施（总论）	
	−00	总论	指对光学瞄准设备进行修理、测试或校准的设备（硬件/软件）,包括激光测距仪
	−10	移动式	指安装在车辆上或人员携带的能够对光学瞄准设备进行修理、测试或校准移动式（便携或车载）设备（硬件/软件）
	−20	固定式	指能够对光学瞄准设备进行修理、测试或校准固定式（永久或临时）设备（硬件/软件）
S3		热成像修理设施（总论）	
	−00	总论	指能够对热成像设备（包括其相关冷却系统）进行修理、测试和恢复设备使用性能的可运输的设施（硬件/软件）,包括空气滤清器、夹具、固定设备、计算机接口适配器和测试设备
	−10	移动式	指安装在车辆上或人员携带的能够对热成像设备进行修理、测试或校准的移动式（便携或车载）设备（硬件/软件）
	−20	固定式	指能够对热成像设备进行修理、测试或校准的固定式（永久或临时）设备（硬件/软件）

（续）

系统	子系统	名称	描 述
S4		通用电子修理设施（总论）	
	-00	总论	指能够对无法使用的电气/电子设备进行修理、测试和恢复其使用性能的设备（硬件/软件）
	-10	移动式	指安装在车辆上或人员携带的能够对电子设备进行修理、测试或校准的移动式（便携或车载）设备（硬件/软件）
	-20	固定式	指能够对电子设备进行修理、测试或校准的固定式（永久或临时）设备（硬件/软件）
S5		通用保障设备（总论）	
	-00	总论	指用于保障与维护系统或子系统正常运行而不直接参与执行任务的设备，而且目前是国防部清单中用来保障其他系统的设备，包括为保障特殊防御装备而确保该设备的可用性的所有工作，也包括由于引进更多防御装备而导致的需采办额外数量的该种设备的所有工作

B.7 舰船专用技术信息 SNS 代码定义示例

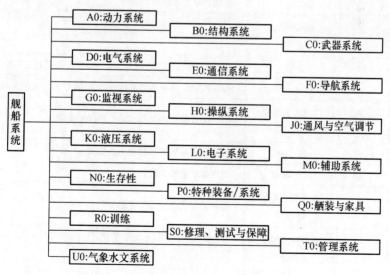

图 B-7 舰船专用技术信息 SNS 代码图

表 B-7 舰船专用技术信息 SNS 代码定义示例[3,10]

系统	子系统	名称	描 述
A0		动力系统 （总论）	
	-00		指产生与传递动力的系统或设备
A1		主动力系统 （总论）	
	-00	总论	指主动力源。例如,可以包括核、电、气、燃气涡轮和柴油主动力推进器
	-10	核动力	指使用核燃料的主动力源
	-20	电力推进	指使用电力推进的主动力系统
	-30	蒸汽动力推进	指由蒸汽驱动的主动力源,包括锅炉、储汽罐和涡轮
	-40	燃气涡轮驱动	指由燃气涡轮驱动的主动力系统
	-50	柴油机推进	指使用柴油燃料的主动力系统
A2		第二推进系统 （总论）	
	-00	总论	指辅助动力系统
A3		应急推进系统 （总论）	
	-00	总论	指应急动力系统
A4		传动系统 （总论）	
	-00	总论	指将扭矩传（主/次/应急）传递给平台推进器的系统
	-10	传动装置	指转换推进器和动力系统间扭拒、速度或转向的系统
	-20	传动离合器和 联轴器	指连接或断开推进器与动力系统的系统
	-30	传动轴	指从推进系统传输驱动力的装置
	-40	传动轴承	指支撑传动轴的设备
	-50	推进器/螺旋 推进器	指将推进能量转换为平台的运动
A5		动力辅助系统 （总论）	
	-00	总论	指支持平台主动力系统的辅助系统

（续）

系统	子系统	名称	描　　述
A5	−10	循环与冷却系统	指包括冷却空气导管、冷却泵、液体散热器、风扇与相关的热交换设备的系统
	−20	进排气系统	指供应和过滤空气到动力系统和从动力系统排除废气的系统。例如,烟囱、所有的过滤器、管道、连接器、消声器、催化转化器、导管和燃烧空气系统
	−30	动力燃油系统	指提供燃油储存设施、燃油过滤器、输送管、燃油开关阀、燃油喷射泵(FIP)的装置
	−40	动力润滑系统	指包括润滑油储存设备,包括传输和回路管线、机油箱与热交换器的系统
	−50	动力润滑油转换与净化系统	指包括润滑油泵与过滤器的系统
A6		动力控制系统（总论）	
	−00	总论	指控制平台的各种动力模式的系统
	−10	自动动力控制系统	指自动控制推进动力的系统/装置
	−20	手动动力控制系统	指通过手动控制动力的系统/装置
A7		动力控制系统—报警系统	
	−00	动力控制系统—报警系统（总论）	指为动力系统设计的提供报警装置的系统
	−10	自动动力控制—报警系统	指自动动力控制系统/装置
	−20~40	未给出	
	−50	手动动力控制—报警系统	指通过手动控制动力的系统/装置
	−60~90	未给出	
A8		动力控制系统—数据记录	
	−00	动力控制系统—数据记录（总论）	指系统中用来控制动力变化模式的平台

（续）

系统	子系统	名称	描述
A8	−10	自动动力控制 —数据记录	指自动动力控制的数据记录系统
	−20~40	未给出	
	−50	手动动力控制 —数据记录	指手动动力控制的数据记录系统
	−60~90	未给出	
B0		结构 （总论）	指系统的框架和（或）基本结构性外壳,包括基座
	−00	总论	
B1		船体－总论	
	−00	船体,总论	指为系统、武器与人员提供平台的结构性外壳
	−10	船体舾装	指与船体永久连接在一起的装置
	−20	水翼	指运动中可以将壳体提升出水面使之快速而经济地行进的结构件
B2		船体/驾驶室 总论	
	−00	主支撑结构,总论	指支撑承重甲板/隔舱的梁与柱
	−10	横向框架	指（船）横向的框架
	−20	纵向框架	指（船）纵向的框架
	−30	上层建筑	指位于甲板的结构。不包括桅杆、塔楼、起重机等
B3		特种结构 （总论）	
	−00	特种结构 （总论）	指非主要支撑,但与平台设计为一体的结构,如声纳罩等
	−10	结构铸造、锻造 与焊接结构	指通过铸造、锻造和焊接形成的部分结构。例如,带缆桩与基座等
	−20	弹道金属镀层、 声纳罩、烟囱	指装甲的镀层、声纳传感器外罩与烟囱
	−30	特种用途的 封闭物和结构	指以上结构以外的其他结构。例如,平台和轴隧等

（续）

系统	子系统	名称	描 述
B4		舱壁/甲板 （总论）	
	−00	舱壁/甲板 （总论）	指船体内部分成隔间或空间用于人员或储存物品的垂直/水平结构
	−10	水密/非水密舱壁	指所有舱壁
	−20	主甲板	指所有主甲板
	−30	船底板	船底外板
B5		桅杆 （总论）	
	−00	桅杆 （总论）	指外部的垂直结构，其支撑那些本身要求高于平台的甲板区域的设备（或物品）
	−10	潜艇桅杆 与潜望镜	指为潜艇定制的桅杆和潜望镜
	−20	固定桅杆	指上层建筑上的固定结构
	−30	服务平台	指安装在桅杆上的服务平台
	−40	舰塔	指类似桅杆的结构
B6		通道 （总论）	
	−00	总论	指内部的和外部的出入口
	−10	舱门	指在舱壁上铰链式或滑盖式出入口。可能是水密与/或气密的
	−20	舱口	指在甲板上正方形或矩形的出入。可能是水密与/或气密的
	−30	舷窗	指圆形的水密开口或舱壁上的盖子
	−40	盖子	指保护舱口和舷窗的某物。可能水密与/或气密的
	−50	便携平板	指带有保证舰船所有部分维修可能会使用到的螺栓与/或螺丝的可移动平板或仪表版
C0		武器 （总论）	
	−00	总论	指防御或进攻系统或设备

（续）

系统	子系统	名称	描 述
		火炮系统 （总论）	
	−00	火炮系统 （总论）	指用于保护平台与消灭入侵者的集成系统。此外包括用于人员自卫和进攻的小型武器
C1	−10	火炮基座	指武器系统中那些保护身管/缺口组件的部分
	−20	指挥仪	指武器系统中实现火炮瞄准的部分
	−30	辅助系统	指武器系统中以上没有描述的部分
	−40	轻武器	指个人武器系统
	−50	便携式武器	指便携式的武器系统
		制导导弹系统 （总论）	
	−00	制导导弹系统 （总论）	指通过导引飞行将自动推进战斗部命中目标的装备
C2	−10	控制	指制导武器中提供控制功能的部分
	−20	天线	指制导武器系统中的天线
	−30	雷达	指制导武器系统中的目标获取与制导雷达设备
	−40	发射器	指制导武器系统中的发射设备
	−50	辅助系统	指制导武器系统中上面没有描述的所有部分
		救生、灯光、 信号设备 （总论）	
C3	−00	制导导弹系统 （总论）	指用于救援、信号或照明的射弹
	−10	信号	指用于发信号的射弹
		飞行器相关 武器系统 （总论）	
C4	−00	飞行器相关 武器系统 （总论）	指用于监视任务中的保护以及提供瞄准/发射武器至指定目标的附加设备
	−10	飞行器武器系统	指加挂在飞行器上的武器系统
	−20	飞行器武器控制	指加挂武器的飞行器上的控制系统

（续）

系统	子系统	名称	描　述
C5		火控系统 （总论）	
	－00	火控系统 （总论）	指根据防卫或进攻想定来发射武器的装备
	－10	武器导向系统与 瞄准器	指武器系统中将火力导向指定目标的部分
	－20	火炮火控系统	指武器系统的控制系统
	－30	导弹火控系统	指导弹的火控系统
	－40	水下火控系统	指水下武器系统的火控系统
C6		鱼雷系统 （总论）	
	－00	总论	指以及时和受控的方式将鱼雷发射到其目标的装置
	－10	潜艇鱼雷系统	指潜艇中的鱼雷系统
	－20	水面发射鱼雷系统	指鱼雷的水上发射系统
	－30	鱼雷装卸与储存	指鱼雷的装卸与储存设施
	－40	声学系统	指通过声音获取信息的系统部分,包括监听装置、放大器、处理器和显示器等
C7		电子战 （总论）	
	－00	总论	指提供对防务侦察设备和通信连接的侦察、分析、干扰或使其失效的单元与元件
	－10	主动	系统中包含接收器、发送器、中继器、解调和调制设备的部分。例如,红外、激光等
	－20	被动	系统中不包含主动要素的部分。例如,金属箔
	－30	数据处理	系统中处理和分析接收到的数据的部分
D0		电气系统 （总论）	
	－00	总论	指用于产生、发送和(或)控制电力的系统或装备
D1		发电机 （总论）	
	－00	总论	使用由主动力源驱动发电机产生电力满足所有电力需求

（续）

系统	子系统	名称	描　　述
D1	−10	涡轮发电机与控制装置	指涡轮发电机的控制装置
	−20	燃气轮发电机与控制装置	指燃气轮发电机的控制装置
	−30	柴油发电机与控制装置	指柴油发电机的控制装置
	−40	电动发电机	指马达发电机
D2		配电系统（总论）	
	−00	总论	指电力的主供应与分配系统
D3		变电配电	
	−00	总论	指变电及分配电系统
D4		电力照明（总论）	
	−00	总论	指由主电力分配系统供电的照明设备
	−10	布线	指在电力系统中使用的布线
D5		电力支持系统（总论）	
	−00	总论	指在电力故障中为特定电路提供替代/备用电源的装置
D6		电力应急供应（总论）	
	−00	总论	指在"正常"的电力供应故障时使用的应急供应系统
D7		电控制系统（总论）	
	−00	总论	指用于提供安全、有效的电力需求控制的系统
D8		蓄电池（总论）	
	−00	总论	指用于提供主、副、应急和（或）备份供应的稳定和有限（直流）的电力源，也对一定的便携式用电设备提供电力
	−10	主电池	指所有主电池
	−20	副电池	指所有副电池
	−30	电池充电系统	指所有电池的充电系统

（续）

系统	子系统	名称	描　述
E0		通信（总论）	
	−00	总论	指安装在一个平台上,提供从舰外信息源接收信息、发送信息到舰外接收器以及在全舰传送信息的装置
E1		特高频（SHF）/极高频（EHF）（总论）	
	−00	总论	指使用特高频/极高频载波的舰上通信系统/装置
	−10	天线	指在通信系统中使用的 SHF/EHF 天线
	−20	天线多路耦合器和调谐器	指 SHF/EHF 通信系统中使用的天线多路耦合器和调谐器
	−30	接收器	指 SHF/EHF 通信系统中的接收装置
	−40	发报机	指 SHF/EHF 通信系统中的发报装置
	−50	无线电收发机	指 SHF/EHF 通信系统中的无线电收发装置
	−60	附件	指上述 SHF/EHF 通信系统没有详细说明的部分。例如,可以包括修理设备、调制解调器和其他附属装置等
E2		超高频（UHF）/甚高频（VHF）（总论）	使用超高频载波的舰上通信系统/装置
	−00	总论	
	−10	天线	指通信系统中使用的 UHF/VHF 天线
	−20	天线多路耦合器和调谐器	指 UHF/VHF 通信系统中使用的天线多路耦合器和调谐器
	−30	接收器	指 UHF/VHF 通信系统中的接收装置
	−40	发报机	指 UHF/VHF 通信系统中的发报装置
	−50	无线电收发机	指 UHF/VHF 通信系统中的无线电收发装置
	−60	附件	指上述 UHF/VHF 通信系统没有详细说明的部分。例如,包括修理设备、调制解调器和其他附属装置等
E3		高频（HF）/中频（MF）（总论）	通信系统/设备使用高频和中频载波
	−00	总论	

（续）

系统	子系统	名称	描 述
E3	－10	天线	指通信系统中使用的高频和中频天线
	－20	天线多路耦合器和调谐器	指高频和中频通信系统中的天线多路耦合器和调谐器
	－30	接收器	指高频和中频通信系统中的接收器设备
	－40	发报机	指高频和中频通信系统中的发报机设备
	－50	无线电收发机	指高频和中频通信系统中的无线电收发机设备
	－60	附件	指高频和中频通信系统中没有提到的其他部分,包括修理工具、调制解调器和其他附属设备
E4		低频(LF)/甚低频(VLF)（总论）	
	－00	总论	指使用低频载波的舰上通信系统或装置
	－10	天线	指通信系统中使用的 LF/VLF 天线
	－20	天线多路耦合器和调谐器	指 LF/VLF 通信系统中使用的天线多路耦合器和调谐器
	－30	项目自定义	
	－40	接收机	指 LF/VLF 通信系统中的接收装置
	－50	发报机	指 LF/VLF 通信系统中的发报装置
	－60	无线电收发机	指 LF/VLF 通信系统中的无线电收发装置
	－70	附件	指上述没有详细说明的 LF/VLF 通信系统的所有部分。例如,可以包括修理设备、调制解调器和其他附属装置等
E5		音频集成（总论）	
	－00	总论	指用于通信集成发布与控制的舰上通信系统/装置
	－10	控制机构	指舰上通信系统的控制装置
E6		数字通信（总论）	
	－00	总论	指用于数字数据传输和接收的舰上通信系统/设备。例如,调制解调器、加密设备和电传打字机
	－10	密文接收机	指接收器加密设备

（续）

系统	子系统	名 称	描 述
E6	-20	密文发报机	指发报机加密设备
	-30	电报处理	指舰上通信系统中的电报和信息处理设备
	-40	电传打字机	指舰上通信系统使用的电传打字机
	-50	调制解调器	指用于舰上通信系统的调制解调器
	-60	显控台	指用于舰上通信系统的显示装置
E7		内通 （总论）	
	-00	总论	指在平台范围内提供通信的舰上通信系统/装置
	-10	广播	指舰上的广播与播音系统
	-20	内部通信	指舰上的内部通信系统
	-30	网络	指所有的舰上网络,包括局域网(LAN)、广域网(WAN)等
	-40	娱乐	指舰上所有的家用电子设备,包括收音机、电视和录像机等
	-50	警报	指舰上的警报系统
	-60	控制设备	指用于舰上通信系统的控制装置
	-70	电话	指用于舰上通信系统的电话装置
E8		飞行控制与着陆 指挥系统 （总论）	
	-00	总论	指用于安全的飞机起飞、飞行和着陆的通信设备
F0		导航系统 （总论）	
	-00	总论	指用于系统的测定、指挥、管理或绘制系统位置或航线的系统或设备
F1		自主导航 （总论）	
	-00	总论	指安装在平台上,不依赖于地面站和轨道卫星的导航装置。例如,北大西洋公约组织（NATO）的船舶惯性导航系统（SINS）、罗盘、航海日志系统、风向标等
	-10	陀螺罗经	指使用陀螺仪原理的罗经
	-20	磁性罗经	指所有使用磁性原理的罗经

（续）

系统	子系统	名称	描 述
F1	－30	惯性导航	指惯性导航的所有方面。例如,包括惯性平台和陀螺仪装置等
	－40	速度与距离	测量船速和距离系统
	－50	深度	指舰上的深度测定系统
	－60	风速与风向	指测量和确定风速和风向的系统。例如,包括标准风向标和轻型风向标等
F2	－00	制依赖导航（总论）	指安装在平台上不依赖于地面站和轨道卫星的导航设备。例如,全球定位系统、超级定位(Hyperfix)等
	－10	卫星导航	指安装在平台上的卫星导航设备
	－20	无线电导航	指安装在平台上的无线电导航设备
	－30	雷达导航	指安装在平台上的雷达导航设备
F3		导航信息处理（总论）	
	－00	总论	指安装在一个平台上合并/处理航海数据来计算和管理平台地理位置的导航设备,包括舰船数据发布系统
	－10	测绘	指用于测绘的导航辅助设备
	－20	数据发布	指用于导航数据发布的装置
	－30	数据转发	指用于转发导航数据的装置
G0		监视系统（总论）	
	－00	总论	指安装在平台上感知、监视以及需要时提供报警和环境数据的装置,包括雷达、声纳、热学、光学和环境技术
G1		控制系统（总论）	
	－00	总论	指安装在平台上,处理和控制传感器系统的那部分侦察装置,包括战斗系统
	－10	数据处理	指用于处理警戒探测数据的装置
	－20	显控台	指用于显示警戒探测数据的装置
G2		雷达（总论）	
	－00	总论	指安装在平台上的利用雷达设备装置来获取信息的警戒探测部分,包括天线和警戒雷达

（续）

系统	子系统	名称	描　　述
G2	−10	天线	指作为雷达侦察设备组成部分使用的天线
	−20	接收器	指作为雷达侦察设备组成部分使用的接收设备
	−30	发射器	指作为雷达侦察设备组成部分使用的发报设备
	−40	辅助设备	指作为雷达侦察设备组成部分使用的附件
	−50	分发设备	指用于分发雷达侦察数据的装置
	−60	显控台	指用于可视化显示雷达侦察数据的装置
G3	−00	声纳 （总论）	指安装在平台上,使用声纳设备来获取信息的警戒探测系统
	−10	变频器	指作为声纳侦察设备组成部分的变频器
	−20	接收器	指作为声纳侦察设备组成部分的接收器
	−30	发射器	指作为声纳侦察设备组成部分的发报机
	−40	辅助设备	指作为声纳侦察设备组成部分的附件
	−50	分发设备	指用于分发雷达声纳数据的设备
	−60	显控台	指用于可视化显示声纳侦察数据的装置
G4		电磁系统 （总论）	
	−00	总论	指安装在平台上,用于探测与识别电磁发射源的警戒探测装置
	−10	ESM 天线	指电子侦察测量（ESM）的天线
	−20	ESM 接收器	指电子侦察测量（ESM）的接收器
G5		光学系统 （总论）	
	−00	总论	指安装在平台上,使用光学仪器获取信息的侦察设备,包括潜望镜与通用光电导向器（GPEOD）等
	−10	热成像	指提供热成像监视和武器制导的装置（硬件/软件）,包括热成像传感头、驱动单元、处理器、瞄准器、供电单元和显示单元等
	−20	潜望镜	指作为光学侦察装置组成部分的潜望镜
G6		数字系统 （总论）	
	−00	总论	指安装在平台上,提供数据传输能力的监视装备部分。例如,包括数据总线和战斗系统总线等
	−10	数据总线	指作为监视系统一部分的数字数据总线

（续）

系统	子系统	名称	描　　述
G7		敌我识别系统 （总论）	
	－00	总论	指用于选择和确定敌我目标的监视设备
	－10	雷达天线	指作为敌我识别系统组成部分的雷达天线
	－20	集成异频雷达 收发机	指舰上内置的作为侦察系统中的识别系统组成部分的集成 异频雷达收发机
H0	－00	操纵系统 （总论）	指平台中控制组件的移动与/或方向的单元和设备,包括发 动机、齿轮箱、推进器、方向舵
H1		操纵系统与控制 （总论）	
	－00	总论	指用于将操纵位置给出的需求传输到控制方向舵或其他操 纵机构的接收器的系统
H2		侧向推进器	
	－00	总论	指安装在舰船上吃水线以下,在操纵舰船时提供侧向推进力 单元
H3		稳定与控制系统 （总论）	
	－00	总论	指用于最小化波浪运动对舰船影响的装置
H4		潜浮控制系统 （总论）	
	－00	总论	指用于控制潜水艇的潜水深度的系统
H5	－00	舵 （总论）	指用于控制潜水艇水下姿态的装置
J0		通风与空气调节 （总论）	指用于提供可控环境的系统或装置
	－00	总论	
J1		气候控制系统 （总论）	
	－00	总论	指在给定空间中控制气候/环境状态的装置
J2		通风系统 （总论）	
	－00	总论	指为平台内的工作和生活空间中提供可居住条件的空气供 应和排放系统

（续）

系统	子系统	名称	描 述
J3		空气调节系统 （总论）	
	－00	总论	指控制平台内的生活空间和某些工作空间中湿度和温度的系统
	－10	舱室供暖系统	指系统中供热的部分和其控制装置。例如,包括加热单元、管路等
J4		制氧系统 （总论）	
	－00	总论	指可以制造以液态或气态形式储存的氧的机械装置
K0		液压系统 （总论）	
	－00	总论	指产生、发送与/或控制液压的系统或装置
K1		主液压系统 （总论）	
	－00	总论	指为主要原动力提供液压力的装置
K2		辅助液压系统 （总论）	
	－00	总论	指为工程系统和机械的控制提供液力的装置
	－00	气压系统 （总论）	指用于输送和储存压缩空气的系统
	－10	空气伺服系统	指输送压缩空气的系统
L0		电子系统 （总论）	
	－00	总论	指使用不包含在其他系统中的电子/自动化软件与/或固件元素的系统或装置
L1	－00	阴极保护 （总论）	运用电解原理,保护船体免受海水腐蚀效应侵蚀的系统
L2		消磁 （总论）	
	－00	总论	指用于消去舰船周围磁场的系统

231

（续）

系统	子系统	名称	描　　述
M0		辅助系统 （总论）	
	－00	总论	指为主系统或装备提供服务或保障的系统
M1		飞行器操纵系统 （总论）	
	－00	总论	指在机棚或往来于飞行甲板或跑道之间保障飞行器的安全移动的装置
	－10	飞行器操纵系统 维修与储存	指飞行器操纵及相关的保障设备
	－20	飞行器修复 保障系统	飞行器修复及相关的保障设备
M2		海水系统 （总论）	
	－00	总论	指提供火力、机械冷却,控制水密舱水量和某些内部设施的注水的系统
	－10	消防与抽水系统	指管道系统、消防总管和冲水泵及控制装置
	－20	洒水系统	指海水喷洒系统
	－30	预湿系统	指抗预湿系统
	－40	辅助海水系统	指海水系统泵和相关管线、控制装置的辅助设备
	－50	排水口和甲板泄水	指排水孔、甲板泄水及相关的装置
	－60	管道与排水装置	指排水、管道及相关管线、控制阀等
	－70	排水与压舱系统	指管线、排水和压载系统、泵和控制器
M3		淡水系统 （总论）	
	－00	总论	指用于居住和其他用途的系统,这里因海水腐蚀效应不能使用海水
	－10	蒸馏设备	指快速型、蒸汽压缩、热回收和浸管型的蒸馏设备
	－20	辅助淡水冷却	冷却水、电子系统、逆时针方向/顺时针方向
	－30	饮用水	指淡水和蒸馏水设施。例如,包括饮用水供应装置等
M4		燃料与润滑系统 （总论）	

（续）

系统	子系统	名称	描　述
M4	-00	总论	指用于输送和储存推进与润滑油料的系统
	-10	舰船燃料与燃料补充系统	指舰船燃料加注和传送系统泵、燃料输送系统及相关的装备
	-20	航空与普通燃油	指航空管线和通用的燃油系统泵、航空与通用燃油（MO-GAS)处理与管线
	-30	航空与普通润滑油	指航空与一般目的润滑油系统
	-40	辅助润滑系统	指舷外润滑与舷内润滑
	-50	特种燃油与润滑剂处理与储存	指储存特种燃油与润滑油系统
M5		气体系统（总论）	
	-00	总论	指用于输送与储存压缩空气和压缩气体的系统
	-10	压缩空气系统	指产生、发送与/或控制气压和压缩空气的系统或设备（硬件/软件）
	-20	压缩气体	指压缩气体(氮)系统
	-30	真空系统	指用于产生、发送与/或控制真空的系统或设备（硬件/软件）
M6		货物处理补给系统	
	-00	总论	指用于补给的货物处理机械和系统
	-10	海上补给(RAS)系统	指 RAS 绞盘、RAS 吊杆、索具和硬件、控制站
	-20	垂直补给系统	指垂直补给系统(VETREP)
	-30	舰船储存与设备处理系统	指舰船储存与处理的系统设备
M7		机械（总论）	指与武器系统没有直接相关的,且在别处没有指明的所有机械
	-00	总论	
	-10	工程与功能机械	指工程和功能机械
	-20	生活机械	指用于生活目的的机械
N0	-00	生命力（总论）	
		总论	指用于危险监测、预防、生存与逃逸设施的系统与设备

（续）

系统	子系统	名称	描 述
N1		损伤控制 （总论）	
	－00	总论	指用于限制、控制和修复（平台内）平时或战时引起的装备毁伤的装置
	－10	探测系统	指用于装备损伤检测的装置
N2		逃生设备	
	－00	总论	指在危急时刻帮助逃离危险或延长生命的设备而特意安装的设备
N3		消防系统 （总论）	
	－00	总论	指控制火灾蔓延、熄灭与预防再次燃烧能力的装置。例如，包括检测、指示和灭火系统
N4		核、生、化 （总论）	
	－00	总论	指那些在核、生、化（NBC）袭击中，给平台和舰员提供单一或全面的核、生、化检测、保护和生存能力的子部件或组件，包括正压和净化系统、通气面罩、NBC 检测和警告装置、排污装置和防化服
N5		海上救助系统 （总论）	
	－00	总论	指执行海上救援行动的系统
N6		稳定性 （总论）	
	－00	总论	指舱室毁损或进水后提供稳定性的系统
P0		特种装备/系统 （总论）	
	－00	总论	指用于提供特种任务能力的系统或装备
P1		特种型号装备 （总论）	
	－00	总论	指能够实现某个特种任务能力的特种装备（硬件/软件）

（续）

系统	子系统	名称	描　　述
P2		特种修复装备 （总论）	
	-00	总论	指能够实现某个修复能力的特种修理装备（硬件/软件），包括起重机、绞盘与牵引支架设备
P3	-00	特种修理装备 （总论）	指能够实现某个特种能力的特种修理装备（硬件/软件）
P4		特种用途装备 （总论）	
	-00	总论	指能够实现特种任务目的的特种目的装备（硬件/软件）。例如，包括用于修理车间、医疗和其他特种目的平台的装备
Q0		舾装与家具 （总论）	
	-00	总论	指用于提供可居住性、可操作性或储存的设施，不包括在其他系统中的设施
Q1		天幕装置 （总论）	
	-00	总论	指由防风雨布料、塑料和绝缘材料制成，用于保护暴露在自然环境下（特别是盐雾条件下）的装备和机械上的器件的覆盖物
Q2		保护性涂层 （总论）	
	-00	总论	指保护性涂料（通常为油基抗污性涂料），用在暴露于海水或其他腐蚀性环境中的表面
Q3		储藏室 （总论）	
	-00	总论	指设计用于长期储存或者随时可用的物品（除了武器、弹药与食品）的空间
	-10	器材储藏室	指为存放器材而专门设计的空间
Q4		浴室与盥洗室 （总论）	
	-00	总论	指用于安装浴室和盥洗室的设施的空间

（续）

系统	子系统	名称	描 述
Q5		工作间 （总论）	
	－00	总论	指用于维修机械和某些专门设备的舱室
Q6		实验室 （总论）	指用于在装备和某种物质上开展科学试验的舱室
	－00	总论	
Q7		测试区 （总论）	指用于在装备上开展科学试验的舱室
	－00	总论	
Q8		舰上厨房/ 食品餐具室 （总论）	
	－00	总论	指用于准备和提供食物和点心的舱室
Q9	－00	食品舱 （总论）	
		总论	指用于储存食物和饮料、有时满足冷冻食物等特定储存需求的舱室
QA		起居舱 （总论）	
	－00	总论	指设计并适合提供可居住（生活与娱乐）住处的舱室
QB		办公室 （总论）	
	－00	总论	指用于执行行政工作的空间
QC		控制中心 （总论）	
	－00	总论	指用于操作与/或过程控制的舱室
QD		机舱 （总论）	
	－00	总论	指包含永久和固定机械件的空间
QE		医疗、牙科 和医药舱 （总论）	
	－00	总论	指用于供应医疗、牙科与医药工具的舱室

（续）

系统	子系统	名称	描　述
QF		洗衣房 （总论）	
	－00	总论	指特别设计用于洗涤和干燥亚麻与纤维织品的空间
R0		训练 （总论）	
	－00	总论	指用于提供训练功能的系统或装备
	－10	训练	训练被定义为可交付的训练服务、设备、附件、辅助设备、装备和设施。用于指导人员获得足够的理论、技能和智慧，从而以最大效能操作和维护系统。该元素包括所有可交付训练设备的设计、开发和生产，以及训练服务的执行
	－20	非武器训练与 模拟器	指用于为非武器系统和模拟器提供训练能力的系统或设备
	－30	武器系统训练与 模拟器	指用于为武器系统与模拟器提供训练能力的系统或设备
S0		维修、测试与保障 （总论）	
	－00	总论	指用于维护使用能力的系统、设备或设施
T0		管理系统 （总论）	
	－00	总论	指用于管理整个复杂的集成管理系统的系统、装置或设备
T1		平台管理系统 （总论）	
	－00	总论	指用于监控和管理整个舰艇平台的系统、装置或设备
	－10	操作设备	指为控制台操作员所提供的战位和设备
	－20	数据处理	指安装在平台上，综合、处理动力系统数据的设备
	－30	控制台	指安装到平台上的控制台
	－40	监视器	指安装在平台上监控各系统的装备
	－50	机柜	指可通过多个系统中设备单位来配置的"设备机柜"
	－60	维修设备	指平台上的"维护"和"诊断"设备
	－70	外围设备	指安装在平台上的任何外围辅助设备。例如，打印机
T2	－00~90	项目自定义	

（续）

系统	子系统	名称	描　　述
T3		作战管理和 数据传输系统 （总论）	
	－00	总论	指综合、处理和分配"中心维修系统（CMS）数据"的平台所使用的系统、装置或设备
	－10	操作设备	指为控制台操作员所提供的战位和设备
	－20	作战管理	指安装在平台上综合和处理 CMS 数据的装备
	－30	控制台	指安装在平台上的控制台
	－40	数据传输设备	指安装到分配 CMS 数据的平台上的数据传输设备
	－50	机柜	指可通过多个系统中设备单位来配置的"设备机柜"
	－60	维修设备	指平台上的"维护"和"诊断"设备
	－70	外围设备	指安装在平台上的任何外围辅助设备。例如，打印机
U0		气象水文系统 （总论）	
	－00	总论	指用于收集、处理和分配气象和海洋环境数据的平台系统、装置或设备
U1		气象系统 （总论）	
	－00	总论	指用于收集、处理和分配气象数据的系统、装置或设备
U2		水文系统 （总论）	
	－00	总论	指用于收集、处理和分配海洋环境数据的系统、装置或设备
U3		数据传输 （总论）	
	－00	总论	指用于海洋和气象（METOC）数据传输和分配的系统、装置或设备，包括船内以太网
U4		数据处理 （总论）	
	－00	总论	指用于整理和处理 METOC 数据的装备

（续）

系统	子系统	名称	描　　述
U5		人机接口 （总论）	
	－00	总论	指用于接收舰外（远程）METOC 数据的装备。例如,控制台、便携电脑等
U6		数据收集器 （总论）	
	－00	总论	指用于接收舰外（远程）METOC 数据的装备

附录 C 其他专用技术信息 SNS 代码定义示例

C.1 软件工程项目专用技术信息 SNS 代码定义示例[12]

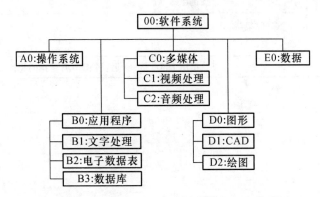

图 C-1 软件工程项目专用技术信息 SNS 代码图

表 C-1 软件工程项目专用技术信息 SNS 代码定义示例

系统	子系统	名称	定 义
00		软件系统	
	-00	总论	软件系统运行在宿主计算机上,由一系列二进制代码和数据组成。其中二进制代码驱动某处理单元执行特定动作生成前一个处理步骤的结果,数据供二进制代码处理,或是影响二进制的操作。二进制软件专用于特定的处理器或处理器组。利用解释器或编译处理,可将非二进制软件指令被转换为机器可识别的专用二进制代码。软件被存储于非易失性计算机存储芯片中,或在使用之前加载到存储器
	-10 ~ -90	未给出	
A0		操作系统	
	-00	总论	操作系统是计算机运行的必备软件,它为应用软件可直接运行于计算机上的硬件或是低层操作系统(如 BIOS)提供了软件接口,这个接口俗称为"程序"。通常情况下操作系统被解释为一个人机接口,这种解释适用于从微型控制器到大型计算机集群等各种类型的计算机
	-10 ~ -90	未给出	

240

（续）

系统	子系统	名称	定　义
B0		应用程序	
	-00	总论	应用程序是在计算机上运行的软件系统，用于执行多样化的任务。它可以是微型控制器上的二进制代码，也可以是人-机界面上代码与数据相混合的指令。多数情况下，应用程序软件需要特定的操作系统和特定的计算硬件来运行
	-10 ~ -90	未给出	
B1		文字处理	
	-00	总论	文字处理软件用于文本类信息的处理。主要包括文本类数据的收集、编辑、以及预备在屏幕上显示或打印成册。通过为纯文本增加样式增强文本的可读性。同时可选择使用拼写与语法检查功能
	-10 ~ -90	未给出	
B2		电子数据表	
	-00	总论	电子表格软件以表格的形式收集整理收据，可通过数学和布尔运算分析这些数据。数据和分析结构能够以图形方式显示
	-10 ~ -90	未给出	
B3		数据库	
	-00	总论	数据库软件控制着任何类型的电子可存储数据的存储与检索。它是一个可编程的软件界面，以便于普通用户输入或从数据池中提取数据，而不会显示出数据存储本身有条理的组织
	-10 ~ -90	未给出	
C0		多媒体	
	-00	总论	为了同时考虑人们的不同感觉，用多媒体软件对数据进行处理。多媒体数据可以采用视觉、听觉和其他可感觉的形式传递给用户
	-10 ~ -90	未给出	
C1		视频处理	
	-00	总论	视频处理软件用于存储、编辑和转换视频数据，包括作为伴奏的声音文件。通过直接的数字化记录或将模拟视频录像带数字化的方式来存储视频数据。通过移除、增加或分割顺序来对视频进行编辑。通过电子化过滤或转换来实现视频数据的转换
	-10 ~ -90	未给出	

（续）

系统	子系统	名称	定　义
		音频处理	
C2	−00	总论	音频处理软件用于存储、编辑与转换音频数据。通过直接的数字化记录或将模拟音频源数字化的方式来存储音频数据。通过移除、增加或分割顺序来对音频进行编辑。通过电子化过滤或转换来实现音频数据的转换
	−10 ~ −90	未给出	
		图形	
D0	−00	总论	图形软件生成或修改数据以进行可视化表达形式。图形数据的来源包括静态数字照相机、可将任意类型的图像数字化的扫描仪、或是直接由计算机生成。图形数据以矢量化形式存储，即各种线条和填充信息，或者是以位图的形式存在，即完整的数字化形式。一种混合的存储形式应尽可能的压缩、少丢失或不丢失信息
	−10 ~ −90	未给出	
		CAD	
D1	−00	总论	CAD 软件利用尺寸数据来描述目标。一条画线与目标的边是成比例的。层次结构是 CAD 图像的典型特点，并且层次结构与矢量化存储相同。图像可能是两维或三维的。通常，大规模的绘图将输出到线绘图仪上
	−10 ~ −90	未给出	
		绘图	
D2	−00	总论	为了说明性的目的，采用绘图软件产生或编辑图像。矢量数据和位图将独立显示，或者可以进行混合显示。通过颜色调整、过滤和变形来修改图像
	−10 ~ −90	未给出	
		数据	
E0	−00	总论	对于非程序代码数据，软件系统中的数据是一个概括性的术语。数据运行于软件系统以及系统独立信息（即帮助文档）上，或是在软件系统的其他部分使用
	−10 ~ −90	未给出	

C.2 战斗车辆项目专用技术信息 SNS 代码定义示例

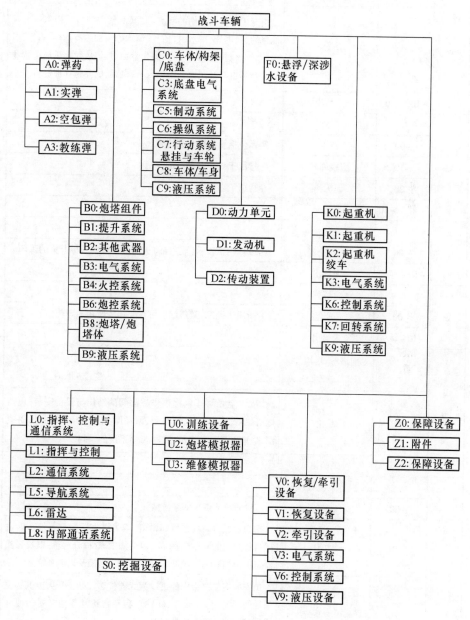

图 C－2 战斗车辆项目专用技术信息 SNS 代码图

表 C-2　战斗车辆项目专用技术信息 SNS 代码定义示例[12]

系统	子系统	名称	定义
A0		弹药总论	
	-00	总论	指专用于造成损伤的物品(在某些情况下也可用来达成其他目的,如爆炸、指示、打信号、训练等),如装有炸药、雷管、黑火药、烟火材料或其他特殊的化学物质、核放射物质或生物物质。弹药也涉及包含或不包含有害物质的弹药详细资料
	-10 ~ -90	未给出	
A1		实弹	
	-00	总论	实弹包括服役弹与训练弹
	-10	服役弹药	专指用于战斗与训练的弹药
	-20	训练弹	专指用于训练的弹药
	-30 ~ -40	未给出	
A2		空包弹	
	-00	总论	指设计用来表示(或象征)火力武器或向目标开火的弹药
	-10 ~ -90	未给出	
A3		教练弹	
	-00	总论	专指用于训练、弹药维护可视化训练所用的弹药
	-10 ~ -90	未给出	
B0		炮塔/炮塔组件(总论)	
	-00	总论	指要求为战斗车辆提供作战隔间的结构与设备安装,包括炮塔装甲、电磁屏蔽、炮塔圈、滑动圈、附件与附属物,如闭锁销、炮塔以及容纳人员、武器、C^3I 系统的空间
	-10 ~ -90	未给出	
B1		提升系统/武备	
	-00	总论	一种防御或进攻的系统或设备
	-10	主炮	指为发射台向敌方目标射击,或为己方后勤与其他车辆发挥自我防卫的武器/炮单元,包括如主炮/提升重量、以及轻武器与迫击炮等辅助武器,不包括火控、炮控及光学系统
	-20	火力系统	指安装在发射台内的可以为武器传送、发射、开火提供必要引导的智能设备(软件、硬件),包括雷达及其他必要的搜寻识别传感器、气象学跟踪控制与显示、火控计算机及计算机程序

（续）

系统	子系统	名称	定　义
B1	-30	炮筒防护	指武器系统中保护炮管、防止破裂的部分
	-40	射角平衡	指与火炮控制系统关联的控制系统，包括炮控、电动发电机、微场扩大放大机、电机放大机、电磁放大机与功率放大器
	-50	未给出	
	-60	炮架	指主系统的辅助设备，包括支架、特殊工具、提升梁与限制器
	-70	炮口瞄准系统	指为射弹发射器提供最初导引的发射器组件，包括如枪管、炮管(迫击炮等)及横杆等
	-80 ~ -90	未给出	
B2		其他武器	
	-00	总论	一种防御或进攻的系统或设备(包括轻武器与机枪)
	-10 ~ -90	未给出	
B3		电气系统(炮塔)	
	-00	总论	指炮塔的电气或电子系统，包括接线吊具、外场可更换单元(LRU)、传感器与照明系统
	-10	电池	指与炮塔相关的电池设备，包括电池容器、绝缘箱、电池总成、连接线等
	-20	未给出	
	-40	控制面板与仪器	指与炮塔相关的仪器系统与设备，包括指示面板、电路面板、控制传导器等(详见 C3-40)
	-50	照明系统	指与炮塔相关的照明系统与设备，包括检查灯、面板灯、顶灯、点状灯、护卫灯等(详见 C3-50)
	-60	电气设备	指与炮塔相关的电气设备(详见 C3-60)
	-70	电气安装	详见 C3-70
	-80	防护装置、标尺与传感器	相见 C3-80
	-90	未给出	
B4		火控系统	
	-00	总论	按防卫与进攻的方案提供给射击武器的设备
	-10	武器指向系统与瞄准具	指武器系统向目标指引射击的部分

（续）

系统	子系统	名称	定　义
B4	−20 ~ −40	未给出	
	−50	光学瞄准系统	指用于搜索、观察、识别、跟踪、区域搜索的瞄准系统的光学单元，也包括与该系统相关的传感器与显示器
	−60	未给出	
	−70	火控系统	按防卫与进攻的方案提供给射击武器的设备
	−80 ~ −90	未给出	
B6		炮控系统	
	−00	总论	炮控单元是指安装在车内为武器系统的激励升降和旋转提供所必要的智能设备（硬件、软件），同时也为稳定系统、炮塔志火炮驱动的控制提供必要的智能设备，包括炮位指示器与传感器
	−10	旋转机构	指直接安装在结构/支架/托架上的手动或电动的方向机及其相关系统/部件
	−20	升降机构	指直接安装在结构/支架/托架上的手动或电动的升降机构其相关系统/部件
	−30	陀螺仪总成	指与炮控系统相关的陀螺仪总成
	−40	炮控	指与炮控系统相关的控制系统，包括炮控、电动发电机、微场扩大放大机、电机放大机、电磁放大机与功率放大器
	−50	未给出	
	−60	辅助	指辅助的炮控相关系统，包括套筒螺母总成、旋转位移单元、火控象限仪、内联箱、接线、连接器等
	−70 ~ −90	未给出	
B8		炮塔/炮塔体	
	−00	总论	指炮塔除去相关设备外的主体结构
	−10	未给出	
	−20	弹药存储	指为二次与自带弹药两者的存储设施
	−30	门/窗	指安装在炮塔内或炮塔上的装载或进出的门/窗，包括装载舱口、乘员舱口及相关的锁、把手、配件等。其不含炮塔
	−40	外部设备	指安装在炮塔外部的设备，包括反射镜刷、冷却器、火炮盖、防溅帘、面板、支架、螺柱焊接等

（续）

系统	子系统	名称	定　义
B8	−50	内部设备	指安装在炮塔内部的设备,包括饮水器、潜望镜、面板、支架、弹夹、螺柱焊接等
	−60	未给出	
	−70	通气系统	指用来提供可控环境的设备系统
	−80	灭火器	指探测与指示火灾或烟火的固定或便携式的单元与组件（包括瓶、阀门、管道等）,并喷撒灭火药剂至车内的所有保护空间
	−90	未给出	
B9		液压系统	
	−00	总论	详见 C9 00 −90
	−10 ~ −90		
C0		车体/构架/底盘(总论)	
	−00	总论	指车辆的主要载荷承受单元,其结构整体可以承受在穿越各种地形时产生的行动载荷压力。可以是简单的轮式车辆结构,也可以是复杂的满足结构需求并提供装甲防护的战车车体,包括所有的结构组件以及所有固定在基本结构上的附加物。例如,包括牵引支架、提升装置、缓冲器、舱口盖和观察窗,也包括向其他子系统提供供应品,如悬挂装置、武器、炮塔、履带、驾驶室、专用设备与负载等
	−10 ~ −90	未给出	
C3		底盘电气系统	
	−00	总论	指安装在发动机动力室的电气设备,包括制动器、马达控制器与点火器系统
	−10	电池组系统	指安装在发动机动力室的电池组设备,包括电池容器、绝缘箱、电池组、连接皮带等
	−20	发电机系统	指安装在发动机动力室,并非直接安装在发动机上的发电系统与设备,包括交流发电机、直流发电机、发动机面板等项目
	−30	启动机系统	指用于启动发动机的单元、组件与相关系统,包括电气的、惯性气流的或其他启动系统,不包括系统74(S1000D)中涉及的点火系统

（续）

系统	子系统	名称	定 义
C3	－40	控制面板与仪器	指所有固定或可移动的面板,及其替代品如仪器、开关、电路断路器、保险丝等,还包括仪表板振动器以及其他面板
	－50	照明系统	指安装在动力室的照明系统与仪器,包括检查灯等
	－60	电气设备	指与车体相关的电气设备,包括制动器、刮片控制器、加热器、加温锅、警报器、无线电装置以及辅助设备
	－70	电气安装	指安装在动力室或电力室的电线及电缆线束,包括线束、电线与电气接线等
	－80	护具、量具与传感器	指安装在动力室或电力室的保护系统与仪器,包括保险丝、熔断器与机器开关等
	－90	未给出	
C5		制动系统	
	－00	总论	指为防止军械系统发生意外动作的一种装置,而并非完整关闭车轴总成,包括液压控制缸、管道、电缆、制动系统与手制动器等
	－10	制动器	指通过向车辆的传动系统(如履带装甲车)施加制动力的一种分离方法
	－20	制动器控制系统	包括控制机构、控制杆、滑轮、电缆、开关、接线、管道等
	－30	停车制动	其包括停止/启动与制动控制,包括踏板总成(离合器、制动器、加速器等)关联连接、电缆、液压/气动连接、主副油缸、刹车踏板与衬垫、制动盘与制动鼓等
	－40	停车制动控制系统	给出此部分对启动、停止、驾驶的控制和通常控制车辆与设备的机动性作用相当,其包括如车载诊断系统
	－50 ~ －90	未给出	
C6		操纵系统	
	－00	总论	指用来指引或控制方向的设备
	－10 ~ －30	未给出	
	－40	控制系统	指控制运动或方向的总成中的电子或自动化软件系统内的单元
	－50 ~ －90	未给出	

（续）

系统	子系统	名称	定 义
C7		行动系统、悬挂与车轮	
	−00	总论	指使车辆根据地表状况产生牵引力、推力、提升力的装置，包括车轮、履带和具有牵引与控制功能的调整齿轮，还有弹簧、减震器、防护罩以及其他悬挂系统如履带调整器等
	−10	未给出	
	−20	负重轮平衡肘	指用来分配车辆的额定地面压力的部件。在轮式车上，其包括把牵引力转化到地表及旋转轮上的车轮，即包括车轮、轮毂、轮胎、阀门及内部管件等
	−30 ~ −40	未给出	
	−50	主动轮	指把牵引力传递到履带的齿形驱动轮
	−60	未给出	
	−70	负重轮	指用来分配车辆的额定地面压力的部件
	−80	线路电压系统	指从电力供给系统传导高低压电流到火花塞或点火装置的系统部分，其包括从系统的磁发电机与分离的分配器之间的接线，包括点火装具、高压线及常在低压系统、火花塞与点火装置等使用的线圈
	−90	行动系统	指用来使车辆适应不规则的地表的部件，包括液压气压联动单元、减震器、叶片与弹簧卷、气压悬浮单元，还包括提升机构、防护罩等
C8		车体/车身	
	−00	总论	指提供包容系统、武器与人员的综合平台的外壳结构
	−10	车体，提升与挂钩螺栓	永久性固定在平台外壳上的装置
	−20	发动机，检查舱口与格栅	指直接安装在车体外壳上的通道盖板，其包括防护装置、插拴、排水口、检查盖等，也可包括舱板组件
	−30	门与窗口	指在车体结构内或直接安装在其上的装载或进出的舱中与窗口，其包括炮弹装填门、驾驶员与乘员门、舱口盖、锁、把手、驾驶员、乘员盖、遮罩、挡风玻璃等
	−40	外部安装设备	指安装在车体结构的底盘及外部的设备，包括支架、螺柱焊接、台阶、缓冲器、挡泥板、玻璃等

（续）

系统	子系统	名称	定 义
C8	-50	内部安装设备	指安装在车体结构的内部的设备,包括支架、挡泥板、地板与绝缘面板
	-60	未给出	
	-70	通风、加热与三防系统	指用来提供可控环境的系统或设备,也指用于核生化的检测、防护及生存的电子与自动化软件的设备。其适用于并非包含在特定群组上的单元,包括高压与净化系统、核生化探测与警报装置、净化设备与防化学涂层。也可包括环境控制设备,如加热器、冷却器等
	-80	灭火器	指向车体内所有保护区域内提供探测、显示烟火以及存储分配灭火物的固定或便携式的单元或组件,包括灭火瓶、阀门、管道等。其用于灭火的固定或便携式系统的部分。其也为用于感知、显示、抑制火焰以防传播到燃料系统引起爆炸的系统部分
	-90	表面处理,标签与映像	详述所有的表面装饰、色彩配置、名牌、标志等。例如,部门编号、图例、场所等。可利用图像实现
C9		液压系统	
	-00	总论	指产生、分配、控制主要液体动力的电子或自动化软件系统的部分,包括水箱、阀门、水泵与水管
	-10 ~ -90	未给出	
D0		动力单元	
	-00	总论	指产生并传递动力的设备或系统
	-10 ~ -90	未给出	
D1		发动机	
	-00	发动机总论	指促使燃料能源转化为动力的单元或组件,包括增压器与传动器、传动控制阀、筒、隔板、进气口、曲轴组件等,包括发动机泵(压力、清洗)、减压阀、遮蔽物及内外油路等
	-10	润滑系统	指为动力单元提供润滑的系统及与其相关的外部组件,包括油管与回油管、泵、过滤器、冷热气自动调节机与独立安装的热交换器
	-20	燃料系统	指用来提供燃料存储、过滤、传输管、排水阀、分流阀、燃料喷射器与注射器的设备

（续）

系统	子系统	名称	定　义
D1	−30	进排气系统	指输入空气或从发动机内收集、排除废气的系统,包括输送管、管道、过滤器、联结与衬垫
	−40	冷却系统	指使动力单元保持恰当的工作温度的系统,包括冷空气导管、防冻液泵、散热器、中间冷却器、风扇及相关的热传递设备
	−50	发动机控制系统	指安装在动力室的电子设备,包括制动器、发动机点火系统
	−60 ~ −90	未给出	
D2		传动装置	
	−00	总论	指将扭矩传(主要、辅助、紧急)送到平台的驱动器上的系统
	−10	传动箱	指将机械动力传递到驱动件的装置,包括如联结发动机的传动箱、齿轮、密封垫、泵等,不包括在 SNS AE 中安装于较远处的传动箱
	−20	终端传动	指从发动机到传动构件的连接动力装置,包括套筒连接、轴、万向节与终端传动
	−30	辅助系统	指为车内的主系统或主设备提供服务或支持的系统(软件、硬件),不包括其他部分的系统
	−40 ~ −90	未给出	
F0		悬浮/深涉水设备(总论)	
	−00	总论	指提供车辆两栖特性的系统与设备
	−10 ~ −90	未给出	
K0		起重机(总论)	
	−00	总论	指完整的起重机系统
	−10 ~ −90	未给出	
K1		起重机	
	−00	总论	指起重机臂整体
	−10 ~ −90	未给出	
K2		起重机绞车	
	−00	总论	指完整的起重机绞车
	−10 ~ −90	未给出	

（续）

系统	子系统	名称	定　义
K3		电气系统	
	− 00	总论	见 00 − 30 和 C3 部分
	− 10 ~ − 90	未给出	
K6		控制系统	
	− 00	总论	指与起重机相关的控制系统与设备,包括控制器、开关、继电器、校准器等
	− 10 ~ − 90	未给出	
K7		回转系统	
	− 00	总论	指可以使起重机转动的系统与设备
	− 10 ~ − 90	未给出	
K9		液压系统	
	− 00	总论	见 00 − 90
	− 10 ~ − 90	未给出	
L0		指挥、控制与通信系统(C3I)	
	− 00	总论	见下文对指挥、控制与通信系统的定义
	− 10 ~ − 90	未给出	
L1		指挥与控制	
	− 00	总论	指用于指挥与控制的电子/自动软件系统的部分,包括网络与系统控制中心及其他指挥与控制子系统等
	− 10 ~ − 90	未给出	
L2		通信系统	
	− 00	总论	指电子/自动软件系统中用于发送与接收数据的设备。例如,包括有固定的、战术的与移动系统等
	− 10	收发机	指通信系统中的收发机设备
	− 20	通信头盔	指用于通信的头盔及其使用所需的设备
	− 30	未给出	
	− 40	天线	指通信系统中用于发射或接收电磁波的装置
	− 50 ~ − 90	未给出	
L5		导航系统	
	− 00	总论	指用于确定、引导、管理或标记系统位置与路线的系统
	− 10 ~ − 90	未给出	

系统	子系统	名称	定 义
		雷达	
L6	−00	总论	指安装在平台上的雷达导航设备
	−10 ～ −90	未给出	
		内部通话系统	
	−00	总论	指车辆内部通信系统
	−10	处理	是指在电子/自动软件系统中接收与执行数字数据计算和/逻辑运算的设备与装置。例如,包括有中央处理单元和数学协处理器等
L8	−20	仪器与控制面板	包括所有固定的和可移动的面板,及其可以更换的组件。例如,仪表、开关、回路断开器、保险丝等。也涵盖仪器面板振动器与其他控制板
	−30 ～ −40	未给出	
	−50	扬声器	指用于音频输出的系统与设备
	−60 ～ −90	未给出	
		挖掘设备(总论)	
S0	−00	总论	指用于挖掘的系统与设备。例如,包括挖掘铲、电气系统、挖掘控制系统与液压系统等
	−10 ～ −90	未给出	
		训练设备	
U0	−00	总论	指交付的装置、附件,其用于向人员提供辅助教学,使得以最大效率获得使用与维修系统的充足的概念、技能与能力。也指用于提供教学的训练设备,通过该设备人员能以最大效率获得使用与维修系统的充足的概念、技能与能力
	−10 ～ −90	未给出	
		炮塔模拟器	
U2	−00	总论	指用于为武器系统和模拟器提供训练能力的系统与设备
	−10 ～ −90	未给出	
		维修模拟器	
U3	−00	总论	指用于为车辆维修提供训练能力的系统与设备
	−10 ～ −90	未给出	

（续）

系统	子系统	名称	定 义
V0		恢复/牵引设备	
	−00	总论	指具有恢复能力的专用恢复设备
	−10 ~ −90	未给出	
V1		恢复设备	
	−00	总论	指具有恢复能力的、与船身转台相匹配的、特殊的恢复装备(硬件/软件)，或底盘/框架/主体/驾驶室等组合。但不包括起重机
	−10 ~ −90	未给出	
V2		牵引装备	
	−00	总论	指交接于炮塔外壳或底盘/框架/车体/驾驶室组件，完成恢复能力的专用恢复设备,其不包括起吊设备。
	−10 ~ −90	未给出	
V3		电气系统	
	−00	总论	见 00 − 30
	−10 ~ −90	未给出	
V6		控制系统	
	−00	总论	指与恢复/牵引设备相关的控制系统与设备。例如,包括控制器、开关、继电器、校准器等。见 K6
	−10 ~ −90	未给出	
L9		液压设备	
	−00	总论	见 00 − 90
	−10 ~ −90	未给出	
Z0		保障设备	
	−00	总论	指包含在完整的车辆系统中的所有设备。例如,附件、维修设备等
	−10 ~ −90	未给出	
Z1		附件	
	−00	总论	指使用、维修与成器所需要的经批准的补充公用设备(工具、备品与其他设备)。也指从属于一项成品,或与成品相关的项目(例如,备品、修理零件、工具测试设备与各种器材),该项目是使用、保养、修理与翻修一个成品所需要的
	−10 ~ −90	未给出	

（续）

系统	子系统	名称	定　义
Z2		保障设备	
	−00	总论	指在对系统执行修复性和预防性维修活动时所需的测试与测量装备
	−10	工具箱	指用于保障一个成品的、经批准的工具箱
	−20	备件箱	指用于保障一个成品的、经批准的备件箱
	−30～−90	未给出	

C.3　导航工程项目专用技术信息 SNS 代码定义示例

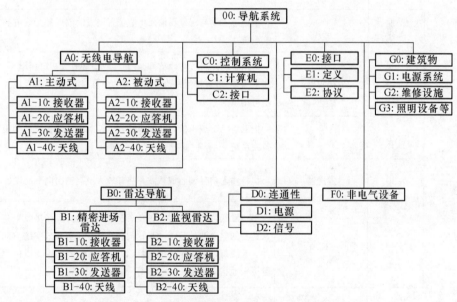

图 C−3　导航工程项目专用技术信息 SNS 代码图

表 C−3　导航工程项目专用技术信息 SNS 代码定义示例[12]

系统	子系统	名称	定　义
00		导航系统	
	−00	总论	指用于确定、引导、管理或标示某个位置或航线的系统或设备
	−10～−90	未设定	

（续）

系统	子系统	名称	定 义
		无线电导航	
A0	−00	总论	指利用调制的无线电波提供距离、方位与高度信息,包括无线电信标机、降落辅助设备与定向器
	−10	无线电信标机	指由信标设备组成的部分
	−20	辅助降落设备	指由降落辅助设备组成的部分
	−30	定向器	指由定向器设备组成的部分
	−40 ~ −90	未设定	
A1		主动式	
	−00	总论	指通过主动与对象通信而生成位置与方向数据的无线电导航系统
	−10	接收器	指用于探测天线接收信号,并将接收信号放大至可用电平。如果需要,也可探测来自载波信号的信息,并将输出信号放大至可用电平
	−20	应答机	指发送一个编码信号并期望接收到相对应的回答信号的设备或系统
	−30	发送器	指将输入信号调制成载波并将其放大至高输出电平的设备
	−40	天线	指将发送器信号以电磁波的形式发射出去,或是接收来自发送器的电磁波的装置。其专门特殊可产生更高效率的方向性。天线可以是固定式的,也可以带有一个传动系统以便于更灵敏地指向目标
	−50 ~ −90	未设定	
A2		被动式	
	−00	总论	指利用非主动方式与对象通信,生成位置与方向数据的无线电导航系统。例如,永久辐射数据流或探测此类信号
	−10	接收器	指用于探测天线接收信号,将接收信号放大至可用电平的设备。如果需要,也探测来自载波信号的信息,并将输出信号放大至可用电平
	−20	应答机	指不是利用有源电路而是被动生成应答数据模式的设备

（续）

系统	子系统	名称	定 义
A2	-30	发送器	指将输入信号调制成载波信号,并将其放大至高输出电平的设备
	-40	天线	指将发送器信号以电磁波的形式发射出去,或是接收来自发送器的电磁波的装置。其专门特殊可产生更高效率的方向性。天线可以是固定式的,也可以带有一个传动系统以便于更灵敏地指向目标
	-50 ~ -90	未设定	
B0		雷达导航	
	-00	总论	指利用雷达原理提供距离、方位与高度信息,包括防空雷达、精密雷达与跟踪雷达
	-10 ~ -90	未设定	
B1		精密进场雷达	
	-00	总论	精密进场雷达以高分辨率探测相对于雷达天线的距离、水平角与垂直角
	-10	接收器	指用于探测天线接收雷达信号的部分。将接收信号放大至可用电平并对其检测。将输出信号放大至可用电平。通过估算发送与接收之间的时间来获取距离数据
	-20	应答机	指发送一个编码信号并期望接收到相对应的回答信号的设备或系统
	-30	发送器	指生成大功率雷达频率脉冲的设备。也可能将频率调制到更高分辨率
	-40	天线	指将发送器信号以电磁波的形式发射出去,或是接收来自发送器的电磁波的装置。其专门特殊可产生更高效率的方向性。可垂直或水平旋转天线以获取角度信息
	-50 ~ -90	未设定	
B2		监视雷达	
	-00	总论	监视雷达探测距离和水平角度相对于雷达天线位置与远程使用范围相一致
	-10	接收器	指用于探测天线接收雷达信号的部分。将接收信号放大至可用电平并对其检测。将输出信号放大至可用电平。通过估算发送与接收之间的时间来获取距离数据

（续）

系统	子系统	名称	定 义
B2	-20	应答机	指发送一个编码信号并期望接收到相对应的回答信号的设备或系统
	-30	发送器	指生成大功率雷达频率脉冲的设备。也可能将频率调制到更高分辨率
	-40	天线	指将发送器信号以电磁波的形式发射出去，或是接收来自发送器的电磁波的装置。其专门特殊可产生更高效率的方向性。可垂直或水平旋转天线以获取角度信息
	-50 ～ -90	未设定	
C0		控制系统	
	-00	总论	指控制导航系统的设备，可确保导航系统按设定好的顺序正确运行
	-10 ～ -90	未设定	
C1		计算机	
	-00	总论	指用于监视并控制导航系统的计算机系统
	-10 ～ -90	未设定	
C2		接口	
	-00	总论	指位于计算机与数据传送系统之间的连接点上的设备
	-10 ～ -90	未设定	
D0		连通性	
	-00	总论	在导航系统中用于传送能量或通信信号的互相连接设备的方法，包括用导线、波导管、玻璃纤维、连接单元等
	-10 ～ -90	未设定	
D1		电源	
	-00	总论	指主要用于向导航系统设备传输电力的连接系统，包括连接单元、导线、保险丝、过压保护、断路器
	-10 ～ -90	未设定	
D2		信号	
	-00	总论	指描述主要用于传输通信信号的连接系统
	-10 ～ -90	未设定	

（续）

系统	子系统	名称	定　义
E0		接口	
	-00	总论	指不同数据系统之间连接点上的数据传送设备
	-10 ~ -90	未设定	
E1		定义	
	-00	总论	定义了一个接口的机械层(例如,插头和插座),以及电子层(例如,电压电平和电流强度)
	-10 ~ -90	未设定	
E2		协议	
	-00	总论	指定义数据传输系统中信息结构的软件协议,以协助数据接收单元正确解析数据。例如,TCP/IP
	-10 ~ -90	未设定	
F0		非电气设备	
	-00	总论	指导航系统中担任被动角色的单元:电线杆和其他攀登工具、安全措施
	-10 ~ -90	未设定	
G0		建筑物	
	-00	总论	永久性建筑或是与监视系统、监视系统某部分一起的车载式集装箱
	-10 ~ -90	未设定	
G1		电源系统	
	-00	总论	建筑物内部使用的电源系统
	-10 ~ -90	未设定	
G2		维修设施	
	-00	总论	指服务于通信系统的设备与设施
	-10 ~ -90	未设定	
G3		照明设备等	
	-00	总论	指位于建筑物内部,由监视系统使用但没有与监视系统直接连接的设备。例如,照明灯、供热设备与空调
	-10 ~ -90	未设定	

C.4 通信工程项目专用技术信息 SNS 代码定义示例

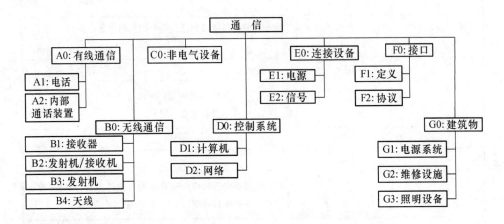

图 C-4 通信工程项目专用技术信息 SNS 代码图

表 C-4 通信工程项目专用技术信息 SNS 代码定义示例[12]

系统	子系统	名称	定　义
00		通信	
	-00	总论	指用于发送数据信息的系统。可以是直接的或在载体上的视频、音频、或者模拟/数字形式的数字数据
	-10～-90	未设定	
A0		有线通信	
	-00	总论	指使用导体交换信息的系统,其可以是导线中的电流、电介质上的电磁场或光纤等
	-10～-90	未设定	
A1		电话	
	-00	总论	指在单行线上以双工信息交换的有线系统,主要用于语音
	-10～-90	未设定	
A2		内部通话装置	
	-00	总论	指在单行线上以单工信息交换(必要时进行收发转换)的有线系统,主要用于语音
	-10～-90	未设定	

（续）

系统	子系统	名称	定　义
B0		无线通信	
	-00	总论	指不使用任何导体进行信息交换的系统,而是通过电磁场、光束或声学系统通信。它们共同之处是信号都在发射机中生成,发送到传输介质中由天线发送与接收,由接收机检波。通常,一个载波信号通过一个或多个信息信号进行调制,以实现最佳性能
	-10 ~ -90	未设定	
B1		接收器	
	-00	总论	对天线接受的信号进行检测的系统,并把接收信号放大至可用等级。必要时可以从载波信号中检测信息。也可放大输出信号至可用等级。可调整接收器接收特定的输入信号或载波信号
	-10 ~ -90	未设定	
B2		发射机/接收机	
	-00	总论	指在一个信号单元中发射机与接收机系统的组合。双工系统允许同时收发,单工系统必须切换模式
	-10 ~ -90	未设定	
B3		发射机	
	-00	总论	发射机放大输入信号至一个高电平,使其能够传输到远距离的接收系统,其包含一个用于加载输入信号至载波信号的调制器
	-10 ~ -90	未设定	
B4		天线	
	-00	总论	指适应有线的或引导发射机输出和接收输入信号到无向导电波或辐射的被动系统,天线用于定向接收和定向发射。特殊结构可以产生更高的方向性。天线可以是固定式的或为有最佳的灵敏度可具有指向目标的传动系统
	-10 ~ -90	未设定	
C0		非电气设备	
	-00	总论	指通信系统中担任被动角色的单元:天线杆与驱动器、电缆与波导的安装工具、安全措施、屏蔽罩
	-10 ~ -90	未设定	

（续）

系统	子系统	名称	定　义
D0		控制系统	
	-00	总论	指控制通信系统的设备，可确保导航系统按设定好的顺序正确运行
	-10 ~ -90	未设定	
D1		计算机	
	-00	总论	指用于监视并控制通信系统的计算机系统
	-10 ~ -90	未设定	
D2		网络	
	-00	总论	指通信系统中控制计算机与受控系统之间的互联系统，以及与其他系统连接的互联系统
	-10 ~ -90	未设定	
E0		连接设备	
	-00	总论	指通信系统中用于传送能量和（或）通信信号的内部连接设备，包括导线、波导管、玻璃纤维、连接单元等
	-10 ~ -90	未设定	
E1		电源	
	-00	总论	指主要用于输送电力到通信设备的连接系统，包括连接元件、电线、保险丝、过电压保护器、断路器
	-10 ~ -90	未设定	
E2		信号	
	-00	总论	指描述主要用于传输通信信号的连接系统
	-10 ~ -90	未设定	
F0		接口	
	-00	总论	指位于不同数据系统之间的接合点上的数据设备
	-10 ~ -90	未设定	
F1		定义	
	-00	总论	指定义接口的机械布局（例如，插头与插座）与电子布局（例如，电压与电流强度）
	-10 ~ -90	未设定	
F2		协议	
	-00	总论	指定义数据传输系统中信息结构的软件协议，以协助数据接收单元正确解析数据。例如，TCP/IP 协议
	-10 ~ -90	未设定	

（续）

系统	子系统	名称	定 义
G0		建筑物	
	−00	总论	指永久性的建筑，或是与通信系统整体或某部分一起的车载式集装箱
	−10 ～ −90	未设定	
G1		电源系统	
	−00	总论	指建筑物内部使用的电源系统
	−10	主电源	指供正常使用的主电源系统。有多种类型的电力。例如，50/60/400Hz 的交流电或直流电
	−20	辅助电源	指在主系统故障情况时的辅助电源系统
	−30 ～ −90	未设定	
G2		维修设施	
	−00	总论	指维修保养通信系统的设备与设施
	−10 ～ −90	未设定	
G3		照明设备等	
	−00	总论	指位于建筑物内部，由通信系统使用，但没有与通信系统直接连接的设备。例如，照明灯、供热设备和空调
	−10 ～ −90	未设定	

C.5 训练工程项目专用技术信息 SNS 代码定义示例

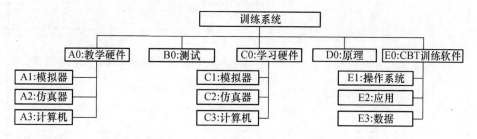

图 C−5 训练工程项目专用技术信息 SNS 代码图

表 C-5　训练工程项目专用技术信息 SNS 代码定义示例[12]

系统	子系统	名称	定　义
00		训练系统	
	-00	总论	训练系统的目的是培训人员。包括对未经训练人员培训新技能、添加已有知识或更新新功能等全部范围。目标是传播有关系统操作、测试、评估和修复等的知识与技能
	-10 ~ -90	未设定	
A0		教学硬件	
	-00	总论	教学硬件是由教员使用的设备,是一种用于说明理论、展示信息或反映原始设备功能(教学目标)的辅助工具
	-10 ~ -90	未设定	
A1		模拟器	
	-00	总论	指一类在操作上接近实际装备的模拟设备,其内部实现可以与实际装备完全不同。其提供"视觉和感官"上的体验
	-10 ~ -90	未设定	
A2		仿真器	
	-00	总论	仿真器具备与原型装备相同的(电子或机械)接口。其他设备和/或软件与仿真器交互,就像与原型装备交互一样
	-10 ~ -90	未设定	
A3		计算机	
	-00	总论	指运行于模拟器或仿真软件,或控制模拟器与仿真器环境下的计算机
	-10 ~ -90	未设定	
B0		测试	
	-00	总论	系统用于描述训练中和训练后测试人员的手段与方法,包括试验结果的评价
	-10 ~ -90	未设定	
C0		学习硬件	
	-00	总论	指由受训人员为学习原型装备的功能以及练习操作或故障查找程序所用的设备
	-10 ~ -90	未设定	
C1		模拟器	
	-00	总论	指一类在操作上接近实际装备的模拟设备,其内部实现可以与实际装备完全不同。它提供"视觉和感官"上的体验。模拟器可以从电脑软件中分离出来
	-10 ~ -90	未设定	

（续）

系统	子系统	名称	定　义
C2		仿真器	
	-00	总论	仿真器具备与原型装备相同的（电子或机械）接口。其他设备和/或软件与仿真器交互,就像与原型装备交互一样
	-10 ~ -90	未设定	
C3		计算机	
	-00	总论	指运行于模拟器或仿真软件,或控制模拟与仿真器环境下的计算机
	-10 ~ -90	未设定	
D0		原理	
	-00	总论	本章描述达到训练目标所需要的所有信息。例如,手册、二级文献。例如,公式集。其描述了训练者需要理解的装备功能和相互关联的背景知识
	-10 ~ -90	未设定	
E0		CBT 训练软件	
	-00	总论	计算机培训（Computer - Based Training,CBT）软件是运行于电脑上向受训者传递知识,而并不需要教员。其引导受训者逐步深入理解与领会一个系统或设备。软件在各步骤之间配有测试部分,并保存测试结果
	-10 ~ -90	未设定	
E1		操作系统	
	-00	总论	指需要在电脑上运行的软件与 CBT 应用软件。其在不同的应用软件与硬件之间提供软件接口,或是电脑的更低层次的操作系统。例如,BIOS
	-10 ~ -90	未设定	
E2		应用	
	-00	总论	本章描述组成 CBT 系统所需要的所有软件程序。另外还有主要对 CBT 软件有帮助的应用。例如,评估软件与接口软件,来教导并训练硬件。此外,CBT 主软件有帮助应用,如评价软件或教学与训练硬件的接口
	-10 ~ -90	未设定	
E3		数据	
	-00	总论	一套动态补充 CBT 软件的计算机储存信息。这些数据对不同技术等级或不同目标装备的人员使用 CBT 软件有所帮助
	-10 ~ -90	未设定	

附录 D 信息码定义

D.1 信息码主码

表 D-1 信息码主码[3]

主信息码	定义	主信息码	定义
000	功能、计划和描述数据	600	修理与本地加工程序和数据
100	操作	700	装配、安装和连接程序
200	勤务	800	包装、装卸、储存与运输
300	检查、测试和校验	900	其他
400	故障报告和隔离程序	C00	计算机系统、软件和数据
500	分离、拆除和分解程序		

D.2 信息码简短定义

表 D-2 信息码简短定义[3,5,10]

信息码	定义	信息码	定义
000	功能、设计数据和描述		
001	扉页	016	危险品清单
002	页面列表或数据模块列表	017	相关资料清单
003	更改记录或重要说明	018	简介
004	口盖插图	019	供应商清单
005	缩略语清单	020	构型(技术状态)
006	术语清单	021	版权
007	符号清单	022	业务规则
008	技术标准记录	023	管理性表格及数据
009	目录	024 ~ 027	项目不可用
010	通用数据	028	概述
011	功能	029	数据结构
012	通用警告、注意及相关安全数据	030	技术资料
013	数字索引	031	电气标准件数据
014	字母及字符索引	032	项目不可用
015	特殊材料清单	033	技术资料(按功能分类)

（续）

信息码	定义	信息码	定义
034	技术资料（按结构分类）	071	耗材
035～039	项目不可用	072	材料
040	描述	073	消耗品
041	制作过程描述	074	危险耗材和材料数据表
042	功能描述	075	零部件清单
043	针对工作人员的功能描述（按功能分类）	076	液体
044	功能描述（按结构分类）	077	耗材和材料数据表
045	指定用途	078	紧固件
046	所需的外围系统/设备	079	项目不可用
047～049	项目不可用	080	混合物和溶液
050	图表/清单	081	化学溶液
051	电路图	082	化学混合物
052	布线图	083～089	项目不可用
053	连接器清单	090	软件文档
054	原理图	091～095	项目不可用
055	位置图	096	安全项目和安全件
056	设备清单	097～099	项目不可用
057	导线清单	00A	插图清单（通常出现在扉页）
058	导线束清单	00B	保障设备清单（通常出现在扉页）
059	维修电缆图	00C	供应品清单（通常出现在扉页）
060	产品保障设备、工具和软件	00D	备件清单（通常出现在扉页）
061	专用保障设备和工具	00E	功能项目号公用信息库
062	标准保障设备和工具	00F	断路器公用信息库
063	由政府供应的保障设备工具	00G	零部件公用信息库
064	需要本地加工的保障设备工具	00H	区域划分公用信息库
065	软件	00J	检修孔盖板和检修门公用信息库
066	保障设备和工具资料	00K	组织机构公用信息库
067	标牌和铭牌	00L	供应品—产品清单公用信息库
068,069	项目不可用	00M	供应品—需求清单公用信息库
070	耗材、材料和消耗品	00N	保障设备公用信息库

（续）

信息码	定义	信息码	定义
00P	产品交叉引用表（PCT）	0A1	功能/结构区域知识库
00Q	状态交叉引用表（CCT）	0A2	适用性知识库
00R	有效页清单	0A3	适用性交叉引用表目录
00S	有效数据模块清单	0B0	维修计划信息
00T	更改记录	0B1	期限
00U	重要说明	0B2	系统维修/检查任务列表
00V	适用的规范和文档清单	0B3	结构维修/检查任务列表
00W	适用性交叉引用表（ACT）	0B4	区域维修/检查任务列表
00X	控制器和指示器公用信息库	0B5	非计划内检查
00Y	图表清单	0B6～0BZ	项目不可用
00Z	表格清单		
100	操作		
101	与操作相关的耗材清单	123	掩蔽物
102	与操作相关的材料清单	124	项目不可用
103	与操作相关的消耗品清单	125	预处理程序检查单
104	与操作相关的专用保障设备和工具清单	126	条件准备
105	与操作相关的保障设备和工具清单	127	设置操作位置
106	与操作相关的软件清单	128，129	项目不可用
107	与操作相关的零部件清单	130	常规操作
108,109	项目不可用	131	常规操作程序
110	控制器和指示器（操作）	132	维修启动程序
111	控制器和指示器（位置和关系）	133	维修停机程序
112	操作模式	134	飞行检查单
113,114	项目不可用	135	常规操作程序检查单
115	显示和警告装置	136	地面工作状态检查
116～119	项目不可用	137	项目不可用
120	预处理	138	地面工作状态性能调试
121	预处理程序	139	核、生、化程序
122	选址	140	应急程序

（续）

信息码	定义	信息码	定义
141	应急操作程序	162	非战术操作
142	异常情况操作	163 ~ 168	项目不可用
143	无线电干扰抑制	169	重量与平衡
144	人为干扰和电子干扰	170	处理
145	应急操作程序检查单	171	起重
146	应急停机操作程序	172	顶托
147 ~ 149	项目不可用	173	支撑
150	收尾工作	174	牵引
151	收尾工作程序	175	滑行
152 ~ 154	项目不可用	176	放下
155	收尾工作程序检查单	177	稳固
156	项目不可用	178	拴系
157	设置维修位置	179	从淤陷中拖出
158, 159	项目不可用	180	容许的缺件放行
160	装载/卸载程序	181	容许的缺件放行
161	特定操作	182 ~ 199	项目不可用
200	勤务		
201	与勤务相关的耗材清单	214	充氮
202	与勤务相关的材料清单	215	充气
203	与勤务相关的消耗品清单	216	加水
204	与勤务相关的专用保障设备和工具清单	217	充氢
205	与勤务相关的保障设备和工具清单	218	加注其他液体
206	与勤务相关的软件清单	219	填充其他气体
207	与勤务相关的零部件清单	220	排放液体并释放压力
208,209	项目不可用	221	排放燃油
210	填充	222	排放润滑油
211	加注燃油	223	卸压(氧气)
212	加注润滑油	224	卸压(氮气)
213	充氧	225	卸压(空气)

（续）

信息码	定义	信息码	定义
226	排水	263	使用消毒剂/消毒
227	卸压(氢气)	264	除污
228	排放其他液体	265 ~ 269	项目不可用
229	卸压(其他气体)	270	调整、校正和校准
230	抽取和灌注	271	调整
231	抽取	272	校正
232	灌注	273	校准
233	干燥	274	轴线对准
234	与勤务有关的设施要求	275	修饰
235	项目不可用	276	装配索具
236	填充惰性气体/惰性液体	277	补偿
237	抽真空	278	战伤修理后的方便、快速调整
238,239	项目不可用	279	战伤修理后的方便、快速校正
240	润滑	280	检查
241	润滑油	281	定期检查
242	润滑脂	282	非定期检查
243	干膜	283	规律性特殊检查
244 ~ 249	项目不可用	284	非规律性特殊检查
250	清洁和应用表面保护	285	容许损伤限制结构检查
251	化学剂清洗	286	修理结构检查
252	喷砂清洗	287	项目不可用
253	超声波清洗	288	翻修和退役进度
254	机械清洗	289	填充量检查
255	清除	290	液体/气体的更换
256	抛光和打蜡	291	项目不可用
257	涂漆和标记	292	更换滑油
258	其他清洗程序	293	更换氧气
259	其他保护表面的程序	294	更换氮气
260	除冰、防冰和除污	295	更换空气
261	除冰	296	更换水
262	防冰	297	更换氢气

（续）

信息码	定义	信息码	定义
298	更换其他液体	299	更换其他气体
300	检查、测试和校验		
301	与检查、测试和校验相关的耗材清单	333	测试前设备的安装
302	与检查、测试和校验相关的材料清单	334	测试后设备的拆除
303	与检查、测试和校验相关的消耗品清单	335	最终测量
304	与检查、测试和校验相关的专用保障设备和工具清单	336 ~ 339	项目不可用
305	与检查、测试和校验相关的保障设备和工具清单	340	功能测试
306	与检查、测试和校验相关的软件清单	341	手工测试
307	与检查、测试和校验相关的零部件清单	342	自动测试
308,309	项目不可用	343	机内自动检测（BIT）
310	目视检查	344	兼容性测试
311	不需专用设备的目视检查	345	系统测试
312	窥镜检查	346	其他检查
313,314	项目不可用	347	测试启动程序
315	质量保证要求	348	最终验收试验
316 ~ 319	项目不可用	349	测试记录
320	操作测试	350	结构测试
321	装置磨合	351	染料渗透法表面裂纹测试
322	测试和检查	352	磁粉法表面裂纹测试
323 ~ 329	项目不可用	353	涡流法裂纹测试和其他缺陷测试
330	测试准备	354	X射线法裂纹测试和其他缺陷的测试
331	连接测试设备	355	超声波法裂纹测试和其他缺陷的测试
332	移除测试设备	356	硬度测试

（续）

信息码	定义	信息码	定义
357	γ 射线	371	油液分析
358	谐振频率	372	振动分析
359	热敏成像测试	373	漏电检查
360	设计数据/公差检查	374	燃油分析
361	尺寸检查	375	意外发射分析
362	压力检查	376	黏合状态检查
363	流量检查	377	污染分析
364	渗漏检查	378 ~ 389	项目不可用
365	连续性检查	390	抽样测试
366	阻抗检查	391 ~ 395	项目不可用
367	电源检查	396	飞行操纵面移动
368	信号强度检查	397	起落装置移动
369	其他检查	398	产品配置
370	状态监控	399	项目不可用
400	故障报告和隔离程序		
401	与故障诊断相关的耗材清单	415	故障影响
402	与故障诊断相关的材料清单	416 ~ 419	项目不可用
403	与故障诊断相关的消耗品清单	420	通用故障隔离程序
404	与故障诊断相关的专用保障设备、工具清单	421 ~ 428	故障隔离程序
405	与故障诊断相关的保障设备、工具清单	429	诊断
406	与故障诊断相关的软件清单	430	故障隔离工作项目支持数据
407	与故障诊断相关的零部件清单	431 ~ 439	项目不可用
408,409	项目不可用	440	索引
410	通用故障描述	441	故障代码索引
411	隔离的故障	442	维修消息索引
412	检测的故障	443	故障排除后的停机程序
413	观察到的故障	444 ~ 449	项目不可用
414	关联的故障	450 ~499	项目不可用
500	分离、拆除和分解程序		

（续）

信息码	定义	信息码	定义
501	与拆卸有关的耗材清单	527～529	项目不可用
502	与拆卸有关的材料清单	530	分解程序
503	与拆卸有关的消耗品清单	531	在操作现场分解
504	与拆卸有关的专用保障设备和工具清单	532～539	项目不可用
505	与拆卸有关的保障设备和工具清单	540	打开通道的程序
506	与拆卸有关的软件清单	541～549	项目不可用
507	与拆卸有关的零部件清单	550	载下软件程序
508,509	项目不可用	551	故障监控存储读取（下载）
510	分离程序	552	数据擦除
511～519	项目不可用	553	数据显示、复制和打印
520	拆卸程序	554～559	项目不可用
521	恢复基本构型（技术状态）	560	停运程序
522	拆卸保障设备/从保障设备拆卸	561	电网断电
523	拆卸前准备工作	562	降低液压
524	后续维修	563	撤销维修实践
525	弹药卸载	564～599	项目不可用
526	发射装置解除		
600	修理与本地加工程序和数据		
601	与修理有关的耗材清单	611	绝缘
602	与修理有关的材料清单	612	金属喷镀
603	与修理有关的消耗品清单	613	熔炼
604	与修理有关的专用保障设备和工具清单	614	重新喷涂金属
605	与修理有关的保障设备和工具清单	615	翻新
606	与修理有关的软件清单	616～619	项目不可用
607	与修理有关的零部件清单	620	附着材料
608,609	项目不可用	621	黏合
610	增加材料	622	压接

（续）

信息码	定义	信息码	定义
623	铜焊	654	扩孔
624	铆接	655	磨碎
625	锡焊	656	碾磨
626	接合	657	套丝/攻丝
627	焊接	658	车削
628,629	项目不可用	659	其他去除材料的处理
630	改变材料的机械强度/结构	660	结构修理程序与数据
631	退火	661	容许的损伤
632	表面硬化	662	临时修理程序
633	硫化	663	标准修理程序
634	规格化	664	特殊修理程序
635	（给金属薄板）喷丸	665	空运维修程序
636	回火	666	材料分类
637	项目不可用	667	结构分类
638	其他处理	668	复合结构的容许损伤
639	改变材料的机械强度/结构的其他处理	669	混合结构的容许损伤
640	改变材料表面光洁度	670	本地加工程序和数据
641	阳极化处理	671	加工零部件
642	软皮抛光	672 ~ 679	项目不可用
643	磨光	680	战伤修理程序与数据
644	铬酸盐	681	损伤修理符号标记
645	石磨	682	标识被损坏的硬件
646	抛光	683	损伤评估
647	电镀	684	降级使用
648	擦亮磨光	685	修理程序
649	凹痕、裂缝和擦痕的清除	686	隔离程序
650	去除材料	687	战伤修理后的功能测试
651	喷砂	688	战伤修理工具包
652	镗孔/钻孔/铰孔	689	损伤修理
653	电/电化学/化学蚀刻	690	其他

（续）

信息码	定义	信息码	定义
691	标记	693	涂清漆
692	连接器修理	694～699	项目不可用
700	装配、安装和连接程序		
701	与安装有关的耗材清单	724	后续维修
702	与安装有关的材料清单	725	弹药装载
703	与安装有关的消耗品清单	726	发射装置激活
704	与安装有关的专用保障设备和工具清单	727	场地位置计划
705	与安装有关的保障设备和工具清单	728	基础预备
706	与安装有关的软件清单	729	项目不可用
707	与安装有关的零部件清单	730	连接程序
708,709	项目不可用	731～739	项目不可用
710	装配程序	740	关闭通道程序
711	紧固程序	741～749	项目不可用
712	锁紧程序	750	加载软件程序
713	包装程序	751	项目不可用
714	操作现场装配	752	数据加载
715～719	项目不可用	753～759	项目不可用
720	安装程序	760	再激活程序
721	加装(在可用的配置基础上增加设备)	761	电网通电
722	安装保障设备/在保障设备安装	762	增加液压
723	安装准备工作	763～799	项目不可用
800	包装、装卸、储存与运输		
801	与存储有关的耗材清单	805	与存储有关的保障设备和工具清单
802	与存储有关的材料清单	806	与存储有关的软件清单
803	与存储有关的消耗品清单	807	与存储有关的零部件清单
804	与存储有关的专用保障设备和工具清单	808,809	项目不可用

（续）

信息码	定义	信息码	定义
810	保存程序	843 ~ 849	项目不可用
811	车辆运输准备	850	储存时保持产品耐用的程序
812	船运与储存——概述	851 ~ 859	项目不可用
813 ~ 819	项目不可用	860	储存期间产品移动的程序
820	拆卸保护材料的程序	861 ~ 869	项目不可用
821 ~ 829	项目不可用	870	储存结束后产品使用的准备程序
830	产品装箱程序	871	运输后设置被运输车辆所处状态
831	车辆装载	872 ~ 879	项目不可用
832	产品包装程序	880	产品脱离储存状态的程序
833 ~ 839	项目不可用	881 ~ 889	项目不可用
840	产品拆箱程序	890	产品储存寿命数据
841	车辆卸载	891 ~ 899	项目不可用
842	产品拆包程序		
900	其他		
901	其他耗材清单	917	非 S1000D 出版物
902	其他材料清单	918,919	项目不可用
903	其他消耗品清单	920	更换＝拆卸和安装
904	其他专用保障设备和工具清单	921	更换＝拆卸和安装新产品
905	其他保障设备和工具清单	922	更换＝拆卸和安装拆下的产品
906	其他软件清单	923	更换＝拆离和连接产品
907	其他零部件清单	924 ~ 929	项目不可用
908,909	项目不可用	930	服务通报
910	其他	931	服务通报数据
911	插图	932	计划信息
912	装卸程序	933	完成工作的程序——工作项目集
913	通用维修程序	934	材料信息
914	容器数据模块	935 ~ 939	项目不可用
915	设施	940	供应数据
916	维修分配	941	图解零部件数据

（续）

信息码	定义	信息码	定义
942	数字索引	982	废水处理
943 ~ 949	项目不可用	983 ~ 988	项目不可用
950	复合信息	989	消防和营救
951	通用过程	990	无效化处置与报废
952	通用学习内容	991	军火无效化处置
953 ~ 960	项目不可用	992	化学品无效化处置
961	计算工作表	993 ~ 995	项目不可用
962 ~ 969	项目不可用	996	军火报废处置
970	供应商核准程序	997	产品报废处置
971 ~ 979	项目不可用	998	物品报废处置
980	环境保护、消防和营救	999	项目不可用
981	空气净化		
C00	计算机系统、软件和数据		
C01	与计算机系统、软件和数据有关的其他耗材清单	C15	内容总结
C02	与计算机系统、软件和数据有关的其他材料清单	C16 ~ C19	项目不可用
C03	与计算机系统、软件和数据有关的其他消耗品清单	C20	系统管理
C04	与计算机系统、软件和数据有关的其他专用保障设备和工具清单	C21	系统监控
C05	与计算机系统、软件和数据有关其他保障设备和工具清单	C22	指令描述
C06	与计算机系统、软件和数据有关的其他软件清单	C23	硬件连接
C07	与计算机系统、软件和数据有关的其他零部件清单	C24	项目不可用
C08 ~ C12	项目不可用	C25	系统恢复
C13	说明	C26	备份和恢复
C14	问题处理	C27	重新启动

（续）

信息码	定义	信息码	定义
C28,C29	项目不可用	C62	过程参考指南
C30	协调	C63 ~ C69	项目不可用
C31	磁盘碎片整理	C70	安全和保密
C32	输入/输出装置	C71	项目不可用
C33	磁盘镜像	C72	安全信息
C34	清除干扰	C73	安全程序
C35	时间核对	C74	安全/分类代码列表
C36	兼容性检查	C75	存取控制
C37 ~ C49	项目不可用	C76 ~ C89	项目不可用
C50	数据管理	C90	其他
C51	数据移动	C91	质量保证
C52	数据操作/使用	C92	供应商信息
C53	数据存储描述	C93,C94	项目不可用
C54 ~ C59	项目不可用	C95	命名规则
C60	编程信息	C96	技术要求
C61	程序流程图	C97 ~ C99	项目不可用

D.3 信息码完整定义

表 D - 3　信息码完整定义[3]

主信息码	信息码	定　义
000		功能、计划和描述数据 信息码 000 的数据为用户提供了产品设备或组件的功能、操作、限制和位置(如果需要)的信息。若不止一种配置或型号,需给出差异。若操作和/或维修人员需要,该信息码需包含更通用的数据。以下是通用数据: ● 一般性警告、注意事项和相关的安全数据 ● 使用的符号和缩略语 ● 所有必要的材料、地面设备、软件及专用工具
	001	标题页 信息码 001 给出一组信息集(出版物或出版物卷)的信息。例如,以下信息: ● 标题 ● 发行号和日期 ● 更改号和日期

（续）

主信息码	信息码	定　　义
000	002	页面列表或数据模块列表 信息码002在一组信息集中(出版物或出版物卷)给出页面列表或数据模块列表。例如,该列表可以给出: ● 文件标识符 ● 页码 ● 页面/文件日期 ● 适用范围 该信息码用于有效页列表(LOEP)和有效数据模块列表(LOEDM),请参考S1000D 3.9.4 节。 针对 LOEP 和 LOEDM 的信息码,请分别参考信息码 00R 和 00S
	003	更改记录或重要说明 信息码003在一组信息集中(出版物或出版物卷)给出有关状态变更的信息,包括其历史。它也可用于一组信息变更原因的编辑。 该信息码用于变更记录(CR)和重点信息,请参考S1000D 3.9.4 节。 针对变更记录和重点信息的信息码,请分别参考信息码 00T 和 00U
	004	口盖插图 信息码004给出口盖插图的说明和用于图解路径的标识和状态信息
	005	缩略语清单 信息码005给出资料中使用的缩写标准。已给标准中没有的缩略语通常在表中给出。清单也包括首字母缩略词
	006	术语清单 信息码006给出资料中使用的术语。已给标准中没有的术语通常在表中给出
	007	符号清单 信息码007给出常用于以下情况的符号标准: ● 插图 ● 布线,路线和示意图 已给标准中没有的符号通常在表中给出
	008	技术标准记录 信息码008给出信息集(出版物或出版物卷)中有关合并技术变更的信息。该信息码用于技术标准记录(TSR)
	009	目录 信息码009以表格的形式给出一组信息集(出版物或出版物卷)的内容

（续）

主信息码	信息码	定义
000	010	**通用数据** 信息码 010 给出操作和/或维修人员所需的通用数据。以下为通用数据： • 一般性警告,注意事项和相关的安全数据 • 使用的符号和缩略语 • 特殊和危险材料清单 • 未存于公共源数据库中的相关数据清单
	011	**功能** 信息码 011 给出指挥人员、监督人员以及其他类似岗位人员的职能。使其在使用这些数据时,可以容易迅速地明白它做什么,以及如何做
	012	**通用警告、注意及相关安全数据** 信息码 012 给出与操作和/或维修有关的通用警告和注意事项。安全数据的定义和使用请参考 S1000D 3.9.3 节
	013	**数字索引** 信息码 013 给出数字顺序的索引
	014	**字母及字符索引** 信息码 014 给出按字母或字符顺序的索引。也用于适用的出版物清单
	015	**特殊材料清单** 信息码 015 给出关于金属和金属合金的项目的数据,其中该合金很容易被腐蚀损坏(例如镁)。数据中给出的表和确定的项目及其位置
	016	**危险品清单** 信息码 016 给出可能损害人员的健康的材料的数据。它标识了危险材料和其位置
	017	**相关资料清单** 信息码 017 给出有关标准、规章、转换因素等 CSDB 不包括的可用数据。它也可用于适用规范和文件清单(LOASD)。对于显式 LOASD 代码的列表,请参考信息码 00V
	018	**简介** 信息码 018 给出信息集(出版物或出版物卷)的内容介绍信息。该信息可以包括目的、范围、结构、特殊格式和信息集的使用。不在信息集中的、且在其他任何数据模块中指定的通用性质信息也可包括在内
	019	**供应商清单** 信息码 019 给出供应商清单,供应商提供用于维修产品、发动机或部件及其设备的产品

（续）

主信息码	信息码	定 义
000	020	构型（技术状态） 信息码 020 给出构型或模块差异的数据
	021	版权 信息码 021 给出版权声明
	022	业务规则 信息码 022 提供与项目有关的具体业务规则信息
	023	管理性表格及数据 信息码 023 给出技术数据中通常位于事件前后的标准管理性表格（例如，出版证书、认证信息和保证信息）
	024 ～ 027	项目不可用
	028	概述 信息码 028 提供一般性的信息。例如，在一些相关数据模块的摘要中，或是在产品综述中。 注：信息码 028 必须用于信息集一般性质的介绍性信息
	029	数据结构 信息码 029 给出项目的具体配置，并且针对接线数据模式（Schema），给出有关接线数据描述模式中每个元素的用法
	030	技术资料 信息码 030 给出产品、系统、设备或组件的资料清单。该数据等同于（但也可以是大于或小于）： • 标识：名称、类型、型号、零件号、北约库存编号等 • 尺寸和质量 • 性能数据和公差：额定功率、输入/输出、消耗、运算速度、推力范围、转弯半径等 • 环境限制/要求：环境温度、湿度限制、冷却液的要求（气/油/水流）等 • 电源供应要求 • 工作物质：油、燃油、冷却液等 • 容量 • 子组件的标识：名称、类型、型号、零件号、库存编号等
	031	电气标准件数据 信息码 031 给出关于每个已定义标准件的技术信息
	032	项目不可用

（续）

主信息码	信息码	定　义
000	033	技术资料（按功能分类） 信息码 033 给出按产品、系统、设备以及部件功能分类的技术资料
	034	技术资料（按结构分类） 信息码 034 给出按产品、系统、设备以及部件结构分类的技术资料
	035 ～ 039	项目不可用
	040	描述 信息码 040 给出对象制作过程及所用材料的信息，也给出所有与其功能相关的资料。其中可包含关于操作的表述、限制条件、规范和理论
	041	制作过程描述 信息码 041 为使用者提供了关于制作及组装过程的翔实资料。资料包括： ● 对象所用的材料（钢、铝、镁等） ● 对象制作工艺（铸造、切削、焊接等） ● 拆卸项目
	042	功能描述 信息码 042 为使用者提供了关于对象功能的翔实资料，以便人员能够正确的维修和隔离故障。当系统是由一个以上子系统或单元组成的完整系统时，会给出它们之间的关系
	043	针对工作人员的功能描述（按功能分类） 信息码 043 为工作人员提供了含有足够详细的基本概述，使他们了解系统的功能，也包括故障分析以及应急操作的信息。同时也给出在通常情况下的操作限制和特征以及在不利天气、气候条件下的信息。该信息可以使工作人员在不求助于相关工程文件的情况下进行转换，并接着对产品进行安全有效的操作。维修人员也可使用该信息码的信息
	044	功能描述（按结构分类） 信息码 044 为维修人员提供了含有足够详细的基本概述，使他们了解系统的物理故障，也包括故障分析以及应急操作的信息。同时也给出在通常情况下的操作限制和特征以及在不利天气、气候条件下的信息。该信息可以使维修人员在不求助于相关工程文件的情况下进行转换，并接着对产品进行安全有效的操作。工作人员也可使用该信息码的信息
	045	指定用途 信息码 045 给出产品用于指定用途的简短描述

（续）

主信息码	信息码	定　义
000	046	所需的外围系统/设备 信息码 046 给出所需的外围系统/设备的简短描述
	047～049	项目不可用
	050	图表/列表 信息码 050 给出电气、电子和机械图,以及产品、系统、设备或部件列表。这些图纸和列表对维护工作是必不可少的,结合信息码 042 的资料,可以帮助人员了解其功能。故障征兆图的资料请参考信息码 430
	051	电路图 信息码 051 给出显示产品、系统、设备或部件的所有电子电气线路图。图纸中包括设备和部件的识别或电线、连接及位置。在产品、系统、子系统、子子系统的层面上,图纸不显示设备或部件的内部线路
	052	布线图 信息码 052 给出所有管道、软管中关于产品、系统、设备或组件的布线图,以及电子电气电缆和组合配线图。图纸也给出部件的位置
	053	连接器清单 信息码 053 给出在导线图纸中不是完整单元的连接点的完整清单。这些连接点包括高密度连接器、舱壁引线、分配器、条形连接器、接地连接等
	054	原理图 信息码 054 给出显示所有系统、设备和部件连接方式的图纸。图纸给出用于帮助使用者隔离故障的完整操作。图纸只显示必要的内部线路、设备或部件。某些系统具有多层图纸:模块、简化系统电路原理图、系统电路原理图、信号流、压力流等
	055	位置图 信息码 055 给出在系统、子系统或子子系统层面上显示所有设备及部件位置的图纸。例如,断路开关、保险丝、导线束等
	056	设备清单 信息码 056 给出产品中所有设备的清单及每个设备或部件的细节
	057	导线清单 信息码 057 给出产品中所有导线的清单及每个导线的细节和连接
	058	导线束清单 信息码 058 给出产品中所有导线束的清单及每个导线束的重要细节

（续）

主信息码	信息码	定 义
000	059	维修路线图 信息码 059 给出用于产品维修路线的图纸
	060	产品保障设备、工具和软件 信息码 060 给出关于所有必需的保障设备、工具和软件的总清单
	061	专用保障设备和工具 信息码 061 给出产品专用、设备和部件所必需的全部保障设备和工具的清单
	062	标准保障设备和工具 信息码 062 给出非产品专用、设备和部件所必需的全部保障设备和工具的清单
	063	由政府供应的保障设备和工具 信息码 063 给出由政府供应，用于产品、设备或部件所必需的全部保障设备和工具的清单
	064	需要本地加工的保障设备和工具 信息码 064 给出使用者用于制作产品、设备或部件所必需的全部保障设备和工具的图纸清单
	065	软件 信息码 065 给出关于所有必需的电脑软件的清单
	066	保障设备和工具资料 信息码 066 给出保障设备工具的信息。例如，这些设备信息包括： • 尺寸 • 质量 • 零部件清单(通常是使用者可以替换的一个关于零部件的最小清单) • 设备说明
	067	标牌和铭牌 信息码 067 给出位于设备上的，对操作必不可少的标牌和操作铭牌说明与描述
	068,069	项目不可用
	070	耗材、材料和消耗品 信息码 070 给出所有必需材料的清单，同时包含了危险材料的安全性数据

（续）

主信息码	信息码	定 义
000	071	耗材 信息码 072 给出耗材清单,该耗材(例如,油、燃料、密封胶、保险丝)用于辅助产品、系统、设备或部件的维修(用于组成修复损坏的项目),用于已提供必需的国际等效件的情形
	072	材料 信息码 072 给出所有必需材料的清单,使用者可通过这些材料(例如,金属板、橡胶)对产品、设备或部件(例如,用于组成修复损坏的项目)进行维修的清单,用于已提供了必需的国际等效件的情形
	073	消耗品 信息码 073 给出关于使用者无法维修或必须更换的所有项目清单
	074	危险耗材和材料数据表 信息码 074 给出危险耗材和材料的数据表。例如,数据表给出: • 名称 • 制造商名称、地址和北约代码 • 功能 • 危险情形及危险源 • 使用者必须遵守的安全防范(例如,安全设备的使用,医疗急救) • 报废时的预防措施 • 可使用的灭火器类型 • 储存方法 • 其闪点/辐射强度
	075	零部件清单 信息码 075 给出在程序和规定数据交叉引用(例如,零部件编号)中识别的零部件(除了在信息码 073 中列出的消耗品)合并清单
	076	液体 信息码 076 给出燃料和水这类液体的资料
	077	耗材和材料数据表 信息码 077 给出无危险的耗材与材料的数据表清单
	078	紧固件 信息码 078 给出关于紧固件的资料。例如,关于安装的材料、规格、尺寸或步骤
	079	项目不可用

（续）

主信息码	信息码	定　义
000	080	混合物和溶液 信息码 080 给出溶液和混合物的信息以及危险材料的安全性数据
	081	化学溶液 信息码 081 给出对化学溶液进行准备、使用和回收的全部信息
	082	化学混合物 信息码 082 给出对化学混合物进行准备、使用和回收的全部信息
	083 ~ 089	项目不可用
	090	软件文档 信息码 090 给出足够的数据用以辅助用户使用合适的计算机软件
	091 ~ 095	项目不可用
	096	安全项目和安全件 信息码 096 给出与安全有关的关键项目和零件的清单
	097 ~ 099	项目不可用
	00A	插图清单（通常出现在扉页） 信息码 00A 给出出版物中的插图清单
	00B	保障设备清单（通常出现在扉页） 信息码 00B 给出出版物中的保障设备清单
	00C	供应品清单（通常出现在扉页） 信息码 00C 给出出版物中的供应品清单
	00D	备件清单（通常出现在扉页） 信息码 00D 给出出版物中的备件清单
	00E	功能项目号公用信息库 信息码 00E 给出所有功能项目号的清单及其相关信息
	00F	断路器公用信息库 信息码 00F 给出所有断路的清单及其相关信息
	00G	零部件公用信息库 信息码 00G 给出所有零部件的清单及其相关信息
	00H	分区公用信息库 信息码 00H 给出所有分区的清单及其相关信息
	00J	检修孔盖板和检修门公用信息库 信息码 00J 给出所有检修孔盖板和检修门的清单及其相关信息

（续）

主信息码	信息码	定 义
000	00K	组织机构公用信息库 信息码00K给出所有供应商的清单及其相关信息
	00L	供应品－产品清单公用信息库 信息码00L给出所有消耗品的清单及其相关信息
	00M	供应品－需求清单公用信息库 信息码00M给出所有消耗品需求和用例的清单及其相关信息
	00N	保障设备公用信息库 信息码00N给出所有工具的清单及其相关信息
	00P	产品交叉引用表（PCT） 信息码00P在产品交叉引用表数据模块中列出了每一种产品实例的特性和状态的值
	00Q	状态交叉引用表（CCT） 信息码00Q给出对数据的适用性有影响的状态信息，它常被用来定义公司的技术状况
	00R	有效页清单 信息码00R在信息集（出版物或出版物卷）中给出页面或数据模块的列表。详情请参考S1000D 3.9.4节
	00S	有效数据模块清单 信息码00S在信息集（出版物或出版物卷）中给出页面或数据模块的列表。详情请参考S1000D 3.9.4节
	00T	更改记录 信息码00T在信息集（出版物或出版物卷）中给出更改说明，包括其历史信息。详情请参考S1000D 3.9.4节
	00U	重要说明 信息码00U在信息集（出版物或出版物卷）中给出变更原因的编辑。详情请参考S1000D 3.9.4节
	00V	适用的规范和文档清单 信息码00V给出适用的规范和文件清单（LOASD）。详情请参考S1000D 3.9.4节
	00W	适用性交叉引用表（ACT） 信息码00W针对适用性交叉引用表中的适用性说明，给出项目使用的产品属性声明，以及链接PCT和CCT

（续）

主信息码	信息码	定　义
000	00X	控制器与指示器公用信息库 信息码00X 给出控制器和指示器的清单
	00Y	图表清单 信息码00Y 给出扉页中所需的图表清单。它也可被用于给出现有的图表。例如，在飞机乘员数据中需用到的信息
	00Z	表格清单 信息码00Z 给出扉页上创建通常的技术数据表格清单
	0A1	功能/结构区域知识库 信息码0A1 给出功能/结构区域的功能/结构分解
	0A2	适用性知识库 信息码0A2 给出可用于所有数据模块的适用性注释
	0A3	适用性交叉引用表目录 信息码0A3 通过一些 ACT/CCT/PCT 集，给出可支持多人合作项目的适用性交叉引用表目录。它提供了构成项目的不同 ACT/CCT 集间的联系
	0B0	维修规划信息 信息码0B0 给出定义已规划的维修工作项目所需的信息
	0B1	期限 信息码0B1 给出用于检查、维修和大修产品整体、单元和寿命中某部分的推荐期限
	0B2	系统维修/检查项目列表 信息码0B2 给出需在产品系统和动力装置中执行已规划的项目列表。可以为每一个项目提供相应程序的参考
	0B3	结构维修/检查项目列表 信息码0B3 给出已规划的项目列表，该项目需在产品的结构组件中执行。可以为每一个项目提供相应程序的参考
	0B4	区域维修/检查项目列表 信息码0B4 给出已规划的项目列表，该项目需在给出的产品中的主要区域执行。可以为每一个项目提供相应程序的参考
	0B5	非计划内检查 信息码0B5 允许给出在特别行动后的非计划检查列表（例如，撞鸟后的检查、硬着陆/过载着陆）。可以为每一个行动/检查提供监视数据模块有关的参考
	0B6 ~ 0BZ	项目不可用

主信息码	信息码	定　　义
100		操作 信息码 100 给出操作产品、装备或部件执行具体项目所需的全部程序,包括在所需的控制器和指示器上的数据,预处理或和收尾操作的程序,操作和应急程序
	101	与操作相关的耗材清单
	102	与操作相关的材料清单
	103	与操作相关的消耗品清单
	104	与操作相关的专用保障设备和工具清单
	105	与操作相关的保障设备和工具清单
	106	与操作相关的软件清单
	107	与操作相关的零部件清单
	108,109	项目不可用
	110	控制器和指示器 信息码 110 给出利用控制器和指示对系统、设备或部件进行操作的有关数据
	111	控制器和指示器 信息码 111 从乘员的视角,给出展现控制器和操作器的位置及其相互功能关系。该信息码中的信息可使乘员在没有相关工程文件等资源的前提下安全操作产品。维修人员也可使用这一信息码所给出的信息
	112	操作模式 信息码 112 从乘员的视角,描述每个系统或子系统涉及的多种可能操作模式,包括得出结果和恢复活动。该信息码中的信息可使乘员在没有相关工程文件等资源的前提下安全操作产品。维修人员也可使用这一信息码所给出的信息
	113,114	项目不可用
	115	显示和警告装置 信息码 115 给出系统/设备软件的显示和警告数据
	116 ~ 119	项目不可用
	120	预处理 信息码 120 以描述和列清单的方式,给出使用人员在操作产品、设备或组件前所必须遵守的程序和必须检查的条件

（续）

主信息码	信息码	定 义
100	121	预处理程序 信息码 121 以描述和列清单(如果合适)的方式,给出乘员在执行一项操作前要做的所有预处理程序和条件。它给出相关开关位置的信息和在通常处理开始前,指示器必须显示的信息,包括维修和自检控制信息。它给出指示器的顶部和底部的限制。例如,刻度(即指示器范围的信息)。也给出相关联的系统/设备中那些能直接改变系统/设备处理的初始条件
	122	选址 信息码 122 给出有关选址的描述信息和程序。包括地址要求,是否邻近电力电源,有效范围,技术需求,为避免屏蔽、反射、地面杂乱回波,以及其他因地形引起的恶劣条件对地形的要求等
	123	掩蔽物 信息码 123 给出掩蔽物的描述和/或程序的信息。它包括楼板和墙的总量、所必需的高度空间、针对典型布局的计划、所必需容纳楼板的宽度容量、安放安装设备所需的尺寸、环境条件(例如,排气)、设备的特性需求。例如,空调等
	124	项目不可用
	125	预处理程序检查单 信息码 125 以列表的形式,为乘员列出了预处理程序(信息码 121)中的检查单
	126	条件准备 信息码 126 给出产品中条件准备所需要的描述与程序的信息
	127	设置操作位置 信息码 127 给出设备维修后重新加载到原操作位置所需求的程序信息
	128 ～ 129	项目不可用
	130	常规操作 信息码 130 以描述和列清单的形式,给出产品使用过程中的所有常规操作信息
	131	常规操作程序 信息码 131 以描述和列清单(如果合适)的形式,为乘员列出了在所有模式下正确操作产品、设备或组件的有关程序。这些程序信息包括一系列的主要次要功能、可替换程序、通用程序指令和结果。也给出在操作中断时的重启常规程序以及停止和隔离操作

（续）

主信息码	信息码	定　义
100	132	**维修启动程序** 信息码 132 以描述和列清单的形式,列出了为进行维修工作所需的正确启动和操作设备的有关程序与数据。这些程序信息包括一系列的主要次要功能、适当的地点、可替换程序
	133	**维修停机程序** 信息码 133 以描述和列清单的形式,列出了为进行维修工作所需的停止和关闭设备的有关程序与数据。这些程序信息包括一系列的主要次要功能、适当的地点、可替换程序
	134	**飞行检查单** 信息码 134 给出与检查清单有关的飞行器信息
	135	**常规操作程序检查单** 信息码 135 以列表的形式,为乘员列出了产品常规操作时所需的检查单。如果需要,也包括对所安装设备的处理检查。若与产品的安全和有效操作有关,也包括操作数据
	136	**地面工作状态检查** 信息码 136 给出与地面工作状态检查有关的程序与数据。它不包括在信息码 3XX 中给出的,与检测、测试和检查有关的程序信息
	137	项目不可用
	138	**地面工作状态性能调试** 信息码 138 给出地面运行调整有关的程序。它不包括在信息码 3XX 中给出的,与检测、测试和检查有关的程序信息
	139	**核生化程序** 信息码 139 给出与核辐射与预防、生物(细菌)暴露与预防、化学腐蚀与预防(NBC)相关的程序。这更替为称化学、生物和放射性(CBR)程序
	140	**应急程序** 信息码 140 以描述和列表的形式给出能够实施的程序,用以应对所有可预期的紧急情况
	141	**应急操作程序** 信息码 141 以描述和列表的形式,给出乘员在产品、设备或组件应急操作中所需的程序与数据。它也给出针对应急操作的特殊控制,以及这些控制使用后是如何改变系统的常规操作

（续）

主信息码	信息码	定　义
100	142	**异常情况操作** 信息码 142 给出在异常情况下与操作产品有关的描述和程序。它包括在异常天气或恶劣条件下的操作
	143	**无线电干扰抑制** 信息码 143 给出无线电干扰抑制有关的程序。它包括安装、测试和移动抑制部件的程序
	144	**人为干扰和电子干扰** 信息码 144 给出在 ECM 环境中操作装备的程序，通过发射和接收欺骗信号或人工干扰信号
	145	**应急操作程序检查单** 信息码 145 以描述和列表的形式为乘员给出产品应急操作的检查项（训练项）
	146	**应急停机操作程序** 信息码 146 以描述和列表的形式（如果合适），为乘员给出产品、设备和部件在应急情况下停机操作的程序与数据
	147 ~ 149	项目不可用
	150	**收尾工作** 信息码 150 以描述和列表的形式给出使用者在操作产品、设备或部件后，必须遵循/监控的程序/状态
	151	**收尾工作程序** 信息码 151 以描述和列表的形式（如果合适），为乘员给出所有使用后的收尾程序/条件。它也给出相关开关的位置信息，以及系统/设备在正常或紧急操作后停机和断联时，指示器必须显示的信息
	152 ~ 154	项目不可用
	155	**收尾工作程序检查单** 信息码 155 以描述和列表的形式为乘员给出检查项，它与信息码 151 给出的程序有关
	156	项目不可用
	157	**设置维修位置** 信息码 157 给出加载设备至维修位置所需的必要程序
	158, 159	项目不可用

（续）

主信息码	信息码	定　　义
100	160	装载/卸载程序 信息码 160 给出适用于产品的装载计划和装/卸载程序与数据,该产品已针对载货进行了改装
	161	特定操作 信息码 161 以描述或列表(如果合适)的形式,为乘员给出产品、设备和部件的特殊操作的程序与数据
	162	非战术操作 信息码 162 给出非战术操作的程序。它包括但不限于非战术操作。例如,使用虚拟导弹和模拟目标进行的训练,使用遥测导弹和记录设备的训练与评估活动
	163 ~ 168	项目不可用
	169	质量与平衡 信息码 169 给出产品质量和平衡有关的信息,也包括计算质量和平衡数据的程序
	170	处理 信息码 170 给出正常或非正常条件下产品地面处理所需的程序与数据
	171	起重 信息码 171 描述使用任一已授权的起重设备的起重程序,它可以是局部起重(例如,车轮的更换)
	172	顶托 信息码 171 描述使用任一已授权的顶托设备的顶托程序,它可以是正常顶托,辅助的或局部的顶托
	173	支撑 信息码 173 描述使用任一已授权的支撑设备的支撑程序,它不包括起重和顶托
	174	牵引 信息码 174 描述使用任一已授权的牵引或推移设备,在正常或非正常条件下的牵引或推移程序,可以通过突出的部分或起落装置或其他附着点
	175	滑行 信息码 175 描述使用发动机动力进行移动的相关程序
	176	放下 信息码 176 描述适用于提起或抬起操作后放下的程序

（续）

主信息码	信息码	定　义
100	177	稳固 信息码 177 描述稳固产品的动作
	178	拴系 信息码 178 描述栓系产品的动作
	179	从淤陷中拖出 信息码 179 描述将产品从沼泽中使用任何工具拖出的动作
	180	容许的缺件放行 信息码 180 给出在允许的最小数量设备列表的情况下放行产品所需的程序与数据
	181	容许的缺件放行 信息码 181 给出产品在批准最小设备清单下放行必需的程序与数据
	182 ~ 199	项目不可用
200		勤务 信息码 200 给出关于产品、设备或部件勤务所需的程序与数据。勤务可以是计划的或非计划的。例如，装满和清空容器的程序,泄放、装填、润滑、清洁、调整、匹配、校正和检查等程序
	201	与勤务相关的耗材清单
	202	与勤务相关的材料清单
	203	与勤务相关的消耗品清单
	204	与勤务相关的专用保障设备和工具清单
	205	与勤务相关的保障设备和工具清单
	206	与勤务相关的软件清单
	207	与勤务相关的零部件清单
	208,209	项目不可用
	210	填充 信息码 210 给出用燃油、润滑油、氧、氮、空气、水和其他流体(气体或液体)填满容器所必需的程序与数据
	211	加注燃油
	212	加注润滑油
	213	充氧
	214	充氮

（续）

主信息码	信息码	定　　义
200	215	充气
	216	加水
	217	充氢
	218	加注其他液体
	219	填充其他气体
	220	排放液体并释放压力 信息码220给出排放液体并释放压力至规定的量所必需的程序与数据
	221	排放燃油
	222	排放润滑油
	223	卸压（氧气）
	224	卸压（氮气）
	225	卸压（空气）
	226	排水
	227	卸压（氢气）
	228	排放其他液体
	229	卸压（其他气体）
	230	抽取和灌注 信息码230给出必需的程序与数据用来： • 使用液体抽取或填充系统、设备或组件或排除气体 • 填充惰性气体/液体代替氧气来保证容器的安全 • 为确保真空排出气体/液体或反应物
	231	抽出 信息码231给出抽出系统、装备或元件的程序
	232	灌注 信息码232给出使用液体填充系统、装备或元件来排出气体的程序
	233	干燥 信息码233给出干燥系统、装备或元件的程序
	234	与勤务有关的设施要求 信息码234列出（使用列表方式）与勤务有关的设施要求。它应该包括： • 工作区域、空间和储存要求 • 购买机器，搬运和保障设备
	235	项目不可用

（续）

主信息码	信息码	定　义
200	236	**填充惰性气体/惰性液体** 信息码 236 给出填充惰性气体/惰性液体来增加燃料箱或其他密封或封闭的装有易燃物质的箱体/容器的安全,采用抽取氮气、蒸气、二氧化碳或一些其他惰性气体或蒸气进入空间取代氧气的方式的必需的程序与数据
	237	**抽真空** 信息码 237 给出用专门的技术设备保障完全排出气体/液体或特殊反应物制备真空环境所必需的程序与数据
	238,239	项目不可用
	240	**润滑** 信息码 240 给出润滑一个系统、设备、组件或产品所必需的程序与数据
	241	润滑油
	242	润滑脂
	243	干膜
	244 ~ 249	项目不可用
	250	**清洁和应用表面保护** 信息码 250 给出采用机械的、化学的或超声波的方法去除污染所必需的程序与数据。该信息码同时给出以下程序: ● 打蜡和抛光(保护表面) ● 涂漆和敷标记
	251	**化学剂清洗** 信息码 251 描述使用化学清洗剂对零件、部件或产品表面沉积物的去除。经过一段时间的浸泡,沉积物被化学剂溶解和松动,进而被洗掉。此外也可采用化学剂进行强行冲洗
	252	**喷砂清洗** 信息码 252 描述从零件、部件或产物通过湿法或干法颗粒冲击除去表面沉积物
	253	**超声波清洗** 信息码 253 描述使用高频声波在除去表面上形成穴蚀现象的方法来清除零件、部件或产品表面沉积物以及包裹材料。在液体浴中进行清洁以保证声能的传递,并保持被去除物悬浮在液体中

（续）

主信息码	信息码	定 义
200	254	机械清洗 信息码 254 描述使用刷子、敲锤、砂纸或其他手动（或机器）的方法从零件、组件或产品清除表面沉积物（例如，通过任何允许的机械处理从金属或非金属表面去除油漆或涂料）
	255	清除 信息码 255 给出从系统、设备或组件除去污染所必需的步骤（例如，不需要的气体，液体或物质）
	256	抛光和打蜡
	257	涂漆和标记 信息码 257 给出表面涂漆与使用字母、数字、符号等做标记所必需的程序，这个信息码也给出适用于传输的程序
	258	其他清洗程序 信息码 258 给出信息码 251 至信息码 255 没有包含的去除污染物所必需的步骤
	259	其他保护表面的程序 信息码 259 给出信息码 256 和信息码 257 没有包含的保护表面所必需的步骤
	260	除冰、防冰和除污 信息码 260 给出除冰、除污以及预防表面开始结冰的必要过程与数据
	261	除冰
	262	防冰
	263	使用消毒剂/消毒 信息码 263 包括因健康的考虑而采取的清洗程序（如饮用水系统的洗净等）
	264	除污 信息码 264 给人去除或中和污染的程序（例如，放射性污染、细菌污染和化学污染）
	265 ～ 269	项目不可用
	270	调整、校正和校准 信息码 270 给出调整、校正或校准系统、设备或组件所必需的程序与数据

（续）

主信息码	信息码	定　义
200	271	调整 信息码 271 给出用来调整系统、设备或组件至可用状态的程序
	272	校正 信息码 272 给出用来校正系统、设备或组件至可用状态的程序
	273	校准 信息码 273 给出用来校准系统、设备或组件至可用状态的程序
	274	轴线对准 信息码 274 给出在系统、设备或组件中对准所有轴线的程序
	275	修饰 信息码 275 给出修饰系统、设备、组件或产品所必需的程序与数据。包括外观检查和公差检查及必要的修正相结合。可以在大修完成功能测试之前进行。也可以作为日常维护的一部分。包括检验连接是否紧固，螺栓和螺母是否扭转稳固及设备是否清洁等
	276	装配索具 信息码 276 给出为正常系统运行而装配（钩住、整理或调整）一个组件或附件的连接的程序
	277	补偿 信息码 277 给出补偿测量设备外部影响所引起的不期望效应的程序（如指南针）
	278	战伤修理后的方便、快速调整 信息码 278 给出对战损修理后的产品的系统、设备或组件进行调整的所需的程序。该调整程序使产品维修方便、快捷地完成，但对产品的使用有限制
	279	战伤修理后的方便、快速校正 信息码 279 给出对战损修理后的产品的系统、设备或组件进行校正所需的程序。该程序能使产品的使用容易与快捷，但对产品的使用有限制
	280	检查 信息码 280 给出保持产品、系统、设备或组件可用的必需的维修与翻修检查
	281	定期检查 信息码 281 给出保持产品、系统、设备或组件可用的必需的维修和翻修检查。该检查是按制造商规定的时间内完成。制造商还给出设备、部件、产品或部件的寿命

（续）

主信息码	信息码	定 义
200	282	非定期检查 信息码 282 给出保持产品、系统、设备或组件可用的必需的维修与翻修检查。该检查是在制造商规定的时间内完成，但不纳入计划表(参考信息码 281)
	283	专项定期检查 信息码 283 给出保持产品、系统、设备或组件可用的必需的维修和翻修检查。这些专项检查是在制造商规定的时间内完成，但不纳入计划表(如按设备使用时间、枪支击发的循环次数)
	284	专项非定期检查 信息码 284 给出不经常发生也不纳入计划表的专项非定期检查(如重着陆检查、雷击检查)
	285	容许损伤限制结构检查 信息码 285 给出对产品进行容许损伤评估后所需检查和为确保任务的持续价值要求的补充检查的程序与数据。此程序包含引用引起定期检查的允许损伤程序，适用性信息，检查与测试的程序及时间表。该程序与容许损伤程序有关
	286	修理结构检查 信息码 286 给出对产品结构修理具体化后所要求的检查和为确保任务的持续价值要求的补充检查的程序与数据。此程序包含参照引起定期检查的修理程序，适用性信息、检查与测试程序和时间表。该程序与修理程序有关
	287	项目不可用
	288	翻修和退役进度 信息码 288 给出零件或产品的翻修和退役进度表。其包括翻修和/或退役的间隔时间，零件或产品翻修前的最大运行时间，翻修间隔说明和零件或产品翻修和/或产品退役时间间隔所需的任何附加信息
	289	填充量检查 信息码 289 给出填充量检查的程序
	290	液体/气体的更换 信息码 290 给出对于信息码 220 和信息码 210 所必需的组合程序与数据
	291	项目不可用
	292	更换滑油 信息码 292 给出结合信息码 222 和信息码 212 所必需的组合程序与数据

（续）

主信息码	信息码	定 义
200	293	更换氧气 信息码 293 给出信息码 223 和信息码 213 所必需的组合程序与数据
	294	更换氮气 信息码 294 给出信息码 224 和信息码 214 所必需的组合程序与数据
	295	更换空气 信息码 295 给出信息码 225 和信息码 215 所必需的组合程序与数据
	296	更换水 信息码 296 给出信息码 226 和信息码 216 所必需的组合程序与数据
	297	更换氢气 信息码 297 给出信息码 227 和信息码 217 所必需的组合程序与数据
	298	更换其他液体 信息码 298 给出信息码 228 和信息码 218 所必需的组合程序与数据
	299	更换其他气体 信息码 299 给出信息码 229 和信息码 219 所必需的组合程序与数据
300		检查、测试和校验 信息码 300 给出检查、测试和校验产品、系统、设备、组件或项目必要的程序与数据
	301	与检查、测试和校验相关的耗材清单
	302	与检查、测试和校验相关的材料清单
	303	与检查、测试和校验相关的消耗品清单
	304	与检查、测试和校验相关的专用保障设备与工具清单
	305	与检查、测试和校验相关的保障设备与工具清单
	306	与检查、测试和校验相关的软件清单
	307	与检查、测试和校验相关的零部件清单
	308,309	项目不可用
	310	目视检查 信息码 310 给出目视检查产品、系统、设备、设备组件、组件或项目的特定缺陷/故障的必要的程序与数据
	311	不需专用设备的目视检查
	312	窥镜检查
	313,314	项目不可用

主信息码	信息码	定 义
300	315	**质量保证要求** 信息码 315 给出产品质量保证（QA）的一般描述。其可以包括引用 QA 程序、责任声明，或用于 QA 的工具与测试设备的维修及校准要求、认证要求等
	316 ~ 319	项目不可用
	320	**操作测试** 信息码 320 给出对系统、设备或组件确保其可用性进行操作测试所必需的程序与数据（即在制造商给定的容差内，但对设计标准不是必需的）。这些测试不需要专门的测试设备，除非安装在产品、系统、设备或组件上
	321	**装置磨合** 信息码 321 给出初始操作一个系统或设备在较低的容差特殊操作下工作直至磨合期结束所需要的程序与数据
	322	**测试和检查** 信息码 322 给出测试和检查产品、设备或组件的程序与数据
	323 ~ 329	项目不可用
	330	**测试准备** 信息码 330 给出准备进行产品、系统、设备备或组件操作测试、功能测试或结构测试的必需的程序与数据
	331	**连接测试设备** 信息码 331 给出产品、系统、设备备或组件连接测试设备必需的程序与数据
	332	**移除测试设备** 信息码 332 给出产品、系统、设备备或组件移除测试设备必需的程序与数据
	333	**测试前设备的安装** 信息码 333 给出测试前将测试设备安装到一个设备或组件为进行测试所必需的程序与数据
	334	**测试后设备的拆除** 信息码 334 给出测试完成后拆除一个设备或组件与测试设备分离所必需的程序与数据
	335	**最终测量** 信息码 335 给出必须完成后续一个测试程序的程序与检查。该信息码的内容超过了信息码 332 和 334 所含的内容范围

（续）

主信息码	信息码	定　　义
300	336 ～ 339	项目不可用
	340	功能测试 信息码 340 给出确保一个系统、设备或组件正确操作所必需的程序与数据。功能测试比操作测试（信息码 320）更加完整，而且通常需要专门的测试设备。该程序告诉做什么和效果/指示器有什么。如果效果/指示器不正确，该程序会告诉做什么（例如，参考故障报告与隔离表 – 信息码 400，调整、校正和校准 – 信息码 270）。这个程序必须接受除非另有文件规定
	341	手工测试 信息码 341 给出系统、设备或组件进行功能测试所必需的程序与数据。可以使用专门测试设备，但不能是自动的测试设备
	342	自动测试 信息码 342 给出仅使用自动测试设备对系统、设备或组件进行功能测试所必需的程序与数据
	343	机内自动检测（BIT） 信息码 343 描述机内自动检测程序
	344	兼容性测试 信息码 344 给出兼容性测试所必需的程序与数据
	345	系统测试 信息码 345 描述包含所有调节规范和容差的程序，它们是保持系统和/或装置以最大效率与设计规范的性能需要的。它必须是独立的并可重复其他测试。它通常用于主要的维修期
	346	其他检查 信息码 346 描述特殊检查如冒烟检查、气味检查、听觉检查等
	347	测试启动程序 信息码 347 对机组人员采用叙述方式（如适用）和清单表形式给出为执行产品、设备或组件的一次开启（测试）维修的程序与数据
	348	最终验收试验 信息码 348 提供有关如何执行和记录最终验收试验和如何正确地发布最终验收试验结果的说明
	349	测试记录 信息码 349 给出测试报告、测试数据表和测试协议等的描述

主信息码	信息码	定 义
300	350	结构测试 信息码350给出必要的硬度测试和故障检测的程序与数据。例如,裂缝检测
	351	染料渗透法表面裂纹测试
	352	磁粉法表面裂纹测试
	353	涡流法裂纹测试和其他缺陷的测试
	354	X 射线法裂纹测试和其他缺陷的测试
	355	超声波法裂纹测试和其他缺陷的测试
	356	硬度测试 信息码356给出如何测试材料硬度所必需的程序与数据
	357	γ 射线
	358	谐振频率
	359	热敏成像测试 信息码359给出描述热成像测试必要的程序与数据,该测试可以探测发生在同质零件材料上的某一局部变化。通常可以认为有(但不限于)空隙,夹杂物,脱胶,液体渗入或污染,外来物和损坏或断裂结构组件
	360	设计数据/公差检查 信息码360给出确保系统、设备或组件的设计数据/公差正确所需的程序与数据
	361	尺寸检查 信息码361描述详细的尺寸(外观/尺寸)检查,包括零件的尺寸和材质情况的比较
	362	压力检查 信息码362描述压力测量、压力影响或为正确运行而建立组件或系统正常加压能力
	363	流量检查
	364	渗漏检查 信息码364描述组件或系统在无渗漏或允许渗漏量内运行的能力
	365	连续性检查
	366	阻抗检查
	367	电源检查
	368	信号强度检查

（续）

主信息码	信息码	定　　义
300	369	其他检查 信息码 369 给出不包含在信息码 361 至信息码 368 内的设计数据/公差检查的程序与数据(例如,接合检查、频率检查、带宽检查)
	370	状态监控 信息码 370 给出对产品、系统、设备或组件的状态监控所必需的程序与数据:该状态是通过监测对润滑油、振动、踪迹的分析结果得到的
	371	油液分析 信息码 371 给出利用油液分析对系统、设备或组件进行状态监控所必需的程序与数据
	372	振动分析 信息码 372 给出利用振动分析对系统、设备或组件进行状态监控所必需的程序与数据
	373	跟踪检查 信息码 373 给出监测跟踪精度所需的程序与数据
	374	燃油分析 信息码 374 给出利用燃油分析对系统、设备或组件进行状态监控所必需的程序与数据
	375	意外发射分析 信息码 375 给出分析武器系统意外发射所需的程序和信息
	376	黏合状态检查 信息码 376 给出黏合后核查关联系统所需的程序与数据
	377	污染分析 信息码 377 描述用于辅助识别某一材料的一种测试,该测试利用机电方法确定是否存在已知的污染元素
	378 ~ 389	项目不可用
	390	抽样测试 信息码 390 给出通过检查标本或样本的一部分来保证过程质量的程序
	391 ~ 395	项目不可用
	396	飞行操纵面移动 信息码 396 给出信任或确信飞行操纵面是在规定的位置的程序(例如,副翼伸展至 15°)

（续）

主信息码	信息码	定 义
300	397	起落装置移动 信息码397给出信任或确信主要的、突出部分或整体起落架处于规定位置的程序
	398	产品配置 信息码398给出使用正常的功能和操作调整产品、装置或测试设备至规定状态或位置所需要的方法(例如,打开或关闭断路器或开关、定位控制器或操纵面、测试设备的校准或操作、加压或减压、升起或放下起落架、电气系统通电)。它包括将柔韧零件调整至正常预操作配置(例如,氧气面罩、逃生滑梯)
	399	项目不可用
400		故障报告和隔离程序 信息码400给出准确报告错误和故障及隔离故障所必需的程序与数据
	401	与故障诊断相关的耗材清单
	402	与故障诊断相关的材料清单
	403	与故障诊断相关的消耗品清单
	404	与故障诊断相关的专用保障设备、工具清单
	405	与故障诊断相关的保障设备、工具清单
	406	与故障诊断相关的软件清单
	407	与故障诊断相关的零部件清单
	408,409	项目不可用
	410	通用故障描述 信息码410通过关于故障隔离和/或纠正程序的信息和文献,给出维修信息和故障征兆
	411	隔离的故障 信息码411给出可以由产品集中监控系统记忆的、与被隔离的故障有关的维修信息。它提供了纠正每个被隔离的故障所需的信息与程序
	412	检测的故障 信息码412给出可以由产品集中监控系统存储的、与被检测出的故障有关的维修信息。它提供了隔离和纠正每个被检测出的故障所需的信息和程序
	413	观察到的故障 信息码413给出由乘员观察到并被报告的故障相关的所有征兆。征兆按系统/子系统来分类,并且必须简单而明确的描述。它提供了隔离和纠正每个观察到的故障所需的信息和程序

（续）

主信息码	信息码	定 义
400	414	关联的故障 信息码 414 给出一系列相互关联并能够被产品集中监控系统识别的维修信息和警告/功能故障。它提供了纠正每个关联故障所需的信息和程序
	415	故障影响 信息码 415 给出确定具体故障对作战系统能力影响所需的准则
	416 ～ 419	项目不可用
	420	通用故障隔离程序 信息码 420 给出隔离故障所必需的程序与数据。每个故障隔离程序包含隔离故障所需的所有操作并必须用纠正故障的指令终止
	421 ～ 428	故障隔离程序
	429	诊断 信息码 429 给出产品诊断的相关程序。通常与过程数据模块一起使用
	430	故障隔离工作项目支持数据 信息码 430 包含使准确识别故障症状和更容易隔离故障的说明和图表
	431 ～ 439	项目不可用
	440	索引
	441	故障代码索引 信息码 441 包含与引用故障隔离程序一致的故障代码清单
	442	维修消息索引 信息码 442 与引用故障隔离程序一致的维修消息清单
	443	故障排除后的停机程序 信息码 443 给出故障排除后关闭产品、设备或组件过程的程序与数据
	444 ～ 449	项目不可用
	450 ～ 499	项目不可用
500		分离、拆除和分解程序 信息码 500 给出分离、拆除和分解设备、组件和项目所必需的程序与数据。程序中包括如何安装密封/包装
	501	与拆卸有关的耗材清单
	502	与拆卸有关的材料清单
	503	与拆卸有关的消耗品清单
	504	与拆卸有关的专用保障设备和工具清单

（续）

主信息码	信息码	定　义
500	505	与拆卸有关的保障设备和工具清单
	506	与拆卸有关的软件清单
	507	与拆卸有关的零部件清单
	508,509	项目不可用
	510	分离程序 信息码510给出必要的分离装备、组件或物品的程序与数据。程序中包括安装包装用来保护分离的装备、组件或物品
	511 ~ 519	项目不可用
	520	拆卸程序 信息码510给出拆卸设备、组件或项目所必需的程序与数据。当详细的程度需要一个单独的数据模块时,下面的信息码可以划分或添加到信息码520
	521	恢复基本构型(技术状态) 卸去装置
	522	拆卸保障设备/从保障设备拆卸
	523	拆卸前准备工作
	524	后续维修 信息码524只使用在后续维修不包含信息码520的情况
	525	弹药卸载 信息码525给出从武器系统卸载弹药所需的程序与数据
	526	发射装置解除 信息码526给出武器系统上解除发射装置并恢复初始要求以便执行任何操作所需的程序与数据
	527 ~ 529	项目不可用
	530	分解程序 信息码530给出分解装备、组件和项目到必要层次所必需的程序与数据。程序中包括使用安装盖子来保护断开的设备、组件或项目
	531	在操作现场分解 信息码531给出在操作现场分解设备所必需的程序与数据
	532 ~ 539	项目不可用
	540	打开通道程序 信息码540给出打开面板或门所必需程序与数据,即当该程序不容易完成而又需要在其他维修工作项目之前开始的情况。这通常适用于发动机舱门、起落架门等

（续）

主信息码	信息码	定　　义
500	541 ～ 549	项目不可用
	550	载下软件程序 信息码 550 给出从一个项目中下载软件所实施的方法/装备/接口以及所需时间的描述
	551	故障监控存储读取（下载）
	552	数据擦除
	553	数据显示、复制和打印 信息码 553 给出显示、复制和打印数据的说明/程序/数据
	554 ～ 559	项目不可用
	560	停止程序 信息码 560 描述为维修目的或为快速处理偏离的操作而致使系统不运行的程序
	561	电网断电 信息码 561 给出切断产品电网的程序,无论是否使用电源(发动机、辅助动力设置(APU)、外部设备)
	562	降低液压 信息码 562 给出使系统、子系统或组件降低液压的程序,无论是否使用电源
	563	撤消维修实践 信息码 563 给出解除设备来进行维修的程序
	564 ～ 599	项目不可用
600		修理与本地加工程序和数据 信息码 600 给出修理一个产品、设备、组件或项目所必需的程序与数据。也给出本地加工特殊项目的程序与数据
	601	与修理有关的耗材清单
	602	与修理有关的材料清单
	603	与修理有关的消耗品清单
	604	与修理有关的专用保障设备和工具清单
	605	与修理有关的保障设备和工具清单
	606	与修理有关的软件清单
	607	与修理有关的零部件清单
	608,609	项目不可用

主信息码	信息码	定 义
600	610	增加材料 信息码 610 给出增加材料用以修复产品、设备、组件或项目所必需的程序与数据
	611	绝缘
	612	金属喷镀
	613	熔炼
	614	重新喷涂金属
	615	翻新
	616 ~ 619	项目不可用
	620	附着材料 编码 620 给出附着材料来修理一个产品、设备、组件或项目所必需的程序与数据
	621	黏合
	622	压接
	623	铜焊
	624	铆接
	625	锡焊
	626	接合
	627	焊接
	628,629	项目不可用
	630	改变材料的机械强度/结构 信息码 630 给出更改材料的机械强度或结构所必需的程序与数据
	631	退火
	632	表面硬化
	633	硫化
	634	规格化
	635	(给金属薄板)喷丸
	636	回火
	637	项目不可用
	638	其他处理 信息码 638 给出金属或是金属合金热处理所必需的程序与数据，这些数据未包含在信息码 631、632、634 和 636 的定义之中

（续）

主信息码	信息码	定　　义
600	639	改变材料的机械强度/结构的其他处理 信息码 639 给出改变材料的机械强度或结构所需的程序与数据,这些数据未包含在信息码 633 和 635 的定义之中
	640	改变材料表面光洁度 信息码 640 给出改变材料表面光洁度所必需的程序与数据
	641	阳极化处理
	642	软皮抛光
	643	磨光
	644	铬酸盐
	645	石磨
	646	抛光
	647	电镀
	648	擦亮磨光
	649	凹痕、裂缝和擦痕的清除 信息码 649 给出有关可忽略/轻微的凹痕、裂缝和擦痕的有关信息,并给出对其修复后如何进行表面处理的描述
	650	去除材料 信息码 650 给出去除材料所必需的程序与数据
	651	喷砂
	652	镗孔/钻孔/铰孔
	653	电/电化学/化学蚀刻
	654	扩孔
	655	磨碎
	656	碾磨
	657	套丝/攻丝
	658	车削
	659	其他去除材料的处理 信息码 659 给出去除材料所需的程序与数据,这些数据未包含在信息码 651 和 658 的定义之中
	660	结构修理程序与数据 信息码 660 给出修复损伤所必需的程序与数据,同时也给出允许损伤的定义

（续）

主信息码	信息码	定 义
600	661	容许的损伤 信息码 661 描述有关结构容许损伤的相关信息
	662	临时修理程序
	663	标准修理程序
	664	特殊修理程序 信息码 664 给出特殊结构修复所必需的程序与数据。通常情况下,特殊修复是指不在信息码 663 中的对结构损伤区域或组件的修理,且制造商已记载已发生修理损伤
	665	空运修理程序 信息码 665 给出执行一个产品、设备或组件结构空运修理所必需的程序与数据。通常情况下,空运地修理是指可允许送往某基地的标准修理(信息码 663)或某特殊修理(信息码 664)
	666	材料分类 信息码 666 给出材料分类的相关数据
	667	结构分类 信息码 667 给出结构分类的相关数据
	668	复合结构的容许损伤 信息码 668 给出有关复合结构容许损伤的描述数据
	669	混合结构的容许损伤 信息码 669 给出有关混合结构容许损伤的描述数据
	670	本地加工程序与数据 信息码 670 定义本地制造产品、零件或设备所必需的程序与数据
	671	加工零部件 信息码 671 定义加工零件所必需的程序与数据
	672 ~ 679	项目不可用
	680	战伤修理程序与数据 信息码 680 定义对某产品、系统、设备或组件执行战斗损伤修复所必需的程序与数据。该修理可方便、快捷地完成,但产品会有使用限制
	681	损伤修理符号标记 信息码 681 给出明确标记损伤的分区、区域、组件和零部件的规则与标志,并指明后续损伤评估的活动

（续）

主信息码	信息码	定 义
600	682	**标识被损坏的硬件** 信息码 682 给出建立所观察到的硬件损伤与提供的其损伤评估数据编码之间准确关系的信息
	683	**损伤评估** 信息码 683 给出对已标识损伤硬件所必需的数据与信息，以便建立： • 硬件对产品操作的影响 • 如果不去修复或隔离，能否忽略损伤的硬件 • 损伤件能否被修复或隔离 • 必须做的相关活动 • 活动对产品利用(任务、限制等)的后果
	684	**降级使用** 信息码 684 给出关于执行损伤件活动的产品利用(任务、限制等)的后果信息，如果在信息码 683 未给出相关信息的情况。 注意：建议此将作为在信息码 683 下降级使用损伤评估过程中的最后一步
	685	**修理程序** 信息码 685 给出修复战损硬件的相关程序。通常，该程序只与硬件配套的战损修复工具箱一起执行
	686	**隔离程序** 信息码 686 给出隔离系统损伤部分或其某个损伤组件的相关程序
	687	**战伤修理后的功能测试** 信息码 687 给出确保修复系统能够履行任务要求的相关程序。通常，这些程序完整使用于机(船)载测试设施。如果测试导致操作受限，会在程序中加以注释
	688	**战伤修理工具包** 信息码 688 给出配置齐全的硬件(工具、材料、消耗品、耗材)清单，作为执行战伤修理所必需的战伤修理工具包
	689	损伤修理
	690	**其他** 信息码 690 给出不在信息码 610～680 之中的而在材料翻新的各种过程中所必需的程序与数据
	691	**标记** 信息码 691 为临时或永久标志零件所必需的程序与数据

（续）

主信息码	信息码	定　　义
600	692	连接器修理 信息码 692 给出修理连接器所必需的程序与数据
	693	涂清漆 信息码 693 给出涂表面清漆所必需的程序与数据
	694 ~ 699	项目不可用
700		装配、安装和连接程序 信息码 700 给出设备、组件或项目的装配、安装、连接以及防护所必需的程序与数据
	701	与安装有关的耗材清单
	702	与安装有关的材料清单
	703	与安装有关的消耗品清单
	704	与安装有关的专用保障设备和工具清单
	705	与安装有关的保障设备和工具清单
	706	与安装有关的软件清单
	707	与安装有关的零部件清单
	708,709	项目不可用
	710	装配程序 信息码 710 给出从可分解层次组装设备、组件与项目所必需的程序与数据。包括拆除帽子、安装密封、项圈与零件系牢的程序
	711	紧固程序 信息码 711 给出为绷紧和使用诸如螺栓、螺母及附件等转矩螺纹紧固件的相关程序
	712	锁紧程序 信息码 712 给出利用保险丝或保险索、开口销、止动垫圈等防护零件的相关程序
	713	包装程序 信息码 713 给出包装设备(例如,救生包)的有关程序
	714	操作现场装配 信息码 714 给出在操作现场进行装配所必需的程序与数据
	715 ~ 719	项目不可用

（续）

主信息码	信息码	定　义
700	720	安装程序 信息码 720 给出为安装设备、组件与项目所必需的程序与数据。其程序中包括拆除盖子和安装密封
	721	加装（在可用的配置基础上增加设备） 加工
	722	安装保障设备／在保障设备上安装 信息码 722 描述用于产品、系统、单元上以测定系统、组件状况或位置所用相关测试设备项目（例如，皮托管静态试验机、飞行操纵象限仪等）的安装。也可描述除测试设备以外用在产品、系统、单元上辅助实施程序或步骤的保障设备项目（例如，钓竿式起重机、安全锁、专用工具等）的安装
	723	安装准备工作
	724	后续维修 信息码 724 仅用于未在信息码 720 中包括的后续维修的相关内容
	725	弹药装载 信息码 725 给出在某项武器系统上装载弹药所必需的程序与数据
	726	发射装置激活 信息码 726 给出某项武器系统启动发射装置所必需的程序与数据
	727	场地位置计划 信息码 727 给出与设备或系统的安装位置（地点）相关的计划与图样
	728	基础预备 信息码 728 给出补充安装图的基础预备数据
	729	项目不可用
	730	连接程序 信息码 730 给出设备、组件和项目连接所必需的程序与数据。包括盖子拆除与密封安装
	731 ~ 739	项目不可用
	740	关闭通道程序 信息码 740 给出在维修工作项目结束后关闭面板或门所必需的程序，程序用于较难完成且适用于不同工作项目的情况。通常适用于发动机舱门
	741 ~ 749	项目不可用

（续）

主信息码	信息码	定　　义
700	750	**加载软件程序** 信息码 750 给出在一个项目上加载软件的方法、装置、接口和所需时间的描述
	751	项目不可用
	752	数据加载
	753 ~ 759	项目不可用
	760	**再激活程序** 信息码 760 给出恢复某系统至正常操作所采取的活动,该恢复活动在之前被激活过
	761	**电网通电** 信息码 761 给出使电网通电的程序,不管其所用的电源(发动机、APU 辅助动力装置、外置电源)
	762	**增加液压** 信息码 762 给出对液压系统、子系统或组件增压的程序,不管其所用的动力源
	763 ~ 799	项目不可用
800		**包装、装卸、储存与运输** 信息码 800 给出储存产品、系统、设备或组件,保持其在储存期内耐用,包装与运输,以及运输前准备所必需的程序与数据。也包括存储寿命的数据
	801	与存储有关的耗材清单
	802	与存储有关的材料清单
	803	与存储有关的消耗品清单
	804	与存储有关的专用保障设备和工具清单
	805	与存储有关的保障设备和工具清单
	806	与存储有关的软件清单
	807	与存储有关的零部件清单
	808,809	项目不可用
	810	**保存程序** 信息码 810 给出将产品、系统、设备或组件放入仓库之前对其保护所必需的程序与数据。如果需要也给出移动它们的专门数据
	811	**车辆运输准备** 信息码 811 给出准备运输车辆所必需的程序与数据

（续）

主信息码	信息码	定 义
800	812	**船运与储存——概述** 信息码 812 给出产品与一般的船运与储存有关的程序
	813 ~ 819	项目不可用
	820	**拆卸保护材料的程序** 信息码 820 给出拆卸为保持产品、系统、设备或组件在存储期间耐用所用材料与零件的相关信息与数据
	821 ~ 829	项目不可用
	830	**产品装箱程序** 信息码 830 给出为储存与/或利用公路、铁路、航空或海路运输将产品、设备或组件装入容器所必需的程序与数据
	831	**车辆装载** 信息码 831 给出为运输装载某车辆到另一车辆上所必需的程序与数据
	832	**产品包装程序** 信息码 832 给出在没有容器时为储存与/或利用公路、铁路、航空或海路运输，包装设备或组件所必需的程序与数据
	833 ~ 839	项目不可用
	840	**产品拆箱程序** 信息码 840 给出将产品、设备或组件从容器中移出所必需的程序与数据。该程序包括拆除所用的保护材料
	841	**车辆卸载** 信息码 841 给出运输后将某车辆从另一车辆上卸下所必需的程序与数据
	842	**产品拆包程序** 信息码 842 给出在没有容器用于存储与/利用公路、铁路、航空或海路运输时，拆去设备或组件的包装所必需的程序与数据
	843 ~ 849	项目不可用
	850	**储存时保持产品耐用的程序** 信息码 850 给出存储时为确保产品、系统、设备或组件耐用所必需的信息与数据
	851 ~ 859	项目不可用
	860	**储存时产品移动的程序** 信息码 860 给出产品、系统、设备或组件在安置到容器（集装箱）后由公路、铁路、航空或海路运输所必需的程序与数据

（续）

主信息码	信息码	定　　义
800	861 ~ 869	项目不可用
	870	储存结束后产品使用的准备程序 信息码 870 给出产品、系统、设备或组件在存储结束后使用前准备所必需的程序与数据
	871	运输后设置被运输车辆所处状态 信息码 871 给出运输完成后设置车辆状态所必需的程序与数据
	872 ~ 879	项目不可用
	880	产品脱离储存状态的程序 信息码 880 给出在产品、系统、设备或组件使用准备之前（信息码 870 的内容），从储存状态接收所必需的程序与数据
	881 ~ 889	项目不可用
	890	产品储存寿命数据 信息码 890 给出关于产品维持在某存储条件并处于安全/可用状态的信息
	891 ~ 899	项目不可用
900		其他
	901	其他耗材清单
	902	其他材料清单
	903	其他消耗品清单
	904	其他专用保障设备和工具清单
	905	其他保障设备和工具清单
	906	其他软件清单
	907	其他零部件清单
	908,909	项目不可用
	910	其他
	911	插图 信息码 911 给出插图及其标识与状态信息。该信息码可被用于以数据模块的形式存储和传送插图
	912	装卸程序 信息码 912 给出其他信息码中未专门标识过的通用装卸程序和标准实践。该信息码的定义范围覆盖了易损组件的仔细装卸程序。适用于任何组件 注意:不适用于新项目,用信息码 170 代替

（续）

主信息码	信息码	定 义
900	913	**通用维修程序** 信息码 913 给出其他信息码中未专门标识的通用维修程序和标准实践。该信息码被用于标识通用的维修程序。其目的是能够覆盖非常小的装配、清洁、检查、维修、拆装等程序，这些程序往往太小而不能单独成为一个数据模块或是总被同时执行
	914	**容器数据模块** 信息码 914 标明一个容器数据模块，该模块可针对或包括不同种类的信息，因此不可能包含到另一个专用信息码中
	915	**设施** 信息码 915 给出对于产品使用、维护、修理与存储所需设施的描述
	916	**维修分配** 信息码 916 给出产品维修分配的相关信息
	917	**非 S1000D 出版物** 信息码 917 给出一个非 S1000D 出版物（例如，已有的 PDF 手册）来作为一个标准数据模块，已有的 PDF 手册被作为一个图片
	918,919	项目不可用
	920	**更换＝拆卸和安装** 信息码 920 给出信息码 520 拆卸与信息码 720 安装的组合程序与数据
	921	**更换＝拆卸和安装新产品** 信息码 921 给出信息码 520 拆卸与信息码 720 安装一个新项目的组合程序与数据
	922	**更换＝拆卸和安装拆下的产品** 信息码 922 给出信息码 520 拆卸与信息码 720 重新安装被卸下项目的组合程序与数据
	923	**更换＝拆离和连接产品** 信息码 923 给出断开连接信息码 510 与连接一个拆离项目信息码 730 的组合程序与数据
	924 ~ 929	项目不可用
	930	**服务通报** 信息码 930 给出必要的行政与材料供应信息以及完成一次服务通报实施程序（产品修改，操作特性的检查和更改）

（续）

主信息码	信息码	定　义
900	931	服务通报数据 信息码 931 对项目不可用（该码用于 S1000D 4.0 版及其之前的版本的服务通报中）
	932	计划信息 信息码 932 对项目不可用（该码被用于 S1000D4.0 版及其之前的版本的服务通报中）
	933	完成工作的程序——工作项目集 信息码 933 以工作项目集的形式给出完成由服务通报要求的工作所需的程序。该工作项目集涉及服务通报部分的过程数据模块
	934	材料信息 信息码 934 给出为完成服务通报、它们的互换性以及处置数据所需的材料与组件的信息
	935 ~ 939	项目不可用
	940	供应数据 信息码 940 给出为供给和标识保障项目及零备件所必需的数据
	941	图解零部件数据 信息码 941 给出与产品、设备或组件有关的标识保障项目与零备件所必需的数据。该数据与 S1000D 中的第 5.3.1.3 节内容一致。该信息码也包括与此类数据相关的插图
	942	数字索引 信息码 942 包含图解零部件数据（IPD）交叉引用索引信息，这些信息标识了所有的 IPD 项目
	943 ~ 949	项目不可用
	950	复合信息 信息码 950 给出在给定活动或过程中为支持用户所需而编辑的不同类型范围的有关信息。在个别的、特种的、专用的信息码不能覆盖此类信息时，必须使用该信息码
	951	通用过程 信息码 951 标注一个针对或包括不同种类信息的过程数据模块，因此其不能被其他专用信息码所包含

（续）

主信息码	信息码	定　义
900	952	通用学习内容 信息码 952 给出一个关于维修或操作学习目标的描述，或是在一个 SCO 内容数据模块中某信息范围的描述。只有在没有其他信息码适用于描述此类信息时使用该码
	953 ~ 960	项目不可用
	961	计算工作表 信息码 961 给出一个计算工作表的格式。例如，对残废产品在恢复期间内由恢复团队所用的那种表格
	962 ~ 969	项目不可用
	970	供应商核准程序 信息码 970 描述有关专利的和由特殊制造商控制的、或由非专利且其应用由合法供货商同意使用的相关过程
	971 ~ 979	项目不可用
	980	环境保护、消防和营救 信息码 980 给出环境保护、消防和营救等方面的描述、程序和操作指南
	981	空气净化 信息码 981 给出空气净化方面（例如，过滤获取清洁空气）的描述、程序和操作指南
	982	废水处理 信息码 982 给出有关废水处理方面的描述、程序和操作指南
	983 ~ 988	项目不可用
	989	消防和营救 信息码 989 给出有关消防、灭火和营救方面的描述、程序和操作指南
	990	无效化处置与报废 信息码 990 给出使军火和相关物质的无效化处置，以及为军火、器材、设备或相关物质报废处置所必需的程序与数据
	991	军火无效化处置 信息码 991 给出使军火（例如，导弹、武器及弹药、保险或阻止操作与/或爆炸致使无效）无效化处置所必需的程序与数据
	992	化学物品无效化处置 信息码 992 给出销毁化学物品特有属性或活动（Active）属性（例如，中和酸性）所必需的程序与数据

（续）

主信息码	信息码	定　　　义
900	993 ~ 995	项目不可用
	996	军火报废处置 信息码 996 给出通过引爆、烧毁、物理销毁、使其惰化、拆卸等手段处理军火所必需的程序与数据。该信息码包含销毁军火以防止敌方利用的内容
	997	产品报废处置 信息码 997 给出处置（例如,销毁、拆卸或其材料的循环再利用）诸如产品、设备、组件等产品所必需的程序与数据。该信息码包含销毁军火以防止敌方利用的内容
	998	物品报废处置 信息码 998 给出通过循环再利用、在安全地点永久存储、清洁后再利用等手段处置,诸如化学品、辐射物品、废料等物品所必需的程序与数据
	999	项目不可用
C00		计算机系统、软件和数据
	C01	与计算机系统、软件和数据有关的其他耗材清单
	C02	与计算机系统、软件和数据有关的其他材料清单
	C03	与计算机系统、软件和数据有关的其他消耗品清单
	C04	与计算机系统、软件和数据有关的其他专用保障设备和工具清单
	C05	与计算机系统、软件和数据有关其他保障设备和工具清单
	C06	与计算机系统、软件和数据有关的其他软件清单
	C07	与计算机系统、软件和数据有关的其他零部件清单
	C08 ~ C12	项目不可用
	C13	说明 信息码 C13 给出软件或硬件产品的使用者或维修者所需的概念信息
	C14	问题处理 信息码 C14 给出软件或硬件产品的使用者或维修者所需的问题处理程序
	C15	内容总结 信息码 C15 给出在软件或硬件产品的技术信息范围内所包含的内容总结
	C16 ~ C19	项目不可用
	C20	系统管理 信息码 C20 给出软件、硬件或数据产品的管理员所需的系统管理程序或数据

（续）

主信息码	信息码	定　义
C00	C21	系统监控 信息码 C21 给出与软件或硬件产品监控有关的程序与数据
	C22	指令描述 信息码 C22 给出与软件或硬件指令有关的描述与数据
	C23	硬件连接 信息码 C23 给出与计算机硬件连接有关的程序与数据
	C24	项目不可用
	C25	系统恢复 信息码 C25 给出与计算机硬件和软件系统恢复有关的程序与数据
	C26	备份和恢复 信息码 C26 给出与软件及数据的备份和恢复有关的程序与数据
	C27	重新启动 信息码 C27 给出与计算机系统重启有关的程序与数据
	C28,C29	项目不可用
	C30	协调 信息码 C30 给出与计算机硬件、软件和数据协调有关的程序与数据
	C31	磁盘碎片整理 信息码 C31 给出与某型计算机硬盘驱动器碎片整理有关的程序与数据
	C32	输入/输出装置 信息码 C32 给出与计算机数据存储媒介相关的程序与数据
	C33	磁盘镜像 信息码 C33 给出与计算机磁盘镜像相关的程序与数据
	C34	清除干扰 信息码 C34 给出与清除干扰相关的程序与数据
	C35	时间核对 信息码 C35 给出与计算机硬件和软件时间核对相关的程序与数据
	C36	兼容性检查 信息码 C36 给出与计算机硬件和软件兼容性检查相关的程序与数据
	C37 ~ C49	项目不可用
	C50	数据管理 信息码 C50 给出与计算机存储和访问的数据管理相关的程序与数据

（续）

主信息码	信息码	定　义
C00	C51	数据移动 信息码 C51 给出与计算机存储和访问的数据移动相关的程序与数据
	C52	数据操作/使用 信息码 C52 给出与计算机存储和访问的数据操作和使用相关的程序与数据
	C53	数据存储描述 信息码 C53 给出计算机数据存储和访问的相关描述
	C54 ～ C59	项目不可用
	C60	编程信息 信息码 C60 给出与产品相关的软件编程有关的信息与数据
	C61	程序流程图 信息码 C61 给出与产品相关的软件程序流程图有关的信息与数据
	C62	过程参考指南 信息码 C62 给出与计算机软件和硬件过程有关的信息与数据
	C63 ～ C69	项目不可用
	C70	安全和保密 信息码 C70 给出与计算机硬件、软件、数据安全以及隐私控制的管理和使用有关的程序与数据
	C71	项目不可用
	C72	安全信息 信息码 C72 给出与计算机硬件、软件、数据安全有关的数据
	C73	安全程序 信息码 C73 给出与计算机硬件、软件、数据安全有关的程序
	C74	安全/分类代码列表 信息码 C74 给出与计算机硬件、软件和数据有关的安全列表和分类代码列表
	C75	访问控制 信息码 C75 给出与计算机硬件、软件和数据的访问控制有关的程序与数据
	C76 ～ C89	项目不可用

（续）

主信息码	信息码	定　义
C00	C90	其他
	C91	质量保证 信息码 C91 给出与计算机硬件、软件和数据有关的质量控制程序与数据
	C92	供应商信息 信息码 C92 给出与计算机硬件、软件和数据有关的供应商信息
	C93，C94	项目不可用
	C95	命名规则 信息码 C95 给出与计算机硬件、软件和数据有关的命名规则
	C96	技术要求 信息码 C96 给出与计算机硬件、软件和数据有关的技术要求
	C97 ～ C99	项目不可用

附录 E 学习码中的人绩效率技术码定义

E.1 学习码中的人绩效率技术码的简短定义

表 E-1 人绩效率技术编码的简短定义[3]

学习码	定义	标注
H00 ~ H0Z	项目不可用	
H10	绩效率分析	
H11	组织分析	
H12	差距分析	
H13 ~ H16	项目不可用	
H17	环境分析—组织环境	如社会、利益相关者及竞争者等
H18	环境分析—工作环境	如资源、使用的工具、政策等
H19	人员分析—工作者	如知识、能力、动机、角色等
H1A ~ H1Z	项目不可用	
H20	原因分析	
H21	环境因素	
H22	内部因素	
H23 ~ H2Z	项目不可用	
H30	介入定义	通用介入定义
H31	绩效率支持介入	
H32	岗位职责/工作设计介入	
H33	人员发展介入	
H34	人力资源发展介入	
H35	组织通信介入	
H36	组织设计介入	
H37	训练介入	
H38	非训练介入	仅用于除 H31 ~ H36 外的非训练介入项目
H39 ~ H3Z	项目不可用	
H40	介入实施	
H41 ~ H4Z	项目不可用	
H50	绩效率评价	
H51	制式化评价	
H52	总结性评价	
H53 ~ H5Z	项目不可用	

E.2 学习码中的人绩效率技术码的完整定义

表 E-2 人绩效率技术编码的完整定义[3]

学习码	定义	标注
H00~H0Z	项目不可用	
H10	绩效率分析 　人绩效率的技术分析需要或对于从组织观点的改善机会。当已识别的需要或机会都已实现时,其结果是对组织最佳结束状态的明确定义和可度量的描述	此分析从组织的观点进行实施
H11	组织分析 　综合绩效率分析(PA)需要一系列技术分析的子工作项目来完成。组织分析的子工作项目可以得出以下与人员绩效率系统有关的信息: 　●看法声明——描述一个组织最高层次的长期结束状态的声明。用来说明在社会联系方面的可度量的、已评价的结果 　●任务声明——描述一个组织高层次的中期结束状态的声明。用来说明在与一个组织视点的关系和相符方面的可度量的、已评论结果 　●价值——描述伦理边界的说明,在边界内一个组织运行以达到他的社会目的 　●目的声明——一个大的、可度量的声明,其描述一个组织必须达到的某些活动或初步的结果。例如,一个目的可包含在 8 年内舰队以 30% 增长 　●目标声明——一个特殊、度量的声明,其描述了一个组织必须达到的目标。例如,一个目标可定为在 5 年内获得 3 艘驱逐舰。另外,可在 8 年内获得 5 艘护卫舰	此分析从组织的观点进行实施
H12	差距分析 　完成综合绩效率分析(PA)所需的一项技术分析的子项目。该技术分析导致一个或多个绩效率差距声明,每一个差距声明是客观可度量的和确定一个组织的期望最终状态与其当前状态之间的增量。通常陈述与组织的目的和实体声明有关	是绩效率差距,而非训练差距。可能是也可能不是系统中人员造成的直接结果
H17	环境分析—组织环境 　完成综合绩效率分析(PA)所需的一项技术分析的子项目。描述影响一个组织为满足其视点、任务、目的及目标能力的内部与外部力量。示有:在社会、公司股东、竞争者、法制的特殊利益群体和内部政治	

（续）

学习码	定义	标注
H18	环境分析—工作环境 完成综合绩效率分析（PA）所需的一项技术分析的子项目。描述影响组织为满足其视点、任务、目的及目标的工作者能力的工作设计因素。这些因素对工作者来说是外部因素。示例可包括：原材料资源、所用工具、工作流、职务等级、场所、政策和所实施的规程等	
H19	人员分析—工作者 完成综合绩效率分析（PA）所需的一项技术分析的子项目。描述组织的全体员工为满足其视点、任务、目的及目标的能力的内部因素。示例可包括知识、技能、动机和体能	
H1A ~ H1Z	项目不可用	
H20	原因分析 包含潜在或已观察的人绩效率差距的根原因的技术数据。用于记录原因分析的结果	
H21	环境因素 标识潜在或已观察到的人绩效率差距的具体原因。这些因素对于执行者提供原因分析来说是外部因素	为一种原因类
H22	内部因素 标识潜在或已观察到的人绩效率差距的具体原因。这些因素对于执行者提供原因分析来说是内部因素	为一种原因类
H23 ~ H2Z	项目不可用	
H30	介入定义 描述一种介入的类型与属性的技术数据。这种介入意在纠正潜在或已观察到的人绩效率差距的原因	
H31	绩效率支持介入 描述一种绩效支持介入类型的技术数据。这种介入意在纠正潜在或已观察到的人绩效率差距的原因	
H32	岗位职责/工作设计介入 描述岗位职责、过程、组织内人员配置、公布的结构等再设计所需的一种介入的技术数据，以便纠正潜在或已观察到的人绩效率差距的原因。还描述完整的新岗位职责或工作流以及对现有一个的修改的要求	

327

（续）

学习码	定义	标注
H33	人员发展介入 描述针对通过知识、技能、体能等发展来改善现有人员的一种介入技术数据，以便纠正潜在或已观察到的人绩效率差距的原因	
H34	人力资源发展介入 描述针对人员选择过程的创造或改进的一种介入技术数据，以便正潜在或已观察到的人绩效率差距的原因	
H35	组织通信介入 描述在组织中重新设计或建立通信模式的一种介入技术数据，以便纠正在或已观察到的人绩效率差距原因	
H36	组织设计介入 描述按一个组织需求重新设计或建立各种部门等的一种介入的技术数据，以便纠正在或已观察到的人绩效率差距原因	
H37	训练介入 描述和定义对于一种训练介入需要的技术数据	
H38	非训练介入 描述和定义对于一种任何类型非训练介入需要的技术数据，该类型未能在学习码 H31～H36 中指定	
H39～H3Z	项目不可用	
H40	介入实施 关于成功发布或使用于目标群体中介入需要的技术数据。例如，过程协商要求、终端用户发展需求、通信方法或通报/发布介入的频道等。该数据模块将引用一个"3X"类型的人员绩效技术数据模块	
H41～H4Z	项目不可用	
H50	绩效率评价 关于评价确定介入的成绩的评价装置或者计划要求的技术数据。该数据模块将引用一个"3X"类型的人员绩效技术数据模块	
H51	制式化评价 关于将被用在一个介入的发展与测试期间的对评价装置或计划要求的技术数据，以确定如何一个介入在其最终发布或实施之前如何成功的。该数据模块将引用一个"3X"类型的人员绩效技术数据模块	

（续）

学习码	定义	标注
H52	总结性评价 　一个完成综合绩效率评价所需的技术分析的子项目。该数据模块将引用一个"3X"类型的人员绩效技术数据模块。 　总结性评价的子项目可以导致在人绩效率系统内产生下列与一个介入效果有关的信息： 　● 直接的表现能力——关于一个评价装置或计划要求的技术数据，其确定一个介入是否在绩效方面达到期望的直接效果 　● 岗位转换——关于一个评价装置或计划要求的技术数据，其确定一个介入在工作环境中是否在绩效方面达到期望的效果，以及该效果持续到介入最终发布之后 　● 组织影响——关于一个评价装置或计划要求的技术数据，其确定一个介入是否在组织的综合绩效方面达到了预期的效果	
H53 ~ H5Z	项目不可用	

附录 F 学习码中的训练码定义

F.1 学习码中的训练码的简短定义

表 F－1 训练码的简短定义[3]

学习码	定义	标注
T00 ~ T0Z	项目不可用	
T10	注意	此"注意"类型(T1X)应在综述事件中使用
T11	感知 – 具体实例	
T12	感知 – 矛盾的	
T13	查询 – 矛盾的	
T14	查询 – 分享的练习	
T15	查询 – 关联	
T16 ~ T1Z	项目不可用	
T20	学习目标	
T21	期终目标 – 智力技能 – 辨别能力	
T22	期终目标 – 智力技能 – 概念	
T23	期终目标 – 智力技能 – 规则/原则	
T24	期终目标 – 智力技能 – 过程	
T25	期终目标 – 智力技能 – 程序	
T26	期终目标 – 智力技能 – 高级规则	解决问题
T27	期终目标 – 语言信息 – 事实	
T28	期终目标 – 动作技能	
T29	使能目标 – 智力技能 – 辨别能力	
T2A	使能目标 – 智力技能 – 概念	
T2B	使能目标 – 智力技能 – 规则/原则	
T2C	使能目标 – 智力技能 – 过程	
T2D	使能目标 – 智力技能 – 程序	
T2E	使能目标 – 智力技能 – 高级规则	解决问题
T2F	使能目标 – 语言信息 – 事实	

（续）

学习码	定义	标注
T2G	使能目标－动机技能	
T2H~T2Z	项目不可用	
T30	回忆	此"回忆"类型（T3X）应在综述项目中使用
T31	类推	
T32	示范	
T33	信息实践	
T34	比较组织者	
T35	隐喻手法	
T36	前提概念回顾	
T37	问题	
T38	相同工作项目回顾	
T39~T3Z	项目不可用	
T40	内容	
T41	静态内容－辨别能力	解释
T42	静态内容－事实	解释
T43	静态内容－概念	解释
T44	静态内容－规则/原则	解释
T45	静态内容－程序	解释
T46	静态内容－高级规则	解释
T47	静态内容－过程	解释
T48	动画内容－辨别能力	解释/动画/视频
T49	动画内容－事实	解释/动画/视频
T4A	动画内容－概念	解释/动画/视频
T4B	动画内容－规则/原则	解释/动画/视频
T4C	动画内容－规则	解释/动画/视频
T4D	动画内容－高次规章	解释/动画/视频
T4E	动画内容－过程	解释/动画/视频
T4F	交互内容－辨别能力	探索/仿真/动画/视频
T4R	交互内容－事实	探索/仿真/动画/视频
T4G	交互内容－概念	探索/仿真/动画/视频

（续）

学习码	定义	标注
T4H	交互内容 – 规则/原则	探索/仿真/动画/视频
T4J	交互内容 – 程序	探索/仿真/动画/视频
T4K	交互内容 – 高级规则	探索/仿真/动画/视频
T4L	交互内容 – 过程	探索/仿真/动画/视频
T4M ~ T4Z	项目不可用	
T50	学习者指南	
T51	类推	
T52	隐喻手法	
T53	操作与实习 – 信息实践	
T54	个案学习	
T55	相对组织者	
T56	概念图	
T57	示范	
T58	实例/无实例	
T59	竞赛	
T5A	记忆手段	
T5B	问题解决	
T5C	仿真	
T5D	故事	
T5E ~ T5Z	项目不可用	
T60	表现	
T61	拖放/竞赛练习	
T62	多重选择 – 单选	
T63	多重选择 – 多重选择	
T64	文本简短回答	填空
T65	仿真	
T66	竞赛	
T67 ~ T6Z	项目不可用	
T70	反馈	
T71	正确回答的知识	用于辨别能力、概念、规则、原则、程序

（续）

学习码	定义	标注
T72	正确答案的知识	用于规则、原则、程序、问题解决、过程
T73	结果知识	用于规则、原则、程序、问题解决、过程
T74 ~ T7Z	项目不可用	
T80	评估	映射到或引用一个评估策略元素，该元素已在学习模式中的学习计划分支中作了定义
T81	拖放/竞赛练习	
T82	多重选择 – 单选	
T83	多重选择 – 多重选择	
T84	文本简短回答	
T85	仿真	
T86	竞赛	
T87	测试前	
T88	测试后	
T89	热点	例如，附加图像映射/超链接
T8A ~ T8Z	项目不可用	
T90	保留与传输	在概要事件中使用
T91	训练与实习/信息实习	
T92	个案学习	
T93	比较组织者	
T94	示范	
T95	实例/无实例	
T96	竞赛	
T97	问题解决	
T98	仿真	
T99	故事	
T9A ~ T9Z	项目不可用	

F.2 学习码中的训练码的完整定义

表 F－2 训练码的完整定义[3]

学习码	定义	标注
T00 ~ T0Z	项目不可用	
T10	注意 用突然刺激来激活学习者接收与警觉即将到来的技术信息	
T11	感知－具体实例 在学习者接受知识的过程中,用新颖的、惊奇的与不确定的技术来引起注意。媒体用来定位特殊的、不确定的所要表达的学习内容	
T12	感知—矛盾的 在学习者中造成冲突或矛盾的表演手法用以引起注意力。媒体用来提供所学内容的不同视点	
T13	查询—矛盾的 在学习者中造成冲突或矛盾的关注表演手法,整个学习事件展开的问题之后,为了引起注意。媒体用来提供所学内容的不同视点	
T14	查询－分享的练习 在学习者中造成冲突或矛盾的关注表演手法,在学习者必须解决的整个学习事件的挑战之后,为了引起注意。媒体用来提供所学内容的不同视点	
T15	查询－关联 用引起注意力的手法,帮助学习者联系个人或专业人员感兴趣的内容。媒体用来给学习者提供"如果对于我有什么"以引起关注	
T16 ~ T1Z	项目不可用	
T20	学习目标 表明学习者学习事件结束所期待的动作、情况、行为和标准等	
T21	期终目标－智力技能－辨别能力 最高级的学习目标。高层次的学习目的。表明学习者所期待的动作、条件、行为和标准等,以区别临界的身体素质	

（续）

学习码	定义	标注
T22	期终目标－智力技能－概念 最高级的学习目标。表明学习者所期待的动作、条件、行为和标准等，以根据关键属性的知识来辨认与分类	
T23	期终目标－智力技能－规则/原则 最高级的学习目标。表明学习者所期待的动作、条件、行为和标准等，以说明多个概念之间的联系	
T24	期终目标－智力技能－过程 最高级的学习目标。表明学习者所期待的动作、条件、行为和标准等，以说明系统或组织是如何运行的	
T25	期终目标－智力技能－程序 最高级的学习目标。表明学习者所期待的动作、条件、行为和标准等，以应用规定的学习规则或原则来定义问题的顺序	
T26	期终目标－智力技能－高级规则 最高级的学习目标。表明学习者所期待的动作、条件、行为和标准等，以对不清楚的问题应用学习的规则或原则的独特结合	解决问题，排除故障
T27	期终目标－语言信息－事实 最高级的学习目标。表明学习者所期待的动作、条件、行为和标准等，以回忆死记硬背信息或事实	
T28	期终目标－动作技能 最高级的学习目标。表明学习者所期待的动作、条件、行为和标准等，以执行身体动作	
T29	使能目标－智力技能－辨别能力 下层次的学习目标。表明学习者所期待的动作、条件、行为和标准等，以辨认和分类关键属性	
T2A	使能目标－智力技能－概念 下层次的学习目标。表明学习者所期待的动作、条件、行为和标准等，以根据关键属性的知识来辨认与分类	
T2B	使能目标－智力技能－规则/原则 下层次的学习目标。表明学习者所期待的动作、条件、行为和标准等，以表明多重概念的关系	

（续）

学习码	定义	标注
T2C	使能目标－智力技能－过程 下层次的学习目标。表明学习者所期待的动作、条件、行为和标准等，以说明系统或组织是如何运行的	
T2D	使能目标－智力技能－程序 下层次的学习目标。表明学习者所期待的动作、条件、行为和标准等，以应用规定的学习规则或原则来定义问题的顺序	
T2E	使能目标－智力技能－高级规则 下层次的学习目标。表明学习者所期待的动作、条件、行为和标准等，以对不清楚的问题应用学习的规则或原则的独特结合	解决问题，排除故障
T2F	使能目标－语言信息－事实 下层次的学习目标。表明学习者所期待的动作、条件、行为和标准等，以回忆、死记硬背信息或事实	
T2G	使能目标－动作技能 下层次的学习目标。表明学习者所期待的动作、条件、行为和标准等，以执行身体动作	
T2H～T2Z	项目不可用	
T30	回忆 促进旨在帮助学习者在重新得到相关的信息，期待在工作记忆的长期记忆中所需的编码，目的是对即将到来的技术信息得到语义帮助	
T31	类推 通过陈述已经学习和将要学习内容的属性之间的类同点来刺激学习者回忆以前学习的内容的一种策略	
T32	示范 通过展示学习者将要完成的工作和工作如何被完成来刺激学习者回忆以前学习的内容	
T33	信息实践 当从事新的工作项目时，提供给学习者特殊部件知识（以前已学习过的部件）来刺激学习者回忆以前学习的内容一种策略	
T34	比较组织者 通过制作表格来列出先前已学知识内容的属性、关键点和比较新知识内容的相同属性、关键点等，来刺激学习者回忆以前学习的内容一种策略	

（续）

学习码	定义	标注
T35	隐喻手法 通过引用将要学习内容像某些事（通常是学习者更为熟悉的某些事）来刺激学习者回忆以前学习的内容的一种策略	
T36	前提概念回顾 通过参与到学习者再次检查组成概念的回顾事件类型，对根概念新的和更先进内容的应用来刺激学习者回忆以前学习的内容的一种策略	
T37	问题 要求学习者对与即将出现内容的相关问题应用以前所学内容，以此来刺激学习者回忆以前学习的内容的一种策略	
T38	相同工作项目回顾 刺激学习者回忆以前所学规则或程序的一种策略，这些规则或程序与即将要学习内容具有相同步骤、工作项目及目的	
T39 ~ T3Z	项目不可用	
T40	内容 包含供学习事件所用信息的一种数据模块。训练内容已经被修改为供权威技术源的指导用。这是原始内容并且经常与T5x数据模块（学习指南）相补充	
T41	静态内容 – 辨别能力 注释的、不活动的媒体，用以支持学习者开发形成辨别能力所需的知识	
T42	静态内容 – 事实 注释的、不活动的媒体，用以提供给学习者将要学习的特殊事实	
T43	静态内容 – 概念 注释的、不活动的媒体，用以提供给学习者将要学习的有实例与无实例的概念	
T44	静态内容 – 规则/原则 注释的、不活动的媒体，用以提供给学习者将要学习的规则或原则	

（续）

学习码	定义	标注
T45	**静态内容－程序** 注释的、不活动的媒体，用以提供给学习者将要学习的程序	
T46	**静态内容－高级规则** 注释的、不活动的媒体，用以提供给学习者将要学习的高级规则的实例	
T47	**静态内容－过程** 注释的、不活动的媒体，用以提供给学习者将要学习的过程	
T48	**动画内容－辨别能力** 注释的、动画或者视频，用以提供给学习者形成辨别能力所需的开发知识	
T49	**动画内容－事实** 注释的、动画或者视频，用以提供给学习者将要学习的特殊事实	
T4A	**动画内容－概念** 注释的、动画或者视频，用以提供给学习者将要学习的有实例与无实例的概念	
T4B	**动画内容－规则/原则** 注释的、动画或者视频，用以提供给学习者将要学习的规则或原则	
T4C	**动画内容－规则** 注释的、动画或者视频，用以提供给学习者将要学习的规程	
T4D	**动画内容－高级规则** 注释的、动画或者视频，用以提供给学习者将要学习的高级规则的实例	
T4E	**动画内容－过程** 注释的、动画或者视频，用以提供给学习者将要学习的过程	
T4F	**交互内容－辨别能力** 注释的、动画或者视频，用以提供给学习者形成辨别能力所需的开发知识	
T4R	**交互内容－事实** 注释的、动画或者视频，用以提供给学习者将要学习的特殊事实	

（续）

学习码	定义	标注
T4G	交互内容 – 概念 注释的、动画或者视频，用以提供给学习者将要学习的有实例与无实例的概念	
T4H	交互内容 – 规则/原则 注释的、动画或者视频，用以提供给学习者将要学习的规则或原则	
T4J	交互内容 – 程序 注释的、动画或者视频，用以提供给学习者将要学习的程序	
T4K	交互内容 – 高级规则 注释的、动画或者视频，用以提供给学习者将要学习的高级规则的实例	
T4L	交互内容 – 过程 注释的、动画或者视频，用以提供给学习者将要学习的过程	
T4M ~ T4Z	项目不可用	
T50	学习者指南 旨在支持学习者包含于 T4x（内容）数据模块信息编码的内部过程的一种指导策略。例如，数据模块可以包含记忆装置为了帮助学习者对含在 T45 中的数据模块程序步骤进行编码	
T51	类推 为提高学习者理解能力与编码能力的一种指导策略，使用了熟悉的和即将学习内容的之间属性的相似处	
T52	隐喻手法 为提高学习者理解能力与编码能力的一种指导策略，使用了更加熟悉的概念或模式，并参考了将要学习的内容。例如，"生活就像是巧克力盒子"	
T53	操作与实习 – 信息实践 为提高学习者理解能力与编码能力的一种指导策略，当参与一项新工作项目时，提供了特别内容的知识	
T54	个案学习 为提高学习者理解能力与编码能力的一种指导策略，需要学习者通过应用所学新的概念、规则和原则等，对包含现实环境的问题做出反应	

（续）

学习码	定义	标注
T55	比较组织者 　　为提高学习者理解能力与编码能力的一种指导策略,需要学习者制作表格来列出熟悉内容概念的属性、关键点等,并将其与新学习的内容相同的属性和关键点等进行比较	
T56	概念图/树 　　为提高学习者理解能力与编码能力的一种指导策略,以使学习者产生、完成或回顾新的学习内容,使用一种等级或蜘蛛化表示法	
T57	示范 　　为提高学习者理解能力与编码能力的一种指导策略,向学习者介绍所需要完成工作项目的步骤的整体规划及步骤如何被实施	
T58	实例/无实例 　　为提高学习者理解能力与编码能力的一种指导策略,提供给学习者一批新学习内容的典型实例,并与反例同时提供	
T59	竞赛 　　为提高学习者理解能力与编码能力的一种指导策略,以竞争的模式和学习者得分设置新的学习内容(注:这种得分通常与竞赛相联系,而不是学习目标)	
T5A	记忆手段 　　为提高学习者理解能力与编码能力的一种指导策略,向学习者提供与新学内容相关的记忆手段,使之更具有记忆性。例如,钟乳石紧贴洞穴的顶部	
T5B	问题解决 　　为提高学习者理解能力与编码能力的一种指导策略,要求学习者应用新的学习概念、规则、原则等对特殊的问题作出回答	
T5C	仿真 　　为提高学习者理解能力与编码能力的一种指导策略,通过应用新的所学的概念、规则和原则等使学习者置身于一个模仿真实的环境中,并允许学习者完成工作项目或解决问题,当其是在真实世界中一样	

学习码	定义	标注
T5D	故事 为提高学习者理解能力与编码能力的一种指导策略,在故事（虚构或非虚构）或轶事中含有新的所学内容	
T5E～T5Z	项目不可用	
T60	表现 为了保证学习者从 T4x 数据模块所接收信息编码将是稳固和长期有效的一种实际练习。可经常与 T7x 数据模块（反馈）相补充	
T61	拖放/竞赛练习 包含学习者必需适当竞赛对象的一种实际练习数据模块	
T62	多重选择－单选 提供给学习者对问题或陈述的实际练习的一种数据模块,而后要求从给出的一套答案中选择一项答案回答	
T63	多重选择－多选 提供给学习者对问题或陈述的实际练习的一种数据模块,而后要求从给出的一套答案中选择一项或多项答案回答	
T64	文本简短回答（填空） 提供给学习者对问题或陈述的实际练习的一种数据模块,需要在预留的空白处填入对问题/陈述的回答	
T65	仿真 提供给学习者具有教育活动的一种实际练习数据模块,学习者模仿真实情况,并要求学习者像在真实世界那样去完成一项工作项目或解决一个问题	
T66	竞赛 提供给学习者具有竞争模式的一种实际练习数据模块,使学习者获得与学习目标相一致的分数	
T67～T6Z	项目不可用	
T70	反馈 包含关于学习者对 T6x 数据模块回答正确程度所需信息的一种数据模块。数据模块的内容意在加深和调整学习者对要学内容的精神表现	

（续）

学习码	定义	标注
T71	正确回答的知识 用来通知学习者他们的回答正确与否和提供解释信息用的数据模块。使用于提供辨别、概念、规则、原则的目标或程序学习	
T72	正确答案的知识 用于提供给学习者与其回答有关信息的数据模块。学习者用该数据模块决定他们回答的正确性和在认知策略方面的变化。用于提供辨别、概念、规则、原则的目标或过程学习	
T73	结果知识 用于提供一个与学习者他们的回答/行动方面有关事例的数据模块。正确性是固有的。用于提供辨别、概念、规则、原则的目标或过程学习	
T74 ~ T7Z	项目不可用	
T80	评估 用以确定学习者能力的测试项目，为了找回和应用来自长期记忆的信息以满足按相应的 T2x（目标）数据模块的标准设置。数据模块内容的用途是确保学习者能力是完整的与稳定的	映射到或引用一个评估策略元素，该元素已在学习模式中的学习计划分支中作了定义
T81	拖放/竞赛练习 包含学习者必需适当竞赛对象的一个评估数据模块	
T82	多重选择 – 单选 提供给学习者带有问题和陈述的一种评估数据模块，而后要求从给出的一套答案中选择一项答案回答	
T83	多重选择 – 多重选择 提供给学习者带有问题和陈述的一种评估数据模块，而后要求从给出的一套答案中选择一项或多项答案回答	
T84	文本简短回答（填空） 提供给学习者对问题或陈述的一种评估数据模块，而后需要在空白处填入对问题/陈述的回答	
T85	仿真 提供给学习者具有教育活动的一种评估数据模块，学习者模仿真实情况，并要求学习者像在真实世界那样去完成一项工作项目或解决一个问题	

（续）

学习码	定义	标注
T86	竞赛 提供给学习者具有竞争模式的一种评估数据模块,使学习者获得与学习目标相一致的分数	
T87	测试前 提供多重、潜在变化的评估类型的一种评估数据模块,旨在(测试)内容暴光之前,以一个或多个相应的学习目标来评价学习者	
T88	测试后 提供多重、潜在变化的评估类型的一种评估数据模块,旨在(测试)内容暴光之后,以一个或多个相应的学习目标来评价学习者	
T89	热点 提供给学习者图像或插图的一种评估数据模块,而后需要学习者选择一区域用做对指定的激励作出响应	
T8A ~ T8Z	项目不可用	
T90	保留与传输 旨在提供比学习者原先在有关 T4x、T5x、T6x 数据模块中所经历的在内容、练习或指南方面更先进或更复杂的一种数据模块。该数据模块内容的用途是增强学习者编码信息的检索能力和增加将其应用到新环境中的可能	
T91	演练与练习/信息练习 通过应用其对一个工作项目从最初学习项目在复杂性与语境方面的变化,增强对已学内容的记忆和/或转移的一种策略。在整个工作项目中,特殊部件知识作为知识补充给予学习者	
T92	个案学习 为增强记忆和/或转移所学内容的一种策略,需要学习者通过应用所学新的概念、规则和原则等,对包含现实环境的问题做出反应	
T93	相对组织者 为增强记忆的一种策略,需要学习者制作表格来列出熟悉内容概念的属性、关键点等,并将其与新学习的内容相同的属性和关键点等进行比较	

（续）

学习码	定义	标注
T94	示范 　　为增强记忆和/或转移所学内容的一种策略,提供给学习者需要完成工作项目的步骤的整体规划和步骤如何被实施	
T95	实例/无实例 　　为增强记忆和/或转移所学内容的一种策略,提供给学习者或需要学习者产生一批与反例同时产生的所学内容的典型实例	
T96	竞赛 　　为增强记忆和/或转移所学内容的一种策略,通过将其放在竞争的模式和使学习者与相一致的情况下得分	
T97	问题解决 　　为增强记忆和/或转移所学内容的一种策略,要求学习者应用已学的概念、规则、原则等对特殊的问题作出回答	
T98	仿真 　　为增强记忆和/或转移所学内容的一种策略,通过应用已学的概念、规则和原则等使学习者置身于一个模仿真实的环境中并允许学习者完成工作项目或解决问题,当其是在真实世界中一样	
T99	故事 　　为增强记忆和/或转移所学内容的一种策略,在故事(虚构或非虚构)或轶事中含有已学的内容	
T9A ~ T9Z	项目不可用	

参 考 文 献

[1] 徐宗昌,雷育生. 装备 IETM 研制工程总论[M]. 北京:国防工业出版社,2012.

[2] 徐宗昌. 装备 IETM 技术标准实施指南[M]. 北京:国防工业出版社,2012.

[3] ASD/AIA/ATA. International Specification for Technical Publication utilizing a Common Source DataBase 4.1[S]. 2012 – 07 – 31.

[4] 徐宗昌,李博. 装备 IETM 的互操作性与交互性[M]. 北京:国防工业出版社,2014.

[5] 徐宗昌,张文俊. 基于公共源数据库的装备 IETM 技术[M]. 北京:国防工业出版社,2014.

[6] 高复先. 信息资源规划——信息化建设基础工程[M]. 北京:清华大学出版社,2004.

[7] 孙香云,刘增进,郑朔昉. 信息分类与编码及其标准化[M]. 北京:机械工业出版社,2012.

[8] 徐宗昌. 关于 CALS 战略的研究及对在我国推行 CALS 战略的有关问题探讨[R]. 中国国防科学技术报告,1997.

[9] 中国国家标准化管理委员会. GB/T 24463.2—2009 交互式电子技术手册第 3 部分:公共源数据库要求,2009 – 10 – 15.

[10] 总装备部. GJB 6600.2—2009 装备交互式电子技术手册(第 2 部分):数据模块编码和信息控制编码,2009 – 12 – 22.

[11] 总装备部. GJB 4855—2003 军用飞机系统划分及编码要求,2003.07.21.

[12] ASD/ATA S1000D, International Specification for Technical Publications Utilizing a Common Source Data-Base 3.0 version[S]. 2007 – 07

[13] 安钊. 装备交互式电子技术手册若干关键技术研究[D]. 装甲兵工程学院,2009,06.

[14] 张耀辉. 装备 IETM 研制流程及关键问题研究[D]. 装甲兵工程学院,2010,02.

[15] 徐宗昌. 保障性工程[M]. 北京:兵器工业出版社,2002.

[16] 总装电子信息基础部标准化研究中心. GJB 6600《装备交互式电子技术手册》实施指南,2012 – 09.

[17] 张光明. 基于装备 IETM 的交互式训练研究[D]. 装甲兵工程学院,2012 – 12.

[18] 王雷. 基于 IETM 的装备培训研究[D]. 装甲兵工程学院,2013 – 12.

[19] 朱兴动,等. 武器装备交互式电子技术手册——IETM[M]. 北京:国防工业出版社,2009.